第三卷

郭雨桥 著

# 蒙古部族服饰图典

商务印书馆
The Commercial Press

**图书在版编目(CIP)数据**

蒙古部族服饰图典. 第 3 卷/郭雨桥著. —北京:商务
印书馆,2023
ISBN 978 - 7 - 100 - 21974 - 7

Ⅰ.①蒙…　Ⅱ.①郭…　Ⅲ.①蒙古族—民族服饰—
服饰文化—中国—图集　Ⅳ.①TS941.742.812 - 64

中国版本图书馆 CIP 数据核字(2023)第 024723 号

**蒙古部族服饰图典**

第 3 卷

郭雨桥　著

商　务　印　书　馆　出　版
(北京王府井大街 36 号　邮政编码 100710)
商　务　印　书　馆　发　行
北京中科印刷有限公司印刷
ISBN 978 - 7 - 100 - 21974 - 7

2023 年 4 月第 1 版　　开本 880×1240　1/16
2023 年 4 月北京第 1 次印刷　印张 22¼
定价:398.00 元

金鸦何日遁
瀚海剥年闲
地冻着皮袍
天寒套坎肩
执鞭知苦袖
跨马识长靴
胡眼未骑射
於今残度宁

马背侣咏蒙袍服饰
己亥秋西杨苇出

# 目　录

# 用一生扛起的大书

倾一生之力写就的书，会是怎样一本书？

现在，摆在我们面前的洋洋四大卷《蒙古部族服饰图典》，就是这样一部书。细翻细读，再从蒙古族的历史以及未来的角度，从民族学、人类学、文献学、图像学以及传承依据的学术立场来思考其中的意义，我们就会掂出这部书非同寻常的分量。

我认识郭雨桥先生是在全国民间文化抢救发轫之时，那时他已经在北部蒙古族原生的草原大地上做文化调查了。没有人遣使他做这件事，一切源自他的"蒙古情结"，以及对草原文明一往情深的热爱。几十年里，他孤独一人，无人为伴，在茫茫草原上风餐露宿，踽踽独行，游走于蒙古族各部族古老的苏木嘎查。他背上的小包只有几件换穿的衣裳、生活必需品、纸笔、照相胶卷与小药瓶。我结识他时，他正在把"草原民居"列为专项。步履所及，包括东北、新疆、青海及内蒙古的全部。他调查的内容绝不止于建筑，而是广泛涉及这些地方部族的历史、习俗、文化，以及生活的方方面面。每每与他相遇相见，他都会从背包里掏出许多笔记和图片。他对自己新近的田野发现兴奋不已。他对蒙古族如数家珍般的熟稔令我惊讶。

近年来，雨桥年岁大了，长年辛苦奔波所致的腿疾使他再难远行。反过来，他有了时间，可以将他一生中调查与收集而来的材料进行系统的研究与科学的整理，于是一部部相关草原民族、具有重要的文化与学术价值的著作相继问世，《蒙古部族服饰图典》便是其一。

这部图典绝不是一般的现成的资料汇编；书中全部图文皆是他本人数十年间跨涉十余万里，由草原上一个个部落调查、采集、拍摄来的。每一个信息都有根有据，每一个获得皆亲力亲为，再经过精细的梳理与严格的考证，终于使我们拥有了一部草原民族生活服饰图典。

郭雨桥的调查，是将人类学与民俗学融合在一起的全面的文化调查。因此，这里的服饰绝非一种表面的图像展示，而是将蒙古族各部族的所有服饰——从历史由来到文化生成，从靴帽头饰到纹样内涵，从衣袍款式到穿戴规范，从人生礼仪到部族特色，全面而立体地组合起来。因而，系统性、周详性、确凿性、珍贵性等，不仅是本书的特征，也使其具有无可替代的文献价值。

在近几十年，生活巨变，社会转型，民

族民间的传统文化与文化传统受到空前猛烈的冲击。特别是生活文化，往往消泯于不知不觉之间；历史财富往往消匿于无。正是因此，记录历史和传承文明是当代人文知识分子的时代使命。它往往依赖于一些有眼光的有识之士的先知先觉，并心甘情愿做出奉献。

郭雨桥先生便是这样优秀的一位。几十年里，他为抢救蒙古灿烂的文化创造，默默地付出自己的一生。他的功绩将留在民族民间的文化史上，也留在这部沉甸甸的书中。

这是用一生的辛苦，日积月累，完成的一部书。在充满功利的市场环境里，有多少人甘心做出这样的付出？

在此书付梓出版之际，我以此文，表达对他由衷的敬意，并作序焉。

冯骥才

2019 年 5 月

# 踏遍草原人未老

二十一世纪新千年开始的时候，一位58岁的文学老人突发奇想，要用五年时间"走遍蒙古地"。提出的口号是"在牧民家中坐一坐，在大自然里走一走，在历史遗迹上想一想，为游牧文明吼一吼"。他当时的心情很矛盾，既渴望投入"蒙古地"温暖的怀抱，又感到自己孤身一人，虽然通晓蒙古语文，但毕竟不是"玛乃浑"（自己人），能不能为这个庞大而陌生的群体所接纳，心中充满了忧虑和不安。他写道："因为这毕竟不是下乡社教或短暂扶贫。我也知道前面有艰险和困难。罗网是坚韧的，撕破它的时候我又心疼，积习和年龄无不在扯我的后腿，走出这一步确实需要很大的勇气。但是，我顽固地崇信着一条古老的格言：坐穿褥垫的智者，不如游走四方的傻瓜。一种挡不住的诱惑，吸引着我不顾一切。一如去幽会心爱的情人，尽管忐忑犹豫，但还是不由自主地向她奔去。'我固执地走自己的路，直到我的愚钝将你引到我的门前。因为你曾许诺过，我在这个世界上最大的幸运将从你手中得到。'（泰戈尔语）"

就这样他全副武装上了路，"两碗砖茶半日程，五包行李例同行。且从游牧学游笔，深水湾中见蛟龙"。先从新疆阿勒泰的乌梁海部族开始，小试牛刀，获得成功。从此一发不可收拾，一口气走完了中国的内蒙古、新疆、青海、黑龙江、吉林、辽宁、云南以及蒙古国、俄罗斯的卡尔梅克和布里亚特等蒙古族聚居的地方。2017年年初，屈指一算，居然有136 566公里，绕地球三圈还多！那些地图上的圈圈点点，都被他的双脚点击成鲜活的世界，他走进去看到了许多美好的东西，也改变了自己的生存方式和写作态度。写了几本反响还算不错的蒙古民俗著述，赢得了一个"蒙古通"的诨名，他把这次人生中最长的旅行称为蓝色之旅。

现在，当他应商务印书馆之约，要把其中比较精彩的一段，浓缩成《蒙古部族服饰图典》出版的时候，他忽然发现自己又踏上了另一条漫漫征程。这是一条形而上的道路，比过去走过的那一段蓝色之旅更加艰难：他要像个骆驼似的，把吃进去的一切再咀嚼消化，变成浓缩的营养和奇异的风景。他写道："调动你所有的学识积累和聪明才智，把它们都变成文字吧！你曾说'手脚并用、身心俱劳'才能产生美文，现在是你'出人头地'的时候了。不错，你算一个'涉深水得蛟龙'者，由于语言过关，文化认同，蒙古族同胞大爱若亲，处处哈达笑脸，给你吃了不少偏饭。

你的那些文字、照片、磁带和它们的半成品加起来，已经足够一个骆驼驮的家当；你也算一个勤奋的学者，浏览了国内外用老蒙文、新蒙文、托忒蒙文写的有关著述，它们为你提供了丰富生动的资料和观点，但是你现在发现，你要利用它们也要抛开它们，堆砌自己蒙古部族服饰的巍巍敖包，让人膜拜并屹立后世，必须进行一次学术上的再跋涉再飞跃，拿出你学术性、文献性、可读性统一的一流著作吧，否则一切都是没有面值的假币，若干年以后当你化为尘土，谁还记得你是老几，走过几万公里！"

"板凳要坐十年冷，文章没有半句空。"

他很欣赏韩儒林先生这句话的后半句，学术著作不像文学作品，不能用虚构和想象来弥补生活的不足。但是前半句话对他却又不大适合，他们这号人的学问都是"走"出来的，岂是一个"坐"字概括得了的！而当他后期需要坐冷板凳的时候，那前半句的威力，开始越来越让他感到好生了得！不管他愿意不愿意，"为伊消得人憔悴"，他必须义无反顾地一口气走到底！

郭雨桥

2017 年 10 月 5 日　于墨酬斋

克什克腾部

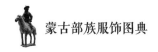

# 从成吉思汗的扈卫将士到克什克腾部落

克什克腾，《蒙古秘史》的译文多半写作"客失克田""怯薛""怯薛丹"，本义为"享受福禄者"。因为他们的祖先曾经是成吉思汗身边的扈卫将士，能够直接享受皇恩福泽，免除一些税务和徭役。至今守卫成吉思汗陵的达尔扈特部众，仍以"客失克"（和希格）

为基层组织，就是这一传统的延续。巴图孟克达延汗分封诸子时，把克什克腾鄂托克分给其六子斡齐尔博罗特，曾属察哈尔管辖。1634年，随林丹汗之子额哲孔果尔降清。顺治九年（1652年）始建克什克腾旗，隶属昭乌达盟（1983年改为赤峰市）至今。

# 克什克腾服饰的特点

克什克腾来源于成吉思汗时代的扈卫将士，妇女戴发箍连垂式头饰，繁复华丽。其中一款头发处理稍有不同：把发辫装入发盒以后，把其余的头发缠到忒巴上，塞紧于发盒之中，用蝴蝶簪从上面插住，连而不垂，有点儿科尔沁盘发的意思。（图11-1）袍服气口留一虎口，介于阿巴嘎和乌珠穆沁之间。斜子全做在里子上，外面不留痕迹。（图11-2）整体肥大，骑马要用襻腿。克什克腾草茂多雪，布靴靿子较长，而且开始绣花，已有科尔沁迹象。（图11-3）他们自制

11-1 发盒与发簪并用的头饰

的小翘头香牛皮靴，样子类似四子部落。（图11-4）已婚女子，可穿三款不同的坎肩。（图11-5）男子和姑娘都有马褂。

11-2 克什克腾女袍上的斜子

11-3 克什克腾女子布靴（达尔罕乌拉苏木那仁格日勒制）

11-4 克什克腾小翘头皮靴

11-5 克什克腾四开衩长坎肩（克什克腾旗博物馆藏）

# 克什克腾头饰

克什克腾的基本头饰有两种，构造大同小异。跟察哈尔接近。

## 第一种头饰

内蒙古博物院收藏的克什克腾头饰，发箍较宽，有上下两层装饰。下层正对额头是火宝,以此为中心,左右各钉八或九个银片(根据头大小而定),方圆间隔,上面都有珊瑚、松石镶嵌。上层正对火宝的是一个小的火宝,以它为中心,左右和上面用佛家八宝和道家暗八仙穿插装饰,但银片上没有镶嵌,直接用浮雕原件。上下层之间和上层外缘都没有任何装饰,只是下层外缘用珊瑚珠串压边。其下用暗钩悬挂着另一个部件——额络。(图11-6)额络用银珠、珊瑚、松石做成各种网格,层层装饰,最下面是一排蓝色宝石,名为腿儿,腿儿下面垂下一排青金石坠子,名叫崩吉努尔。额络两边,相当于鬓角的位置,是鬓饰和它下面吊的鬓链。鬓链一般是七串或九串。鬓饰再往后面,左右各有两条绥和(图中鬓链与绥和混戴)。内蒙古博物院的绥和,是在发箍上另加一块袼褙,上面用银片装饰起来,下面钉上一个环子,环子上吊下一条银链,这条银链作为头饰上最长的部分,滴里嘟噜连着一长串它应该连接的部件(三个银牌,

一个蝴蝶银牌,三个银瓶似的装饰,一个嵌珠镂空银牌,八条珠串),抵达腰际才结束。(图11-7)发箍的后面,连着三个方形银片,

绥和挂饰——

绥和——

绥和

绥和

11-6 克什克腾头饰一(内蒙古博物院藏)

11-7 克什克腾头饰一的绥和
(内蒙古博物院藏)

中间银片的下面，又连了一个方形银片。四块银片造型和结构相同，上面都有珊瑚和松石组成的梅花图案。跟达尔罕贝勒头饰的后饰有点儿相似。

胸饰是一个独立部件，戴在胸前。内蒙古博物院的胸饰比较精致，一个环儿连着三串珠子，三串珠子连着一只银蝴蝶，银蝴蝶又连下五串珠子，五串珠子连下两个挨着的银牌，银牌又连下十串珊瑚珠串，所有这些珠串的材质、形状、颜色和穿法都不同。（图11-8）

这种头饰固定头发用发盒和蝴蝶簪。

## 第二种头饰

发箍的构成与第一种大同小异，但上面只钉一层银片，形状图案也不一样。后面不是后饰，而是后络。后络上面是一个月牙形的银牌，由五个梯形银片和两个三角形银片组成，中间穿钉相连。银牌下面通过环儿吊下多层珊瑚松石穿缀的菱形网格，下垂十一或十三条珠串，每条珠串都吊一个坠子。（图11-9）胸饰也叫金轮蝴蝶，可见下面连接的是蝴蝶和法轮。不同之处是上面有三处珠串，与衣襟和绶和相连。（图11-10）这种头饰固定头发没有珊瑚簪，有发盒和忒巴。（图11-11）两种头饰的戴法差不多，现放在一起简

11-8 克什克腾头饰一的胸饰（内蒙古博物院藏）

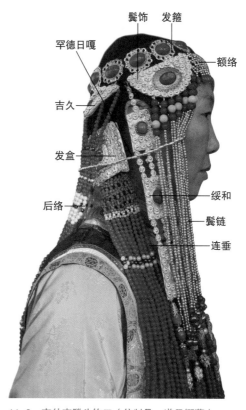

11-9 克什克腾头饰二（仿制品，道日娜藏）

**蒙古部族服饰图典**

述如下，有不同的地方略加说明。

第一步，穿长布衫、夹袍，套乌吉（长坎肩）。

第二步，把头发散开，梳通，分成两半，前后贯通。第一种需要辫成辫子，第二种不辫也可以。

第三步，把发盒从辫子上套进来，推到发根，从下面插进忒巴，第一种需要把辫子全部装入发盒，再用辫梢上的红头绳把头发都缠到忒巴上，从发盒上面插入蝴蝶簪，头发的处理已经完毕，显得精干利索。第二种没有辫子，把套进发盒里面的头发，劈为左右两半，将忒巴从中插入，把其余头发缠到露在外面的忒巴上，缩成一个疙瘩。（图11-12）

第四步，把连垂上面的络子套进疙瘩里，用自带的头绳牢牢绑定。连垂络子下面还有长长的垂穗，任其自然垂下即可。（图11-13）

a

b

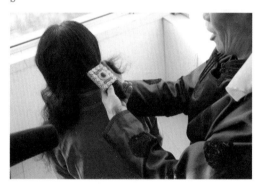

c

11-12 头饰佩戴第三步

11-10 克什克腾头饰二的胸饰（仿制品，道日娜藏）　11-11 克什克腾头饰二的发盒、忒巴、连垂（仿制品，道日娜藏）

11-13 头饰佩戴第四步

010

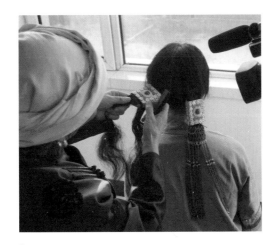

a

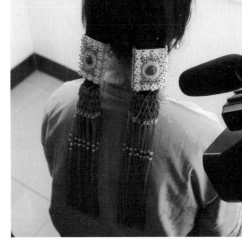

11–15 头发处理完毕

b

11–16 戴发箍

另一边的做法完全一样，一般先做右边，再做左边，注意要两边完全对称，大小均匀。（图 11–14、图 11–15）

第五步，戴发箍。（图 11–16）

第六步，戴后饰，如果后络是单独的，就要把它挂在发箍上。（图 11–17）第一种的后饰是四个银牌，一般直接固定在发箍上面，不用专门佩戴。

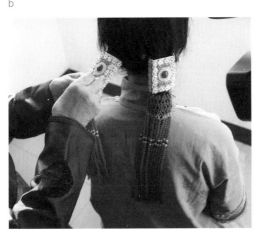

c

11–14 头饰左边的戴法

11-17　后饰要戴在发箍下面

11-19　戴胸饰

11-18　戴绥和

11-20　把罕德日嘎从前面挂到后面

　　第七步，戴绥和。第二种的绥和是独立的，要把它上面的钩挂在发箍的环子上。第一种没有这一步。（图11-18）

　　第八步，戴胸饰。第二种胸饰上面有三个环子，两边的环子挂在绥和下面的门脸上，中间的挂在乌吉的扣子上。（图11-19）

　　第一种胸饰上面也有环子，挂在乌吉的

扣子上。两边用珠串跟绥和的门脸连上即可。

　　第九步，把罕德日嘎从前面挂到后面，以防低头弯腰时头饰坠落。（图11-20）

　　第十步，戴帽子。（图11-21~23）

　　从前，一般的克什克腾头饰也得耗费三个大畜（过去蒙古人把骆驼、牛、马称为大畜，"三个大畜"指和三头大畜等值）的银子，

11-21 戴帽子　　　　11-22 后面的情形　　　　11-23 全副装扮的全身像

三个大畜的珊瑚。王公贵族镀金的头饰是头饰中的
上品。

　　克什克腾女子五六岁留两条羊角辫，十来岁留
一条独辫。十六七岁背后留一条麻花大辫，用丝线扎
上，脖子上戴项链，头上戴发带。发带是一种二指宽、
一拃长的袼褙上面用各种鲜艳的松石、珊瑚装饰而
成的，用来将额发压住，系于脑后。前襟上开始戴
牙签子、针插子，（图 11-24）但不能戴鼻烟壶袋。
手镯、戒指也开始佩戴，但戒指只能戴在左手中指上，
不能戴在无名指上。十七八岁成家以后可以戴鼻烟
壶袋，跟人交际。（图 11-25）袍子上加袖箍，接马
蹄袖，穿长坎肩。最显著的是戴上了作为人妇的标志、
繁复而华美的头饰。戴头饰的时候，把姑娘的麻花

11-24 克什克腾针插子（宝音乌力吉夫人藏）

大辫儿解开，辫成两条辫子，但要被发盒和连垂装饰起来，到五六十岁不戴头饰的时候，才可以把这两条辫子露出来，而姑娘时代的麻花大辫儿已经变成过去的记忆。头饰除了装扮之外，还有礼仪的作用。全套头饰是待客、赴宴、拜见长者或其他重要场合必戴之物。平素在家或放牧的时候，可以只戴绥和，而且可以摘掉珠串，用银索或布条连起来搭在头上。发盒什么时候也不能去掉，可以去掉下面的连垂络子，把头发用头巾罩起来，这也是身为人妇装扮的底线。妇人出门骑马，只留发箍，把其他部件都带在包袱里，到了地方再戴。由于某种原因跟丈夫离异的时候，绥和一定要留在夫家，可以把发盒、忒巴、连垂络子带走。

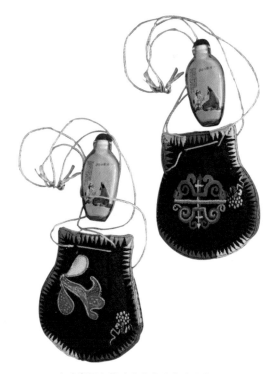

11-25　女式鼻烟壶袋（宝音乌力吉夫人藏）

# 克什克腾服式

## 袍服

克什克腾的袍服，多"厂"字襟，男袍服的气口留一虎口，女袍服的气口留半虎口。乌珠穆沁的袍服气口长，民间传说去世时咽气较慢，便于跟家人交代后事；阿巴嘎的袍服没有气口，传说这样咽气突然，可以减少痛苦；克什克腾的袍服气口适中，兼具二者的优点。（图11-26）男女夹袍四折裁剪。身长七拃，下摆宽三拃二指，胸宽一拃一虎口，裉宽一拃四指，袖长五拃，袖口一虎口。挖领口时，直线往里一指宽。前面领长放出

半虎口。（图 11-27）穿乌吉的人，里面袍服的下摆窄；不穿乌吉的人，里面袍服的下摆宽。斜子四个，全用在底襟上，左右各一。克什克腾外襟（大襟）不上斜子，否则大家会笑话你不会裁衣。（图 11-28、图 11-29）箭襟的里子，上面要揪得紧些，这样骑马以后，下摆不往下耷拉。袍服都左右开衩，但不一定都钉马蹄袖。钉马蹄袖的也不一样大，做家务活儿的妇女和老人马

11-26　女式夹袍（道日娜藏）

11-27　女式夹袍（道日娜藏）

11-28　斜子（道日娜藏）

11-29　克什克腾的底襟比大襟缩进去一块
（道日娜藏）

11-30　铜扣上的装饰（道日娜藏）

11-31　可以摘下来换在别的衣袍上的金属纽扣（道
日娜藏）

蹄袖小，冬天皮袍上的马蹄袖要大。夏天和
春秋的马蹄袖用料跟袍服一样，或者用倭缎
和大绒等绵软的材料。冬天的马蹄袖用水獭
皮、黑貂皮、绵羔皮制作。马蹄袖平素要卷
起来，在野外为了保暖才放下来。给客人、
长者端茶敬酒的时候，一定要把马蹄袖卷上
去。如果穿不带马蹄袖的皮袍，冬天要另加
一截套袖，套在手臂上取暖。套袖多半都是
一只，偶尔也有一对的。套袖用绵羊皮做，
毛子要对好，用布挂上面子。

　　袍服的纽扣要跟袍服适应。吊面皮袍、
跑羔皮袍、绵羔皮袍、缎子夹袍、绸子夹袍，
多用金银扣。纽扣的形状多种多样，但圆扣
和十字扣最为多见。金银扣下面的圆柄上，

有各种各样的装饰片：盘长形的、叶子形的、
桃形的，等等。其上有珊瑚、松石、青金石
的镶嵌。（图11-30）金属类纽扣的后面，最
起码要有一个耳子，纽襻的环儿就套在它的
里面，除了把纽襻拆开，这种纽扣什么时候
也拿不出来。有的在耳子上面套了一个环儿，

11-32 那仁格日勒穿的夹袍，无肩，不开衩，镶宽窄两道边，下摆不镶边

有的在耳子上面套了两个环儿，有的在耳子上面套了一个钩子，把装饰片焊在它的上面，这三种情况下的纽扣都是活的，可以取下来用在别的衣袍上面。（图11-31）钉扣与镶边也有关系：如果是镶单边的袍服，领口、前襟、裉里、下摆都钉单扣；如果是镶双边的袍服，裉里钉单扣，领口、前襟钉双扣，下摆钉两对扣。镶边要求颜色鲜艳，与大料形成对比。纽襻的材料，则要求与镶边的材料一致。

男子穿黑蓝、纯蓝、古铜色布缎袍服，妇女穿绿色、天蓝、纯蓝、黄绿色的布缎袍服。（图11-32）姑娘穿草绿、雪青、粉红色布料做的特尔利格，不穿黑色袍服。男子的腰带紧扎在腰际，看上去庄重，骑马也合适。妇女的腰带扎在胸脯下面，有利于突出女性的特征。结了婚的女子多不扎腰带，因而称之为布斯贵（没有腰带者）。

裕木裕穿在特尔利格里面，骑马时穿长布衫。夏天也单穿裕木裕。长布衫也叫毛利裕木裕（大裕木裕）。长布衫的样子跟特尔利格一样。

过去没有棉袍，主要穿绵羔皮袍、跑羔皮袍、二茬皮袍、老羊皮袍。前二者吊面，二茬皮袍可吊可不吊，老羊皮袍一般不吊面，用黑布沿宽窄两道边。吊面的话不沿下摆。袖口用黑绵羔皮或白绵羔皮做马蹄袖。马蹄袖做得很大，冬天在外面行走时放下来可以取暖。还有一种熏皮袍，用春夏秋的牛粪熏的，颜色深浅不同。吊面皮袍一般镶一道库锦，只镶到箭襟，下摆不镶。（图11-33）扣子的数量和位置同夹袍。还有山羊皮达赫，既不沿边也不缀扣，是拉脚和牧场下夜的人穿的。

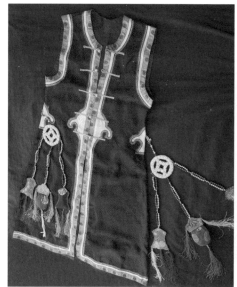

11-34　比图乌吉，前后开衩，左右有云头，看似衩头，实际上并不开衩（道日娜藏）

11-33　男子吊面皮袍（宝音乌力吉穿）

## 乌吉马褂

　　乌吉有三种。比图乌吉：左右不开衩的长坎肩。（图11-34）四开衩乌吉：在前一款的基础上，左右再开衩的长坎肩。（图11-35）乌吉木格：没有下摆的短坎肩。这些由已婚女子穿在吊面皮袍、跑羔皮袍、绵羔皮袍、棉袍（后来有的）外面。姑娘只穿马褂。乌吉、乌吉木格属于礼服，做工精细。用金花缎、银花缎、蟒缎、库锦等做面料，蓝绸子做里子。领口、前襟、衩口、下摆，用各种鲜艳的丝线刺绣，绦子压边，金线库锦做纽襻，配以银扣。直襟四开衩的乌吉是夫人常用的礼服。马褂跟乌吉一样，也套穿在上述袍服的外面，但多半是男子穿的。根据穿者的年龄和要求，选择不同的颜色。一般多用有团花的黑缎、蓝缎、茶色缎做面料。

11-35　四开衩乌吉（道日娜藏）

## 帽靴

克什克腾首服有男女老少的区别。男子孩提时代颅顶上留小辫儿，十几岁开始脑后留清朝辫，并以丝线装饰。成人以后清朝辫盘在头顶，开始戴帽。天冷的季节戴加布亥帽、马胡子帽。帽上绷水獭皮、黑貂皮、狐狸皮、

沙狐皮、绵羔皮、跑羔皮。加布亥帽女孩也戴。马胡子帽比加布亥帽大，主要大在下面皮子上。穿达赫一般配马胡子帽。妇女戴圆檐圆帽。（图11-36）天暖的季节男子戴礼帽，或者把白布折成三角罩在头上。女子多扎头巾，（图11-37）1949年以前也戴瓜皮帽。瓜皮帽分瓣，有顶子、缨子。

克什克腾不分男女，都穿香牛皮靴、翘头皮靴、布靴、毡靴、毡子白布格、皮子白布格。自己把牛皮拿到多伦（现在的多伦县城），做成香牛皮，再拿回来自己做成小翘头皮靴，样子与四子部落的相仿佛。（图11-38）布靴也叫布斯古特勒，不叫马亥。克什克腾的布靴靿子很长，因为该地多雪，短了怕雪灌进去。布靴一般下面有花，上面没有。花朵较小，不像东部科尔沁。（图11-39~41）鞋子也有，过去不太穿。一出门就骑马，穿鞋子不合适。（图11-42）靴子

11-36　已婚妇女的圆帽（道日娜藏）

11-37　道日娜的扎巾

11-38　男子剜花股子皮靴

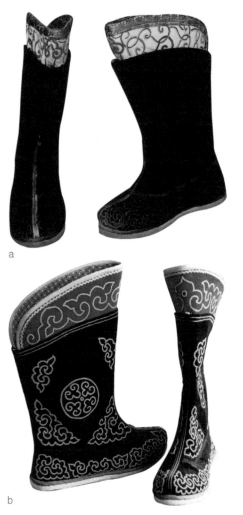

a

b

11-39 男子布靴（宝音特古斯等藏）

a

b

11-41 女子绣花靴（敖云毕力格等藏）

11-40 老妪布靴（图娅藏）

一般都单脸。布靴子有男女老少的区别。平素穿的布靴，靴脸、后跟上钉股子皮刻花，鞑子上没花，麻绳纳的靴底子。姑娘、媳妇穿的布靴，帮子和鞑子上有五色丝线绕针或刺绣的花卉。男子穿的布靴，帮子和鞑子上有蓝色丝线绕针绣的纹样。新郎和年轻小伙儿穿的布靴上，用股子皮剜的、绕针绣的图

11-42　女子绣花鞋（克什克腾旗博物馆藏）

11-43　宝音特古斯家整擀的毡袜

案引人注目。袜子的奥木格上，要用倭缎做三指宽的边，上面有刻绣、绕针、刺绣做成的花纹图案。整个袜子则装在靴子里，骑马的时候不冻脚。（图 11-43）毡靴是冬季严寒的时候，在野外放马或拉脚的人穿的。毡子白布格、皮子白布格则是小孩儿穿的。

## 佩饰

男子一般戴火镰、蒙古刀、鼻烟壶袋、烟袋烟口袋、戒指等物。通常腰带的右侧，通过图海戴银鞘蒙古刀。腰带的左侧，通过图海戴钢刃火镰。骑马和步行的时候，把火镰、蒙古刀掖进腰带的后面。进门做客或出门迎客的时候，火镰和蒙古刀要从大腿左右两边垂下。年轻人戴的图海、火镰、蒙古刀、烟袋烟口袋，做得很漂亮，中老年的比较普通。鼻烟壶袋样子较多，有普通的、有香牛皮嵌银的、有刺绣的、有开口处两边有沿条的……一般都四拃长，一拃宽，用库锦绦子装饰，或用丝线刺绣。（图 11-44）鼻烟壶袋戴在腰带的左侧前面，里面装着玛瑙、玉石做的鼻烟壶，鼻烟壶的盖子用红珊瑚或绿翡翠镶出来。青壮年的拇指上戴宽大的戒指，或者在无名指上戴金银戒指。襻腿虽然是一截皮条，但有的嵌珠饰银，做得很漂亮，骑马时把下摆撩起来，与大腿根绑在一起，这样能把下摆揪紧坐在屁股底下，不至于拖天扫地拖到地下。已婚女子长坎肩左右缝环，上面吊着勃勒，勃勒两边是针插子，中间是荷包。荷包可以从上面打开，装进戒指、丝线之类，底部一定是圆的，上下用三条穗子装饰。（图11-45）已婚女子的鼻烟壶袋小巧玲珑，一般戴在前襟扣子上，揣在怀里，需要交际的时候掏出来。

11-44　宝音特古斯家的鼻烟壶袋

11-45　已婚女子腰侧戴的荷包和针插子

蒙古部族服饰图典

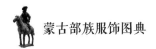

# 达延汗小儿子的后裔——喀尔喀

达延汗在分封诸子时，把喀尔喀的十二个鄂托克分给他的两个儿子：其中五个鄂托克分给他的第五子阿勒楚博罗特，称为内喀尔喀，包括巴林、扎鲁特、翁吉剌、伯腰、兀者五部；七个鄂托克分给他的第九子格埒森扎，称为外喀尔喀。后来，内喀尔喀南迁，归了内蒙古。外喀尔喀留在蒙古本土，格埒森扎正好有七个儿子，每个儿子领有一个鄂托克，人称外喀尔喀七鄂托克，也称为喀尔喀七旗（这里的旗跟后来的含义不同）。

外喀尔喀七鄂托克分为左右两翼。格埒森扎的三、四、五子在左翼，格埒森扎的长、次、六、七子在右翼。当时喀尔喀还没有汗。左翼第三子之子阿巴岱于明朝万历十五年（1587年）专门到归化城（今呼和浩特）拜见达赖三世，获"瓦齐尔巴尼哈汗"称号，回到喀尔喀后建立了额尔德尼召，这是外喀尔喀有汗之始。十七世纪初阿巴岱的孙子衮布多尔济继汗位，称土谢图汗。同时，右翼长子之从孙素巴第也称汗，号札萨克图汗。左翼四子之孙硕垒也称汗，号车臣汗。后来，三子之孙善巴、从弟策棱以军功获亲王爵，遂从土谢图汗部析出领地，建立赛音诺颜部。1638年，衮布多尔济的儿子被确认为转世灵童，这就是一世哲布尊丹巴，又称温都尔格根。后来喀尔喀发生内讧，土谢图汗击杀札萨克图汗，杀死准噶尔噶尔丹的胞弟，使本来就有统一喀尔喀之心的噶尔丹率师东进，大败土谢图汗，促使喀尔喀投入清朝的怀抱，使1691年的多伦会盟得以成功，喀尔喀正式归附清朝，也使噶尔丹最后败在康熙皇帝的手下。喀尔喀的盟旗制度实施，是逐步实现的。到乾隆十五年（1750年），喀尔喀札萨克增至八十六旗，从东往西依次是：车臣汗部二十三旗，土谢图汗部二十旗，赛音诺颜部二十四旗，札萨克图汗部十九旗。喀尔喀的四部五沙弥（指五个喇嘛旗）八十六旗之说由此开始。

# 喀尔喀服饰的特点

喀尔喀地处漠北，气候寒冷，是纯粹的游牧民族。袍服肥大，袖长而接马蹄袖，袖口下缘比上缘长，便于骑马时曲臂捉缰，护手而保护臂部。皮袍外面多套穿汗褡子（坎肩），也是为了防御奇寒。其独具特色的牛角形头饰、带有登和勃的夫人袍、色腾帽和类似的鹅绒帽、翘头香牛皮靴，在各部族妇女服饰中独树一帜。

# 美丽而奇特的牛角形头饰

### 贵族妇人的典型头饰

和其他部族一样，喀尔喀的头饰以贵族妇女头饰最具代表性。喀尔喀妇女头饰虽然种类不多，但贫富悬殊，繁简各异，材质图案变化多端，也不乏变体和个例。

喀尔喀典型头饰由三大部分组成：第一部分是包了它，第二部分是发卡，第三部分是辫套。（图 12-1a）

包了它实际上是一个没有顶子的银质帽圈，帽圈的前面与头顶垂直，后面是个缓坡。两侧通过穿钉连下三角形的两个耳饰。（图 12-1b）耳饰前面通过大小两个银牌，向面颊吊下五六条银链，长短相同，末端都以叶片收尾，长而齐胸，统称"狐尾"。帽圈的正前方，有珊瑚、松石装饰的花卉帽准。两侧和后面也有花卉，但不及帽准漂亮。后面也通过穿钉，在分开头发的正中，吊下一个牌位似的长方银片，上面有一颗珊瑚镶嵌，下端是一枚扣子。（图 12-1c）头发从这里向两边延伸，每侧用五个发卡，每个由前后两片扣在一起，两边对称成对。第二对、第三对发卡都是竹子的，第四对是银子的，它们都是细长的窄条，形状相似，花纹也彼此照应。这些都卡在头发像牛角形弯曲回来的部分。最后一对发卡是花篮形的，上下都有镶嵌，

蒙古部族服饰图典

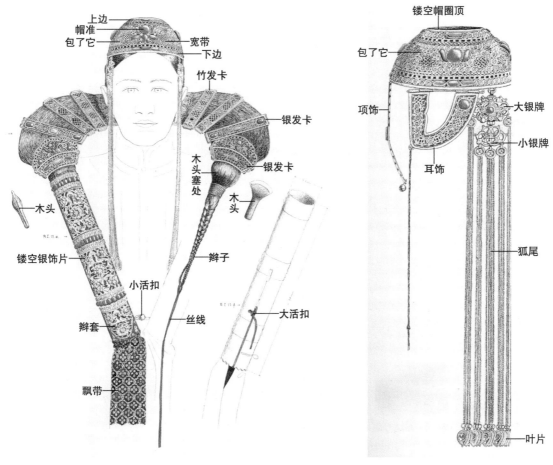

a  正面

b  侧面

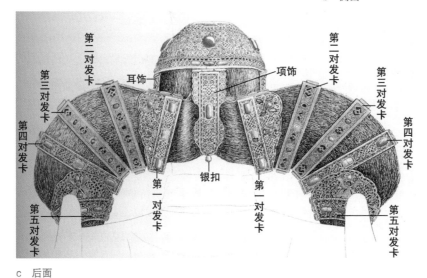

c  后面

12-1  喀尔喀典型头饰（图自《蒙古饰物》）

026

卡在头发的细处。为了防止这对发卡下滑，在下面的头发里面插进上大下小的一截木头，又用绿丝线紧缠好几圈固定。下面的头发都辫起来，末端拴着一条细绳，以便与发套连接。

帽圈本身就是一件艺术品。它是在银板上用镂空花丝焊出来的。帽圈上的花纹一般是三层：上下是边，较窄，中间是宽带，宽带的前后左右，三三为一组錾着云纹与吉祥图案。上下边用三行并列的细线纹、圈纹和珠子装饰。宽带和上下边上都有红珊瑚和绿松石间隔镶嵌。最常见的做法是极尽吉祥结的花样翻新之能事，一直辐射到发卡上。

辫套是圆筒形的，整个用硬纸袼褙做成，用粗麻布粘好，后面较扁，表面蒙一层黄色库锦。库锦外面，套三截半圆形的银片，牢牢地扣在库锦上面。银片从上到下长度递减，最后变成一个马蹄袖形。银片上都是镂空花纹，相互间用一排珊瑚隔开，珊瑚两边用莲纹衔合。发套的下面还要吊一条很长的飘带。缝成口袋状，但下面不完全封口。发套的后面，还有大小两个活扣，以便把发辫与发套固定在一起。发套很长，可与乌吉或袍服平齐。（见图12-1a）

喀尔喀有的地方在一些隆重场合，还要在原来发卡的基础上，加一种叫作罩卡的大发卡，戴在胶粘的头发上面，把头发罩上。（图12-2）

喀尔喀头饰配上华美的衣袍，戴在年轻妇女的头上是非常吸引人的。（图12-3）

## 典型头饰的形形色色

贵族妇女典型头饰的样子，在实际生活中并

12-2　罩发的大发卡（图自《蒙古阿尔泰一带民众的物质文化》）

12-3　喀尔喀典型头饰佩戴的情况

不都是一个模式。即使是贵族妇女，要找出两套一模一样的也不容易。包了它的差别就很大，不仅大的图案不一样，就是帽准与两侧及后部的纹样也不一样：有的四面的图案都与帽准一样，有的帽准复杂，两侧和后部比较简单。（图

蒙古部族服饰图典

12-4）帽圈一般都是露顶的，但有的偏偏在上面加个法轮把它堵上。有的耳饰也是实的，没有中间那个缝儿。（图12-5）有的形状还像一个支棱的耳朵。但它与后面的项饰一样，全是用合页的结构固定在帽圈上的。戴在头上的时候，它就像耳扇似地耷拉下来，尖端还有一个环儿，能够起固定帽圈的作用。有

时候，帽带还要从耳饰的空隙间穿出来，以便固定在下巴上。（图12-6）项饰的形状也不完全一样。（图12-7）夹鬓两面的银链，更是多姿多彩。发卡五对的并不多，四对、三对，甚至两对的也有。至于材质，银子、竹子、木头的都有。两对发卡是底限，一对窄条的，一对马蹄形的。（见图12-6）辫套的差异更大，有的根本不戴辫套，而且这种情况并不少见。（图12-8）即使戴了辫套，也不一定上面都有银饰件。有银饰件的，也不一定都是三节。两节、一节的也有。还有没有辫套，光有一节银饰件的。（图12-9）但有的头饰，在最后一个发卡和辫套之间，还有一个过渡性的丁字形套饰，这是典型头饰都没有的。（图12-10）辫套本身，有的是用珊瑚穿成图案装饰的。（图12-11）有的是

12-4　帽准的图案与两侧及后面一样

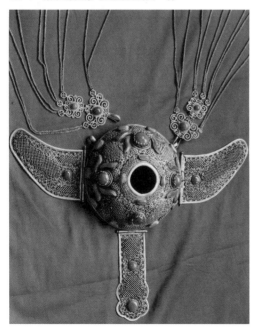

12-5　实心的耳饰

12-6　三对发卡的头饰，上面的耳饰有固定帽圈的作用

12-7　项饰不同凡响（张磊绘）

12-9　辫子上只有一节银饰件

12-10　发卡和辫套之间有过渡性饰件（Ruben Blaedel 摄）

12-8　头饰戴到发卡为止

12-11 用珊瑚珠做成八宝图案装饰辫套

12-12 用刺绣装饰辫套

刺绣的。（图12-12）有的在上面钉十二个银蝴蝶，最后钉七钱银子打的一朵金钱花。最后一对发卡的装饰图案，也是各式各样的。（图12-13）

## 喀尔喀的特殊头饰

### 1. 汉式喀尔喀头饰

汉式喀尔喀头饰，是汉族的银匠给下嫁蒙古的满族公主仿照喀尔喀的样式打的头饰，可以看作是蒙汉结合的变体。

它的基本样式跟喀尔喀典型头饰相仿佛，也有帽圈、耳饰、项饰等主要部件，

12-13 最后一枚发卡的纹样选粹

但是风格与典型头饰迥然不同。整个部件都做了"薄片化"的处理，而且成分发生了改变，数量也有所增加。（图 12-14）边缘采取鳞片叠加的形式，上面缀有耳子，用来垂挂耳饰、项饰那套东西。它的耳饰叫温吉日麦，由三个银片组成：开始是半月形的银牌，中间是蝴蝶，最后是菱角，一个比一个小。都用环儿吊着，上面都有镶嵌。两面对称的耳饰之间，夹着六条珊瑚珠穿缀的额前流苏，上面没有网格，显得比较朴素，这是典型头饰上没有的。

耳饰的后面，左右对称地吊下两条更长的垂坠物，也是典型头饰所没有的。它们实际上是一个变形的绥和，经过三次一珠一银片的组合过渡，接下一个簸箕形的大圆片——绥和。（图 12-15）绥和除了背面没有大银钩以外，其他部件无不具备。具体来说，它的下面吊三排银盖衔着的松石、珊瑚，如三组两个底儿相对的袖珍小瓶，这跟内蒙古的非常相似。下面还横拉着一个小银牌，又是内

蒙古没有的。

帽圈的后面，也用三个环儿吊下一个簸箕形的银牌，上面也有镶嵌。银牌的下面，有一排环儿，看来挂过东西，现在是空的。这部分相当于典型头饰的项饰。

配套的发卡是两对，第一对相当于典型头饰第一对发卡的作用。第二对相当于典型头饰第五对发卡的作用。这两对跟头上的其他饰物一样，有呼应的镶嵌与花纹。它们都是半圆形的银牌，边缘是敞着的。银牌背面是四个花篮形的东西，两两相对，起着固定头发的作用，用铜制作。

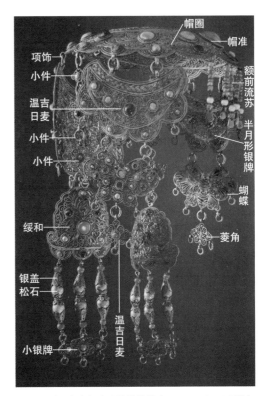

12-15　汉式喀尔喀头饰的结构（Ruben Blaedel 摄）

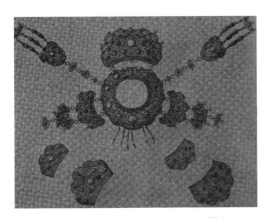

12-14　汉式喀尔喀头饰（Ruben Blaedel 摄）

### 2.异型喀尔喀头饰

喀尔喀还有一种头饰，乍看像达里刚嘎的风格，细看其构造和在头上的位置有很大区别，它属于绥和加发盒的那种类型。发盒在这里称作发卡，只有一对，不像喀尔喀典型头饰那样有好几对。发盒是个上大下小的中空方形扁盒，是把两块银片边缘窝成直角，用合页和穿钉的方式固定，前后和棱角都有图案。前后（正面和背面）的图案相同，由六块条状珊瑚、五颗圆形珊瑚分成若干单元组成：中间是一颗大珊瑚，上下蝴蝶和镂空花纹环绕，两边由条状珊瑚和圆形绥和间隔组成两个单元，边缘用卷草纹和绳纹加框。（图12-16）

头发从中一分为二，一条黑带（带上也可以有装饰）搭在头顶，从耳朵上面发根处把头发扎住，把下面的部分装入发盒，用合页和穿钉扣住。剩在外面的头发，要从里面塞进一个木头小锤，再从外面用头绳紧紧缠住，这样就可以把发盒顶住，防止它从下面滑脱。其余的头发一律辫成辫子，把辫梢窝回来扎上。就那样露在外面，不用辫套遮盖。这是发盒的部分。

异型喀尔喀头饰的第二部分，是标准的绥和，由从小到大排列的五颗红珊瑚和赖以镶嵌的银座组成。下面分成三股，每股有花环吊下一个银瓶（中间塔形是银瓶，上下两颗珊瑚分别是瓶盖和瓶底），下接花篮、珊瑚、银座、弹簧、虎头圆银片。第一颗红珊瑚应是桃形，上面有钩，挂在头顶用黑带子扎上的地方，也就是把整个绥和挂在发盒的里侧。（图12-17）

第三部分是项链，也

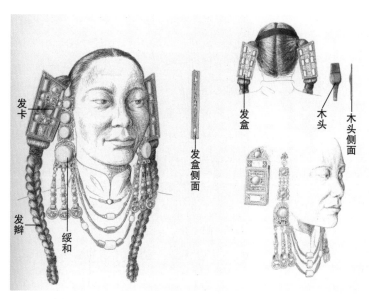

12-16 喀尔喀异型头饰（图自《蒙古饰物》）

12-17 异型喀尔喀头饰配套的绥和（Ruben Blaedel摄）

12-18 另一种异型喀尔喀头饰（图自《蒙古人的衣服》）

12-19 南戈壁省博物馆保存的简易头饰

可以叫作绥和的好来宝，由横挂在绥和上面的三条珠串组成。两条挂在最大珊瑚银座背面的钩子上，一条挂在虎头圆银片上，看去一条比一条长。

与此类似，图 12-18 应当归入异型头饰，不过它可能是另一种。（图 12-18）

### 3. 简易喀尔喀头饰

帽圈辫套一概没有，头上只戴一圈单个锢连缀起来的珠串，再配两串长穗子耳环，这款简单到不能再简单的头饰保存在南戈壁省博物馆。（图 12-19）戈壁一带的牧民曾讲："我们这里戴喀尔喀头饰的夫人，除了王爷的母亲，再没有别人。戈壁上女人少，专门穿的衣服也少，头发辫成一条辫子，垂在后面。"（采自南戈壁省宝勒干苏木）看来这个说法是有根据的。

## 喀尔喀头饰的流变

喀尔喀头饰主体是一个银制的帽圈，可以看作是元代姑姑冠下半截的遗存。人们描述这个帽圈的时候，说是有两只手握回来那么大，这正是当初姑姑冠底座的尺寸。喀尔喀的帽圈露顶，这跟姑姑冠的下部是一样的。因为头发要从它上面出来，上面还有遮盖，所以可以没有顶。十二至十三世纪的姑姑冠太高，在实际生活中有诸多不便，便将上面一截高筒子去掉，剩下这个帽圈，但是头发已经不从它上面出入，改为从胸前垂下。这种头饰十四至十五世纪曾经广泛使用，但那时的帽圈用黑香牛皮做成，用绿色股子皮（羊皮）沿边，上面钉珊瑚珍珠，或用缀珠铜片镶嵌。鬓角有两个对称的三角形片叫夏那阿布其，其上有铜扣式的饰物，每边数量均为单数，三、五、七个不等，脖颈后面也有一长条香牛皮，就像后来的项饰一样。（图12-20）女子嫁人以后，把头发拢到后面，辫为两条大辫子，装入黑大绒的辫套之中，并用钉珊瑚的铜片装饰起来，顺着胸前垂下，下接皮条穗子。

可能由于经济条件等因素，当时的头饰还有用布做的，规格也不太统一。据温都尔杭盖苏木毛宝岱介绍，以前妇人不太重视打扮，头饰是用布子做的，名之曰套子包了它。用大布做帽圈，跟现在一样也是露顶的。发卡是红铜镀银的，上面装饰珊瑚松石。鬓角两旁挂绥和，绥和的横链用玉石穿缀，上面垂有穗子。偶尔也有银子打成的，头发上只有一个发卡，是铜包银的，其他都是木头发卡。银头圈是后来才有的。

12-20 从前的香牛皮头饰（图自《蒙古阿尔泰一带民众的物质文化》）

头饰真正走向成熟和完备是在十七至十九世纪。这个时候不仅大量使用金银，把花丝工艺用在头饰上。造型和工艺也达到一个空前的水平。錾花、掐丝、累丝、烧蓝、镶嵌工艺，创造性地用在头饰和一切蒙古金银铜器的制作中。所谓"蒙古人有钱戴在头上"，头饰成为最亮丽的展现人们身份地位的外在表征。虽然民间传说，清朝的统治者为了啄灭蒙古人的香火，把火撑腿子做成乌鸦喙，所以蒙古女人就把头饰做成大鹏展翅的样子，拿着火钳守在火撑旁边，必要镇住乌鸦。但实际上，这些头饰却是王公台吉用清廷俸禄白银制作的。清代白银的大量流入，装饰了蒙古的男人、女人和他们的坐骑，也使这些银器的工艺达到炉火纯青的程度。蒙古的匠人利用白银的延展性和可塑性，把银子抽成非常细的丝。单股、双股、三股都能搓成花丝，曾为头饰最基本的材料，装饰在银板上，变换出不可胜数的各种花样。单股花丝用来焊台座和边饰，双股花丝盘结卷草纹等辅助纹样，三股花丝编结吉祥结、"寿"字、八宝等主体纹样。螺旋套珠花丝主要用来做边线和收边，粗银条用来锁边和封口。由于粗银条光洁无纹，能跟头饰上繁复的纹样产生强烈的对比效果。（图12-21）当然还要有复杂的工艺和高超的技巧，才能做出生动鲜活的头饰来。最常用的方法是掐丝，根据银板上画出的纹样轮廓线，把单股花丝或双股花丝长短不等的细段，用小镊子蘸胶粘上去，再用专门的焊药焊接。累丝的工艺比掐丝更难，一般是用在整体造型需要出彩和

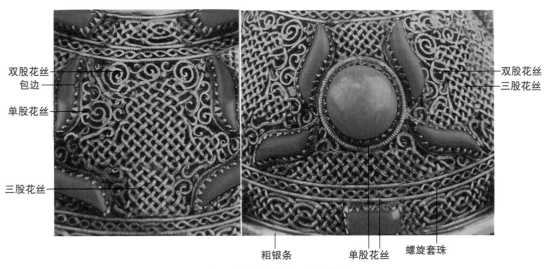

双股花丝
包边
单股花丝
三股花丝

双股花丝
三股花丝

粗银条　　单股花丝　螺旋套珠

12-21　花丝在帽圈上的应用（张磊绘）

局部需要装饰的地方。用木炭粉和白芷水和成泥，塑成人物、龙凤、亭台、楼阁等形状，干燥后用单丝或双丝沿着这些塑像掐形、盘结、堆绕，累出所需要的造型，撒上焊药一焊，白芷泥已被烧掉，用水一冲，一个玲珑剔透的造型展现在眼前。（图12-22）

　　錾花的工艺在头饰制作中也比较普遍。一般是先做好需要的银板，把图案描绘在银板上，再把银板粘在热胶版上，錾出图案的轮廓线，使图案清晰可见。然后把银片拿下来，用同样方法粘在胶版上，不过要面子朝下固定，用圆弧錾把将来需要浮凸的部分顶起来（所谓里顶外錾），然后再拿下来，再固定在胶版上，面儿朝上，再细细錾刻修整一遍。有的还要把图案的背景镂空，使主体形象更加灵动突出。做一件头饰的时候，事先银匠要和主人在一起，把需要的珊瑚、松石、翠玉，按照将来要镶嵌的位置，利用对称的原则，将其形状、大小、数量都确定下来（通常珊

12-22　镶嵌珊瑚松石累丝银头饰

瑚要从中间破开，便于镶嵌）。制作头饰的工作由银匠单独完成。银匠把银片剪下来，围焊成作为头饰主体用的银帽圈，还有其他发饰辅件的造型，也一并做出。再用粗银条

把帽圈的口沿焊合，封口收边（辅件也要这样做）。用螺旋套珠在它们的里侧焊一条装饰线，同时用螺旋套珠把银帽圈分隔成三个装饰区域，中间的区域最宽。在相应的区域内确定镶嵌珊瑚宝石的位置，并焊出基座，外用一圈螺旋套珠装饰。焊接活页基座。再做出各种花丝，按照上面介绍的方法，焊接到相应的位置。镶嵌珊瑚、松石等宝珠，把包边压紧。需要镀金烧蓝的，在这时镀金烧蓝。

如果要点翠，必须先鎏金才能点翠。最后把主体和辅件装配在一起，大功告成。（图12-23、图12-24）

清代是蒙古族头饰发展的黄金时代。不同的部之间、同一部不同人之间，头饰不尽相同，就是犄角形头饰在头上所处的位置也各有千秋，札萨克图汗部的位置靠下，土谢图汗部的位置靠上，车臣汗部的位置适中。（图12-25）

12-23　哲布尊丹巴夫人鎏金头饰（图自《蒙古人的衣服》）

12-24　哲布尊丹巴夫人鎏金头饰（图自《蒙古国部族学》）

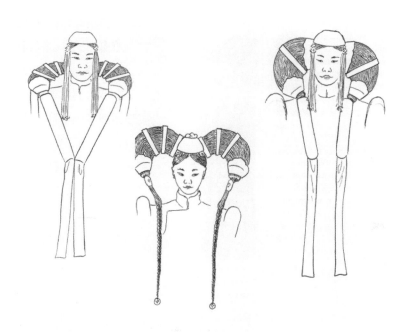

12-25　喀尔喀三部头饰位置比较（图自《蒙古饰物》）

12-28　珊瑚达罗勒嘎

12-26　套在真头发上面的头饰

12-27　头发上的梳子和达罗勒嘎（张磊绘）

12-26）后来又觉得头饰封建过时，于是二十世纪三四十年代以后，喀尔喀的妇女逐步抛弃了原来的头饰。把头发拢在后面梳一条大辫子，用发卡（当时叫乌森达罗勒嘎）簪起来。（图12-27）

发卡有椭圆形、纺锤形、三角形多种，本体多为银子做成。珍珠发卡是在中间镶嵌珊瑚或宝石，把珍珠一粒一粒都穿起来，做成扭丝状或"8"字形，把珊瑚或宝石盘绕起来，在空隙处点缀以花丝。珊瑚发卡多是花丝嵌宝石的那种，有镂空或实心两种。花丝图案则别出心裁、不一而足。工艺上都是清代传统，没有什么创新。但是一个时代的人有一个时代的美，以前人们欣赏的目光望着前面，现在也不得不转到后面。那大小不同、形状不同、质地和花样不同的发卡，或一枚，或二枚，或三枚，排列在一条大辫子上面，在看惯了古旧犄角形头饰的人看来，未尝不觉得新鲜。（图12-28）还有的把梳子变成簪子，戴在头上，集实用与审美于一身。（图12-29）这种梳子的装饰性大大增强，有的全是银质，有的梳脊镶嵌珊瑚、珍珠，梳齿是红铜或牛角的。（图12-30）与此相适应，梳子都变成了弧形，

清末民初，社会发生大的动荡和变迁，服饰方面也发生了很多变化。人们开始觉得传统头饰不方便，先是把它跟真正的头发分离，变成一个活套子，有人来时一下戴在头上，上面用帽圈一压，照样不失礼仪。（图

12-29　镶珊瑚银梳

12-30　镶珍珠银梳

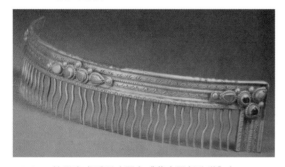

12-31　梳子变成弧形（图自《蒙古国部族学》）

12-32　这种银链加在两条辫子之间，上面有两个元宝（图自《蒙古国部族学》）

梳齿变成水波状，使它能更加牢固地插在头发中，固定在头上。（图12-31）还有的在发根处戴垂链加以装饰，可以说也是极尽美之能事。（图12-32）一直到今天，喀尔喀还能看到梳这种发型、戴达罗勒嘎的妇女。

辫子要用黑丝线接长，与下摆平齐，其末端要用达罗勒嘎，达罗勒嘎是银子的，可以用它挂在腰带上。没有辫套，辫根上用达罗勒嘎。

## 喀尔喀女性发式

女孩四岁或六岁去胎发，只在头顶留一小片头发，七八岁以后头发长长，留羊角辫，或单或双。十二三岁的时候，开始留后脖颈上的头发，让它自然生长。（图12-33）十五六岁的时候开始留前面的头发，脑后开始辫辫子。前面的头发也叫特布格，特布格上要加穗头。到十七八岁的时候开始在鬓角辫辫子。鬓角辫上辫子以后，才可以称为姑娘。（图12-34）蒙古人讲究，梳一条辫子会招来祸殃，梳两条辫子是汉人的做法，只有梳三条辫子才是地道蒙古人的习惯。鬓角的头发留下以后，从耳朵后面向上辫起来，合进后脑勺辫的大辫子里（如果鬓角的头发短，可以用胶接长），这样从后面看去，就是三条辫子。在成为老姑子之前，一直保持这样的发型。女孩从六七岁开始戴耳环，各种样子供选择。稍大时手上戴戒指，没有不戴耳环、戒指的妇女。

女子鬓角留头发，称为留商呼，是长成

12-33 后杭爱塔里亚特苏木梳双辫的女孩（张素青、梁艺涵绘）

12-34 二十世纪初姑娘装扮（张素青、梁艺涵绘）

12-35 喀尔喀大姑娘（塔拉、托雅绘）

再开始辫背后的大辫子，然后接上红缨子，辫梢上要戴银饰件。戴耳环，戒指戴在两个无名指上。（图12-35）

姑娘变成媳妇的时候要看时辰，由属相相宜的人用白海螺划出头缝，再把头发分开。在没有嫁人之前，头缝分在左面，而且是斜的，嫁人的时候就要从头发正中间开直缝。

女人过了四十九岁可以从喇嘛那里受戒，把头发剃掉成为尼姑。尼姑要穿喇嘛领子的袍子，头戴瓜皮帽。有的妇女虽然年轻，但是得了重病或怪病，一时无法解脱，就举行一种仪式，发誓当尼姑。把头发剪掉，连发套一起扔掉，让鸟衔去做窝。到老了以后，

大姑娘的一种标志。如果不留商呼，不能成为人家的妻室。留商呼的年龄各地不一，有的地方十六七岁，有的地方十八九岁。商呼留下以后，长成辫子肯定还得一两年。到出嫁的时候，鬓角上的辫子要与后面大辫子合在一起，才能迈向婆家的门槛。姑娘们都扎腰带。扎上腰带以后，在发根上留下四指，

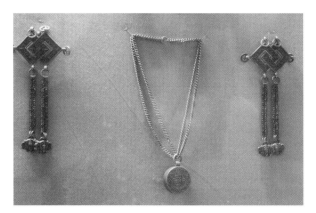

12-38　哈顿绥和与佛盒

12-36　在家老尼姑：头戴尖顶圆檐水獭皮帽，身穿沿边紫红吊面皮袍，手拄龙头拐杖（图自《蒙古国部族学》）

12-37　吉祥结耳环

再正式履行受戒手续。（图 12-36）

## 头饰与着装的配套

年轻夫人的穿着是最讲究的，头饰当然是最靓丽的部分，但是还要有好多附件与之匹配，才能走到稠人广众面前。

1. 头饰与佩饰匹配

耳环是直接戴在耳朵上的。（图 12-37~39）绥和虽然也叫大耳坠，但一般都戴在帽圈上面。在喀尔喀绥和虽然用得不多，但做工一般都很精致。（图 12-40~43）

佛盒、胸饰实际上都是一种项链，喀尔喀这两种饰件较为优美。（图 12-44、图 12-45）

勃勒在喀尔喀戴得不是那么普遍，不过各地都有。有时也把牙签子那一套挂在勃勒上。（图 12-46、图 12-47）戒指、手镯也有。

2. 头饰与夫人袍匹配

喀尔喀服饰能与头饰媲美的，恐怕就是夫人（妇人）袍了。夫人袍不独喀尔喀有之，明嘎特、巴雅特、布里亚特、巴尔虎也有，但总不如喀尔喀发育得那么完美，

12-39 法轮式耳环（图自《蒙古国部族学》）

12-40 绥和　12-41 绥和（张磊绘）　12-42 绥和（Ruben Blaedel 摄）

12-43 绥和（Ruben Blaedel 摄）

12-44 佛盒（图自《蒙古国部族学》）

a          b          c          d（图自《蒙古人的衣服》）

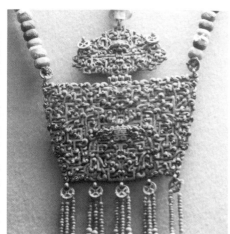

e（图自《蒙古人的衣服》）          f（图自《蒙古饰物》）          g

12-45　各种各样的胸饰及其佩戴的情况

12-46　勃勒

12-47　针筒、牙签子佩戴的情况

或者说奇特壮丽。（图 12-48）

有了头饰佩饰，穿上夫人袍，套上坎肩或者乌吉，头戴色腾帽，脚蹬翘头靴，一位年轻夫人的形象才算最后塑造完成。喀尔喀夫人有"五个奥木格"之说，即夫人袍的隆肩、马蹄袖，色腾帽的帽檐，翘头靴的尖头，毡袜勒子上的花边。因为这些地方都有一个弧形隆起部分，蒙语把它们统统称为奥木格。奥木格又暗含"自豪、骄傲"的意思。喀尔喀夫人把这五大奥木格穿全以后，立刻精神焕发，光彩照人，自有一股豪气从身上散发出来。能够从人前走过，能够把碓子推倒，能够把荒火驱散。

夫人袍一定要有隆肩。隆肩面料一般用本色本料，即袍服大身所用的料。里面充有毡子等物，用浆糊涮硬再纳出来。弄得鼓鼓囊囊的，如两个直立

12-49 夫人袍的隆肩和袖箍（包固其）部分（邱锁则藏）

12-48 这位贵族妇女内穿夫人袍，外套长坎肩，佩戴胸饰。登和勃被遮看不清，其他部分一目了然：它的隆肩、接袖内侧与大身是一种面料，只有一个袖箍，袖箍上的镶嵌法贯穿全身边缘（Ruben Blaedel 摄）

12-50 夫人袍的袖箍镶法与其他地方不同，但风格一致。隆肩、接袖内侧和袖箍下面的袖子用料与大身相同（内蒙古师大博物馆藏）

的驼峰。四周自然要用褶子拘回来，缝在袖窿上。下面用五道线缉住，显出均匀而好看的波纹。（图 12-49）

波纹下面是袖箍式的镶边，蒙语叫作包固其。镶边一般都很宽，好几层，不外库锦、绦子、金银曲线之类，但花样翻新，每人不同。大致说来，不外两种形式。一是这种袖箍上的镶法贯穿到整个袍衣的边缘，即前襟、下摆、领子，当腹的登和勃上面。只是因为接有马蹄袖，所以袖口上没有镶边。全身所有的镶边在材料、颜色、图案、风格上完全统一。（图 12-50）另一种是其他地方的镶边和包固其不同，但基本风格还是和谐统一的。至于镶边的宽窄、库锦和绦子的搭配，也因地而异，因人而异，因部位而异了（如下摆的镶边较宽）。

从这个包固其往下，大约过了小臂，一般还有一个完全相同的包固其。两个包固其之间，自然要有一截袖子，蒙古语叫额鲁乌罕丘，笔者译为接袖。接袖的奇特在于，它是由两片合成，外侧一种料，内侧一种料，有的内侧或许用本料本色，但外侧一定是另料另色。当然，也有接袖就用一种面料，而且不从中间弥接的，但在外观上必定要显眼和突出。（图 12-51）

额鲁乌罕丘往下，也就是第二个包固其下面，还要接一段袖子，再接马蹄袖。喀尔喀的马蹄袖穿的时候一般都是翻上来的。马蹄袖到第二个包固其之间那一段（笔者译为小袖），一般也是本色本料。喀尔喀的袖子一般都非常长大，如果把马蹄袖放下来，其下端几乎抵达袍服两衩的衩口，而衩口距离衣边（下摆）只有一拃。（图 12-52）登和勃是夫人袍腹部中间的部分，这一部分又由两段构成。上段是与别处一样的镶边，下段把登和勃夹进去缝住，下面自然耷拉下来。登和勃的镶边跟别处一样，有时还多一个层次。登和勃有横贯袍服的，有只有一小片的，周围露着大身本料。（图 12-53）

据蒙古国学者哈·宁布对隆肩起源的解释，喀尔喀的女子高大魁梧、身强体壮。相传在古代一次战争中，男子被屠杀殆尽，女子奋勇杀敌，转败为胜。大家要把她们的功劳体现在衣服上，可是找不到合适的方法，就把袖子提起来，变成泡泡袖。开始肩隆得不厉害，后来成了一种装饰物，里面纳了毡子，

12-51　夫人袍的隆肩和小袖用大身本料，接袖用另料（塔拉、托雅绘）

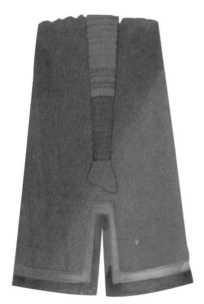

12-52　夫人袍的袖子很长，马蹄袖放下来几乎触及衩口（图自《蒙古阿尔泰一带民众的物质文化》）

12-53　同是土谢图汗部的妇人袍，登和勒的大小和款式各不相同（图自《蒙古饰物》）

12-54　这件夫人袍的镶边比较简单，而且袖箍和其他地方表现的风格不同（张海波藏）

垫了绒毛，支了玉草，成了瘤胃肩，很宽很挺，俗称"库伦肩"。

　　喀尔喀夫人袍颜色亮丽，装饰性相对强烈，做工漂亮。隆肩上部半月形，下部近四方形，用褶子装饰起来，看去漂亮、奢侈，富有层次感。夫人袍的面料多用鲜艳的绿色、粉色缎子，或者用红地带花草纹、带纱的缎子。袍服的前襟和领子，用蓝色库锦镶宽一点儿的单边，靠里用银曲纱再衬一道边。围绕下摆用黑地库锦镶二指以上的边。（这是上文说的与包固其不统一的镶法。）袍服两侧的衩子也要用库锦镶饰。其内侧要用黄色、绿色丝线镶宽点儿的边。隆肩上面的褶子要探到领边做好。包固其要用回纹纱、彩虹绦子等材料做三重镶饰。（图12-54）

　　接袖的外侧用带哈斯（团花）、汗宝古、哈顿绥和图案的红色库锦，以及自带花草纹的白色库锦做料。袖子的内侧则用黄色、亮色龙纹的红色缎子。马蹄袖用底襟的布料挂面，用有花纹的白色库锦做里子，用黑缎沿边。

　　夫人袍立领（另料制作），前襟弓形，不太满。接袖结束接马蹄袖的部分要逐渐张开变粗。夫人袍领上、前襟、裉里各缀一扣，勃勒（胯间）上缀双扣。有丈夫的人，缀双扣不合礼仪，就变作单扣。（图12-55）

　　隆肩在各地也有一些区别。额勒吉根喀尔喀夫人袍隆肩高大尖耸，发式很靠上。而

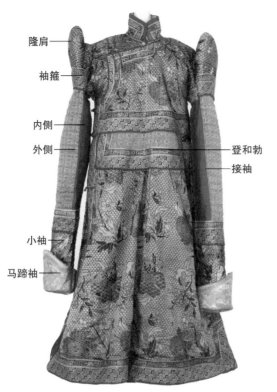

隆肩
袖箍
内侧
外侧　　　　　　　　　　登和勃
　　　　　　　　　　　　接袖
小袖
马蹄袖

12-55　（图自《蒙古阿尔泰一带民众的物质文化》）

12-56　西喀尔喀夫人袍。在挤奶和平常的日子，妇人穿的袍服领子较低，纽扣和纽襻较长，隆肩看去比较低平（图自《蒙古阿尔泰一带民众的物质文化》）

明嘎特夫人袍的隆肩矮秃，发式靠下。西部喀尔喀的夫人袍，其隆肩不是窄而高耸，而是像初生驼羔没有立起来的驼峰。（图12-56）

马蹄袖分内敛和外撇两种。前者配在漂亮的衣服上，是比较年轻的媳妇用的；后者是上了岁数的妇女用的。年轻媳妇马蹄袖的里面是天青色的，老年妇女的马蹄袖外面是天青色的。马蹄袖有跟袍服裁在一起的，也有另外接上去的。不同地方马蹄袖的形状也不同。中央喀尔喀马蹄袖的奥木格外撇，字

儿只斤喀尔喀的马蹄袖内敛，有点儿像马驹的蹄子。（图12-57、图12-58）冬天的夫人袍有的不做登和勃，马蹄袖的外面绷皮子。（图12-59）

### 3. 头饰与礼帽匹配

头饰与衣服穿戴齐全以后，夫人要出门或会客，还必须戴上帽子。即使出去小便，如果忘了戴帽，也要把左面的袖子退下来，用马蹄袖盖在头上。夫人帽最常见的是两种，夏为鹅绒帽，（图12-60）冬为色腾帽，（图12-61）都是礼帽。鹅绒帽与色腾帽，都是卷

12-57 外撇的马蹄袖

12-58 内敛的马蹄袖

12-59 后杭爱大塔米尔苏木仁钦杭德妻子的冬装夫人袍是吊面皮袍，没有登和勒，马蹄袖是皮子的（图自《蒙古国部族学》）

檐尖顶帽。结构有很多相似之处，外观上有一些不同之处，虽不易察觉，但仍不可混为一谈。色腾帽是夫人冬天的礼帽，里面絮有驼绒或棉花。（图 12-62）它的卷檐，是从前往后逐步升高又迅速降下来的，最高的地方就是耳扇的末尾，其上缀有 34 厘米长的天蓝色帽带，可以把整个帽子固定在下巴上。但一般情况下都是卷起来的，耳扇在脖颈后面耳朵附近，用帽带绾朵花佩戴。耳扇通常面子是蓝色的，耳扇放下来的时候，可以看到上面纳绣的哈纳纹、水纹、回纹等图案。里子和整个帽子的里子一致，通常都是红褡裢缎子。圆锥形部分（包括下面铺展的部分）的面子是红花点子库锦。由于帽檐经常翻卷，戴在头上的时候，耳扇

顶子
银盖子
塔勒吉德
帽檐
红缨
帽檐里子
帽带
飘带（扎剌阿）

12-60 喀尔喀婆姨鹅绒帽（图自《蒙古人的衣服》）

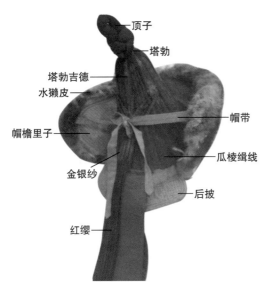

顶子
塔勃
塔勃吉德
水獭皮
帽檐里子
金银纱
红缨
帽带
瓜棱缉线
后披

12-61　喀尔喀色腾帽

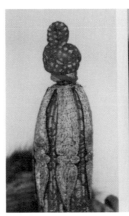

12-63　喀尔喀色腾帽的顶子（图自《蒙古国部族学》）

12-62　冬天喀尔喀贵妇人全戴色腾帽（图自《蒙古国部族学》）

部分的里子被貂皮覆盖，圆柱体部分的里子戴在头上时看不见，我们从后面看到的都是面子，从前面看到都是里子（皮毛）。

色腾帽的算盘疙瘩（顶子），是用带白点的红缎子绾的，座在瓜棱形帽顶的最高端。（图12-63）下面的塔勃，是连接顶子和帽体的装饰性垫片。从塔勃上伸出六瓣宝剑头形的缎片，名叫塔勃吉德，均匀地覆盖在瓜棱上面。塔勃吉德黑缎底子用金线缉出，也有装饰曼陀罗的。瓜棱是用二十四条丝线在红花库锦面上缉出来的，往下渐大渐宽，最后成为能够覆盖在头顶上的帽子。算盘顶子下面的细处，用丝线拴下一个蝴蝶状的编织物（也有甲虫、蛤蟆、吉祥结等多种造型，喀尔喀也把它叫作图海），其下连有四束红丝线穗子扎剌阿，配在双层飘带上面，垂下来很长。开端部分用金银纱缠出3.4厘米，望去金灿灿的。它们都正对脑后，与后披垂直交叉。（图12-64）

12-64 色腾帽后面的飘带和红缨穗很大（图自《蒙古国部族学》）

12-65 库伦帽（图自《蒙古人的衣服》）

跟色腾帽近亲，还有库伦帽和苏尼特帽。库伦帽做工特别精细，主要是库伦（乌兰巴托）的时髦女郎所戴，因名其为库伦帽。库伦帽最麻烦的工作，就是它顶上的三十二个大小匀称的褶子。这种褶子上面窄，下面宽。帽圈后面是敞开的，接有苫脖颈的片儿（后披），片儿上有飘带，顶上有固定和装饰疙瘩的圆片塔勃，圆片上嵌进疙瘩。疙瘩用缎子、珊瑚、珍珠制作的都有。（图12-65）圆片往下五面或六面用纱缎子做出巴达玛莲花图形。苏尼特帽基本上与库伦帽一样，但帽顶显得低平和粗实。现在内蒙古的东西苏尼特还戴这种帽子，第二卷已经介绍。

鹅绒帽是妇人夏季礼帽，鹅绒不仅覆盖了外面的帽檐，甚至把帽檐的里面都裹了一半，因此叫鹅绒帽。鹅绒帽在外观和构造上与色腾帽有相似之处，但它的帽檐前后一般高，很像一个敞沿的涮羊肉火锅，圆锥体部分就像那个火锅的烟囱。帽檐向额头前倾，有的用火宝做帽准。（图12-66、图12-67）后面开口像色腾帽缀有飘带和红缨穗。（图12-68）鹅绒帽的顶子，虽然也要编织，但银质的居多，上面镶嵌珊瑚和松石，下面是一个同样镶嵌珊瑚和松石的圆圆的银盖，覆盖在六瓣圭形的缎片（塔勃吉德）上面。缎片上有绕针绣的吉祥结和犄角纹。飘带是缎子的，也是双层，但比色腾帽薄，上面自带汗宝古、哈顿绥和图案（也有吉祥结、兰萨、升龙、云纹）。红缨穗只有一束，看来比色腾帽简单。这种帽子很小，紧紧地扣在作为头饰的银帽圈上面，下面用带子系住。

鹅绒帽不仅妇人戴，姑娘和男子也戴，但是都不如妇人的那样高耸。（图12-69）鹅绒帽和色腾帽都是红缨帽，据说十三世纪以前不是这样，那时的缨穗就是黑白两种马尾。后来卫拉特的托欢太师俨然以全蒙古大汗的身份宣布"我的全体子民都戴红缨"，从此就变成

12-66 喀尔喀鹅绒帽鸟瞰（图自《蒙古人的衣服》）

12-67 喀尔喀鹅绒帽的顶子（图自《蒙古人的衣服》）

12-68 喀尔喀鹅绒帽的飘带（图自《蒙古人的衣服》）

12-69 喀尔喀贵夫人夏天都戴鹅绒帽（图自《蒙古阿尔泰一带民众的物质文化》）

了红的。哈·宁布认为蒙古的红缨帽讲究很深，圆锥形直指天空，象征吉祥的须弥山。红顶子代表太阳。三十二条缉线，代表太阳的光芒照耀着青色蒙古。帽檐上黑色的一圈，象征敌人的包围。后面的豁口说明包围已被打破，敌人已经逃遁。红飘带像火苗闪烁、波浪翻腾，象征蒙古人笑逐颜开，踌躇满志。配有吉祥结的红缨穗，表示吉祥永固，牢不可破。（图12-70）

12-70　西喀尔喀的色腾帽，帽顶尖耸，缉有三十二道纵线，下面一圈一圈用横线纳出，耳扇部分纳成网格，算盘顶子很高，有六片黑色巴达玛装饰，帽檐钉有狐皮。为了适应头饰的帽圈，帽子的底圈较小（塔拉、托雅绘）

# 喀尔喀服式种种

满族统治漠南蒙古以后，盟旗仕官的服饰随了清朝，夫人随了仕官，老百姓的衣服基本没变。一些名词术语一直保存到今天。袍子的普通称呼，喀尔喀和内蒙古一样，跟其他地方不一样。袍子的写法，照读应该是"德勃勒"，喀尔喀和内蒙古把"德"拉长，"勃"省去，叫成"德额勒（德一勒）"。卫拉特则依照读音写成"德勃勒"。布里亚特读作"德格勒"或"德格雷"，卫拉特保留了古音，布里亚特属于发展阶段，喀尔喀和内蒙古为现代语。词根是"德勃"，就是上身穿的东西。

袍子的另一种表达方式特尔利格，来源于突厥语。"特尔"是汗水的意思，"特尔利格"就是贴身穿的衣服。（图12-71）蒙古族民间认为，穿衣不仅是为了遮掩身体，更是有关国民尊严的大事。一切民俗活动中要穿衣服，就是要尽到国邦的礼仪。人家就是国家的一分子，所以穿衣也是一种礼仪活动。一个新的家庭诞生的时候，一定要穿民族服装，就是这个道理。所以喀尔喀穿衣有这样几句话，"兴盛家邦的冠帽，平等家邦的袍服，成功家邦的腰带，可靠家邦的靴子"。家国一体

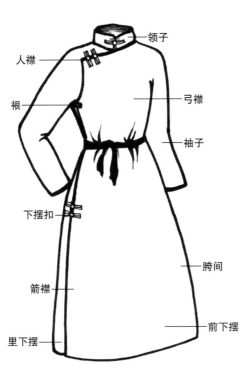

领子

人襟

裉

弓襟

袖子

下摆扣

胯间

箭襟

里下摆

前下摆

12-71 喀尔喀女袍构成部件（张素青、梁艺涵绘）

12-72 头戴珍珠头饰，穿着夏季衣服的年轻妇人（图自《蒙古国部族学》）

12-73 四瓣黑貂皮瓜皮帽，珍珠穿成的鬓挂，外套金库锦镶边的坎肩，坎肩上有珍珠穿成的图案，里面穿着红色库锦吊面皮袍（图自《蒙古国部族学》）

的观念体现得特别明显。喀尔喀是大陆性气候，盛夏酷热，严冬奇寒，昼夜温差大，冬春风沙多。为了适应这种多变而严酷的气候，暖季穿单袍子、夹袍子，有的人穿堪布缎、去毛鞣革的袍子、氆氇袍子、多罗尼袍子。（图12-72）寒冷季节穿棉袍、二茬皮袍、老羊皮袍。甚至还在外面套穿马褂、坎肩、披风、皮大衣等。（图12-73）出远门时要加穿绸子的防雨衣。过去常用狼皮、北山羊皮、沙狐皮、黄羊皮熟制以后，在外面挂上缎子、大布、褡裢布等穿着。（图12-74）贵族穿貂皮、密鼠皮等贵重皮毛，外面用堪布缎、蟒缎做面子。戈壁人常选苍黄色、土褐色、黄白色、青蓝色布缎做衣料，这跟土壤植被和环境的关系很大。打猎的人往往模仿动物的皮毛（黄羊、黑尾黄羊、白黄羊、野驴），用动物皮毛的颜色选择布料。还有绵羔皮、跑羔皮、光板皮、山羊羔皮等。最常用的当然是老羊皮和绵羔

12-74 男子冬装

皮袍。牧民认为阿吉日嘎呐嘿（指毛绒最多的老羊皮）是最暖和的，其次是奥塔阿哈德（剪绒老羊皮）、阿吉日嘎色格苏若格（剪去秋毛的二茬皮）。

## 袍服（夹袍）

蒙古袍有呼恩格日（即与底襟重叠的部分），袖子细长，接有可卷或不可卷的马蹄袖。不可卷的接普通袍服，可卷的接其他袍服。男子和没结婚的女子袍服的款式相同，四方斜襟。结过婚的为错襟。近代的蒙古袍多为小圆立领，与脖颈一般高低。前襟的上端也是圆的，向里挖出一条弧线。大体呈"厂"字形。还有一种前襟是满的，基本呈直角或大于直角。在裉里缀扣。前襟宽大，袖子很长，后下摆比前下摆长而肥大，下面要做斜子，一般做一拃长。袖子放下来看着很长，骑在

马上要曲臂，袖子就不显长了，还要接马蹄袖。下摆长大是为了骑在马上后面能兜住屁股，前面能盖住小腿。（图 12-75）

蒙古袍的长度，男人的可以到蒙古靴靿子的中部，女人的可以到蒙古靴的帮子上面。

袍子里面最亮丽的就是夫人袍。其他妇女只穿带马蹄袖、镶单边的袍子，镶边只有一指宽，一般只限于领口和前襟，腰侧和下摆不镶边。比较讲究的镶边也只有宽窄两道库锦边，袍子如果是蓝色的，外面那条宽道子用红色，里面那条窄道子用绿色，合起来也只有一指半宽。马蹄袖的镶边也是如此。因为袖口上要接马蹄袖，袖子不用镶边。（图 12-76）男人用颜色对比强烈的库锦缎子镶边。没有布绾的扣子，都买现成的

12-75　喀尔喀特尔利格（德额勒）。这种夹袍领子小而用另料，下摆有斜子。除了下摆，别处都镶边。制于世纪之交（图自《蒙古国部族学》）

12-76　头戴四瓣水獭皮帽，辫梢接了三股丝线穗子，身穿带纱的绿色吊面皮袍，接有水獭皮马蹄袖（图自《蒙古国部族学》）

扣子。纽襻长，纽襻的屁股圆鼓鼓的，没有后来那种向两边撇开的。纽襻是用丝线缩的，女人的纽襻都是扁的，男子不钉扁的纽襻。纽襻之间的距离比现在要大。领子要高，有一短虎口高。袍子两侧开衩，衩子一般有一虎口长，周围镶边（宽窄边彩色）。下摆加一道黑色的宽边，镶二指宽的蓝库锦，蓝库锦上面再压绦子。

纽扣的种类比较多：溜圆的银扣子；十字形纽扣；麻扣，上面有密密麻麻的小坑，个头较大；镜扣，一面是光亮的；还有一种方便替换的扣子，上面有吉祥结，可以从这件袍子上随便移到另一件袍子上，用在比较讲究的袍子上面。这些扣子大部分是铜扣，纯银子做的大小纽扣是姑娘和未出家男人缀的，喇嘛一般不用，平素也很少见到钉银扣的喇嘛。通常男人的扣子大，女人的扣子小。

纽襻也分公母，带纽扣的纽襻，叫作公纽襻，光有活扣的叫作母纽襻，袍子上开始先钉公纽襻，然后根据纽扣大小，再缀活扣的母纽襻。纽扣通常领子上缀一道，前襟上缀二道，裉里缀一道，下摆上缀一两道纽扣。最简单的只有领上、前襟、裉里三道扣子。袍子上钉扣子的时候，要从胯间开始，依次往上钉，裉里的，前襟的，领子上的，这样钉出来的纽扣容易对齐。

有的妇女喜欢在衣服上钉吉祥结，琵琶襟、衩子、下摆的周围，每个边角上都钉九孔的吉祥结。后脖颈、前襟的正中钉完整的吉祥结。吉祥结向下的头是整的，向上的头是开的。纽扣如果是吉祥结的，琵琶襟上就不钉扣子。如果不是吉祥结的，领子上一道，前襟上两道，腰侧靠下两道，前面衩口上两道。

马蹄袖保护袍服的袖子，使手臂暖和，同时增加美观，所以有人干脆把马蹄袖叫作装饰。没有马蹄袖的袍子叫作秃袍（穆霍尔），不能算作礼服。民间认为马蹄袖的手掌和奥木格小的，来钱处就少，所以马蹄袖的奥木格一般都做得宽阔和尖锐，象征着人的命运发达。喀尔喀的小孩子也接马蹄袖，这是跟内蒙古不同的地方。新袍子在黄昏满天繁星以后穿，穿的时候要加以祝福。开庙会的时候男子套穿汗褡子、秋冬套长袖马褂。偶尔能看到白茬皮袍上镶宽边，或者漂亮袍子上，钉白、黑、紫绵羔皮马蹄袖的人。穿旧以后的袍子领子不扔掉，要放在火里烧掉，因为衣服最珍贵的地方就是衣领。

## 袷木袷

袷木袷是一种长衫，主要用作内衣，女子用天蓝色和白色绸子做的工艺袷木袷，夏天能单穿在外面。款式有对襟和扁襟（大襟）两种。袷木袷从前多用小秃领子、弥接立领。有时领口小得只能容下脖子，这种袷木袷主要是上了年纪的男人和女人穿，而现在多用立领和高领。对襟一般都缀扣子，扁襟有时也用扣襻和带子。前襟要单独裁剪。把大布折叠起来以后，把裉、前襟、领口剪出来，领口要弥接。这是喀尔喀与别族不同的地方。下摆可以直接裁出来，也可以在下摆的两侧把斜子（三角形）加进去。袷木袷的领子是双层的。

袖口、领子、前襟、下摆上绣结实的哈吉雅斯。有的用白绸子做面，用红缎子镶边，走在绿草地上特别醒目。

此外，还有一种叫作"包身子"的，它实际上是一种袼木袼，只不过前襟和领子用羊皮做成。

## 皮袍

皮袍的种类比较复杂，可以从毛多毛少来分，可以从吊面不吊面来分，可以从本色和染色、熏皮来分。（图12-77）皮子和布缎不同，不是那么整齐划一。对皮子和缝纫都得有点儿技术，有些是农耕民族没有见过的。

做皮袍的时候，用牛粪燃起一堆明火，等冒过大焰留下红火烬的时候，四个人抓着羊皮的四个蹄子撑在火上，一个人用红柳棍在羊皮板上反复抽打，边打边把羊皮按顺时针的方向旋转，这是一道必不可少的工序，为了把皮板做好。小孩子不知道这里的奥妙，只是看着好玩，便三五成群跑来围观。一件皮袍所用的羊皮不止一张，在抽打最后一张羊皮以前，把黄油倒在火烬上，把奶酪、奶豆腐、糖块等放在皮子上面。放黄油据说是为了感谢火神，放奶酪是为了让孩子抢走，所以孩子都乐而为之。

第二种技术是对皮子。做老羊皮袍的时候，后背用两张半，前襟和下摆两张，底襟一张、每个袖子各一张。身高一米七的男子穿的皮袍，一般用八张富足有余。具体做一件皮袍的时候，根据毛多毛少、毛顺毛逆、

12-77　西蒙古男皮袍，皮板经过熟制，没有吊面（图自《蒙古阿尔泰一带民众的物质文化》）

皮板皮毛的质量以及不同部位的磨损情况，仔细"对皮子"，把皮子打乱搭配，使每个部分单元看上去就像是一只羊身上的毛一样。

第三种技术是裁剪。不能直上直下直接拼对，那样做出来的皮袍不结实，碰到外力会跟着直线一撕到底。裁剪以后要在左右肩膀上留两条折线，前后下摆上各一条折线，一共四条折线，顺着折线把皮子缝合在一起。折线地方裁下的下脚料弥对在里下摆上。袖子分成背面前面两部分，袍子的后面宽，前面窄，互相用折线连接。这主要是由于肩膀上的折线、袖子前面上部长一些、后面短一些形成的。

前襟上出中缝的话，看起来比较漂亮。前襟分为方领或交领，民间分别叫作满族领子和喇嘛领子。皮袍缝得好不好，主要看皮板的衔接如何。从来会缝的人弥接的皮板像画上去的一样，只有直直的一道线。

皮袍用穿透法缝纫。缝吊面皮袍的时候，先把皮板与里子绷在一起，用线纫住，再把里子和面子缭在一起。有时为了好看，老羊皮袍还要用绵羊羔皮"出锋"：把白色、紫色、黑色绵羔皮裁成一指宽，把面子与达斯玛（镶条）的面子对在一起缭住，再翻过来补缝，这种做法叫作出锋。用这种方法做出来的吊面皮袍，往往看不出里面是老羊皮。有时也用虱子（一种针法）锁边，叫作其木和额日那，这样缝出来的东西结实好看。

更多的是直接镶边。虽然是白茬皮袍，也要把它打扮得比较顺眼。男子穿白茬皮袍，用黑布或大绒转一圈镶二到三指宽的边。有

的还在上面做万寿或十字图案加以装饰，还在镶边外面配以细条边。有的在白茬皮袍上印团花和其他各种图案。寺庙的喇嘛把老羊皮染黄印图案穿着。老羊皮袍，男人的用黑色面料镶单边，为了漂亮，前襟也用皮子镶边，即古代的"毛为缘"。女人的皮袍绣鸿爪，用红、黄、绿等五色丝线在布料上面缉线，显得更加好看。（图12-78）从前穷人冬天穿白茬皮袍，穿旧以后再用褡裢布挂面子，好像换了一件新衣。二十岁以后才偶尔有人穿缎袍子，因为人们认为在此以前穿缎子会折损福气。用缎子裁剪衣服的时候，不能从上面跨过，

12-78　喀尔喀姑娘粉皮袍。即用熏染过的老羊皮板（去毛）做的革袍，在不太冷的季节穿着，边缘用绵羔皮出锋，与羔皮马蹄袖呼应。饰有上下两个袖箍，用双道镶边（图自《蒙古阿尔泰一带民众的物质文化》）

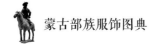

剩下的布条子要献到火里。冬天穿白茬皮裤。

### 1. 绵羔皮袍

把绵羔皮裁成四方块，对好毛以后缭缝。缝好面子以后，把面子和里子缝在一起（用绗线法缝合），里子缭，面子缉。面子缝的地方容易掉下来，领子和前襟下摆也要镶边。做绵羔皮袍的时候，把腋下、肷窝等毛少的地方剪掉，与毛多的地方直接对在一起；或者把毛多的皮板，直接压在腋下、肷窝上面，这种办法叫作裁勒达呼。材料多的时候，可以多用脊梁皮。中等身材的人用二十七八张绵羔皮，身材魁梧的人用三十张绵羔皮，比较窄的妇女腰带和斜子一起裁剪，两个胯间插进三角形的四个斜子，前面下摆的边上还有一个斜子，一共插进去五个斜子。所以下摆的下部呈喇叭形，比较肥大。袖根长一拃加一虎口，袖长五拃，领子两层一拃。

绵羔皮一般不用来给孩子做皮袍，想来可能是怕冲坏孩子的福气。腰带用蓝色褡裢布做成，人们认为用红色、黄色绸子做腰带是一种错误。

### 2. 短皮袍

短皮袍是男人打猎、步行或者放牧牲畜的时候穿的一种短下摆皮袍。小秃领子，对襟一敞到底，用带子维系，应该是林中百姓款式的遗留。材料多用兽皮或老羊皮，制作过程和方法与普通皮袍一样，镶边也没有什么特别的地方。

这种短皮袍很适合林中狩猎生活，多半是生活贫苦的人们穿着。

### 3. 陶德高日皮袍

短皮袍向前发展，小秃领子变成了立领，敞襟向右偏斜，变成了大襟，带子变成了纽扣，短皮袍就变成了陶德高日皮袍。这种皮袍骑马的时候胸脯、脖颈灌不进风。但是由于它的下摆没有改变，顾了上头顾不了下头，腿上不时灌进风来，保护不了踝骨。后来陶德高日皮袍的下摆加长，兼有了衣当被的作用，变成了普通皮袍，陶德高日皮袍实际上已经不存在了，或者说它已经变成了套穿的衣服——马褂、汗褡子和勃讷格之类的东西。

### 4. 萨日迈袍

薄毛不吊面的袍子叫作萨日迈袍子，春秋干活儿穿，只镶一道达斯玛的宽边，扣子和纽襻都很长，后来只钉两道纽扣。

## 熟皮子和熏皮子

熟皮子是一种古老的工艺，不同的部族根据祖传和当地自家条件，各有自己的绝招，但都费工费力费时。手工熟出来的皮板柔软结实，缝起皮袍来得心应手。如果再熏出来，不仅色泽好看，光洁黄润，还能有效防潮，淋雨皮板不皱，实为一大发明。

熟皮子相对在牧闲季节，天气还不能太凉。一般都是批量生产，起码能做一两件袍服。一般做法是：

第一步，泡在碱水里，把皮的红汁去掉。

第二步，放在大缸或山羊皮做的红筒里浸泡。大缸里装着硝、碱、黄米和酸水的混合液体，老羊皮放十昼夜，绵羔皮放三昼夜。

如果皮板发白，那就说明皮子熟好；如果皮子发虚，说明还没有熟好。

第三步，把皮子拿出来，洗涤干燥，再浸泡再拿出来，在筋膜起来的时候把它刮掉，而后晾晒。

熏皮子是在熟皮子以后用烟熏。烟熏的办法是在地上挖一个坑，把秋后的马粪撒进去，让它燃烧，上面用粪筐扣上，再把皮子搭在粪筐上，在不冒火焰的浓烟里，把食盐撒进去，利用烟气的力量把羊皮熏黄。

## 乌吉

乌吉、汗褡子（坎肩）、马褂、达赫，都是套穿在外面的衣服。乌吉，是已婚女子比较尊贵的衣服。分礼服和常服两种，同时又分长乌吉（有下摆的）、短乌吉两种。喀尔喀的乌吉无领无袖，前后开衩（有的朝服乌吉上身开深衩，似为套头穿一类），衩深及胸背。上下身之间分裁另缝，从里面缭住，外面看像小马甲加裙子两件套。左右各有一个暗兜，它们弥对起来正好是正方形的。下摆前后各两块，合宽97厘米（因人而异），上面与上身对齐，折出褶子（约十七八个）缝上去。中缝处有一个93厘米高的衩子，直达腰际。乌吉通常用黑缎或大绒做面子，红绸做里子。在装饰上大镶大贴，仅次于夫人袍。领口、前襟、裉口、对襟、前后衩子、下摆整整镶贴一圈。从外往里依次是：5厘米宽的"万"字蟒缎、4.5厘米宽的花蝶红粉绦、3.2厘米宽的的白底红花缎。互相之间还有金

纱银纱做压条，最外面用黑绸子裹一细边（一件乌吉的案例）。纽扣都缀在上身，一般是四至六道，主要是银扣。有的缀10厘米左右的绦子，代替纽扣，实际上只在第二道绦子上缀一道纽扣。（图12-79、图12-80）

12-79 喀尔喀乌吉（图自《蒙古人的衣服》）

12-80 西喀尔喀乌吉以彩虹道子装饰（图自《蒙古阿尔泰一带民众的物质文化》）

12-81 西蒙古的车吉木格（图自《蒙古阿尔泰一带民众的物质文化》）

12-82 穿车吉木格的西喀尔喀婆姨（图自《蒙古阿尔泰一带民众的物质文化》）

乌吉上还有三件装饰物，现在已不多见。一件是符，一件是勃勒，一件是敖日呼勒嘎。符是用银子或黄铜做的方形牌子，其上有两个耳子，可以钉在乌吉的肩膀上面。勃勒上面是圆形，下面是三角形饰件，戴在乌吉的左右两侧的胯间，上面挂着各种颜色的毛巾，可以用来包东西，也可以擦鼻涕。敖日呼勒嘎用珊瑚、珍珠、银子组合而成，规格大小不一，钉在绦子上或红布上，或就那么散着，固定在领子的底部或中缝上，顺着后面衩子垂挂下来。

妇女们穿的袍服要求材料和颜色两全，同时，袍服的颜色和材料与人的身材、面色相称，并且跟坐骑的毛色、马鞍的装饰、所用的坐垫和谐配套。而且袍服与外面套穿的乌吉也要配套。乌吉如果用黑缎做的话，袍子的颜色应该是古铜、蔚蓝、大红等。

袍子外面如果不套乌吉，必须套车吉木格，或者坎肩一类。（图12-81、图12-82）乌吉长短与袍服相当，衩子比袍服稍短。手上戴大银手镯，耳上戴大银耳环。这都是夫人穿衣必须遵守的规矩。

## 汗褡子

喀尔喀汗褡子的概念比较宽泛，笼统地说可以叫作坎肩，但很难用两句话概括它的款式，只有半身衣可以肯定。多为立领，但也有没领的；（图12-83）多为无袖，但也有有袖的；多为右衽，但也有左衽的；（图12-84）多为镶边，但也有不镶边的。（图12-85）至于衣襟，对襟、大襟、琵琶襟、缺襟的都有；（图12-86、图12-87）至于材料，库锦、蟒缎、罗纱、毡子、大布的俱全。（图12-88）有一点是共同的，女式汗褡子腰部稍细，近代加了"省"，裉弯挖的时候后面要多一二指，突出女性的身材。冬天汗褡子用山羊、绵羊羔皮做里子，用皮毛镶边。根据笔者见闻，大体可以分为以下六类：

12-84 十九世纪末二十世纪初，喀尔喀贵族妇女坎肩，普梭缎面，蓝绸里子，高领，右衽大襟，左右开衩，前后各有三个回纹环绕的圆圈，圆圈里的"寿"字由小珊瑚穿成，白花由小珍珠穿成（图自《蒙古人的衣服》）

12-83 喀尔喀带花的无领纱坎肩（王殿和藏）

12-85 喀尔喀不镶边大襟红坎肩（图自《蒙古人的衣服》）

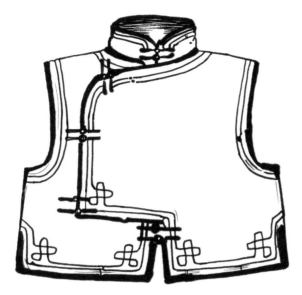

12-86 喀尔喀琵琶襟坎肩结构示意图（张素青、梁艺涵绘）

12-88 喀尔喀的毡制汗褟子（图自《蒙古阿尔泰一带民众的物质文化》）

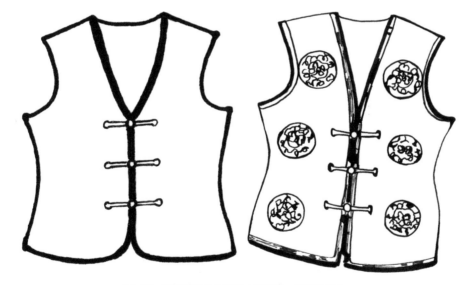

12-87 无领对襟男女坎肩（张素青、梁艺涵绘）

（1）无领无袖，对襟纽扣，一般露脖露胸，男的对襟圆角，女的对襟方角。男的不镶边，材料朴素；女的稍事镶边，材料带花。与汉人的红腰子有相似之处。

（2）有领无袖，男的缺襟或琵琶襟，女的多为大襟（比男的襟满）、男的五处十扣，女的四处五扣。男的四开衩，女的前后衩。都镶边。这种款式最多。

（3）装饰如鄂尔多斯浓厚，本料几乎被遮盖，对襟、大襟、琵琶襟都有，一定四开衩。

12-89　装饰浓重的有领喀尔喀汗褡子〔图自《蒙古人的衣服》〕

12-90　男式都图木斯格〔摄于 2015 年中蒙博览会〕

不同点是多了一个领子。（图 12-89）

　　（4）都图木斯格，有领有袖，有时袖子长过身子，对襟纽扣，一敞到底，老者大襟。特点是前后左右领袖全用吉祥结装饰，虽有四衩，也或不开，亦用装饰表示。喀尔喀现在穿得最多。（图 12-90）

　　（5）英雄坎肩，典型的十三太保。据说古代里面布有铁片，可以防止箭头射穿，现在已经穿得很少。（图 12-91）

　　（6）两件套坎肩，一件坎肩由两件组合而成。前面多了一个兜肚似的四方片，用扣子和坎肩连接，可以取下来，取下来以后，还是一个完整的对襟四开衩坎肩（套头）。（图 12-92）

汗褡子的装饰是一大特点，尤其都图木斯格的装饰最为突出。装饰一般与镶边配合，在镶边的里侧装饰。图案过去有回纹、取灯（用火柴棍排列的图案）、吉祥结三种。现在一般只用吉祥结。装饰的位置：对襟在对襟的两边（上中下）、肩头袖口、脊背中心线（上中下）、前后左右衩口；（图12-93）大襟在大襟中心线上下，其余位置同对襟；（图12-94）错襟（缺襟和琵琶襟）在错襟中心线上边、下摆的右下角、下摆中下角、里襟露在外面的两个角、左右衩的两边。（图12-95）吉祥结的形式有简有繁，在不同位置吉祥结的数量也不同，有数个、单个、半个或只有吉祥结的头。（图12-96）有时镶边拐弯的地方与吉祥结联结起来。男子汗褡子装饰有自己的特点，其领子、前襟的奥木格尖锐，衩角上绣有九眼吉祥结，领子的后颈处、前襟上面左

12-92　两件套坎肩

12-91　宝格达汗夫人貂皮英雄坎肩（图自《蒙古人的衣服》）

12-93　对襟汗褡子的装饰（图为肯特省前德力格尔苏木路遇的蒙古人）

12-94　大襟汗褡子的装饰（图为苏赫巴托苏木路遇的蒙古人）

右有整的吉祥结，下摆的前后、衩的两侧等处有整的、半的吉祥结。种种巧妙，不一而足。

汗褡子的长度一般要超过腰带。不加袖子的，属于礼服，是喜庆节日穿着。过去曾经作为公务人员的公服，上面有明显的标志，款式规定比较严格。（图 12-97）

## 马褂

马褂是很有来头的一种衣服，有袖子，没领子（个别有领子），有长短两种款式。长者如半大衣，短者刚过腰带。清代有一种带补子的褂子，有长短两种款式，一直延续到宝格达汗国时期。（图 12-98）这种褂子穿在外面，除了御寒，更是一种官职的炫耀。冬天用松鼠皮、羔皮、狐皮

12-95　女式琵琶襟汗褡子的装饰（苏赫巴托省博物馆藏）

12-96　这位路遇的蒙古人，汗褡子的装饰最为繁复，上下前后基本连成一体（摄于肯特省前德力格尔苏木）

12-97　宝格达汗国时期的军人坎肩（图自《蒙古人的衣服》）

做里子，沿宽边，或用貂皮沿边，有的干脆把貂皮做成马褂，穿在带马蹄袖的皮袍外面，袖子较宽，长度抵达袍子接马蹄袖的地方。（图12-99）马褂的领口、前襟、下摆镶单边，两侧有一拃长的衩子，有布绾的桃疙瘩扣子，马褂除了上面说的皮马褂以外，还有夹马褂、里面絮棉花或者钉皮子的挂面马褂。

　　马褂男女都用，男性用得多。男性一般穿在布衫和皮袍外面。如穿在皮袍里面，女性一般用纯色普梭做面料，肩膀、腰部、胸部要加省，以凸显身段之美。如穿在裙子上面，一定要与裙子颜色相配。（图12-100、图12-101）男性的马褂不镶边，根据面料的颜色配扣子。以前缀扣子要在布上挖扣眼，后来就

12-98　二十世纪初期的吊面皮马褂（长短式）（图自《蒙古人的衣服》）

12-99　貂皮马褂

用面料的布做成纽襻，夹在面子和里子之间缝住，权当扣眼使用。有的地方孩子剪掉的胎发，要夹在两片布中间，而后用它来做一件马褂。

## 达赫

达赫虽然还是套穿在外面的衣服，但它已不是礼服，而是隆冬季节牵驼的人、放马的人、下夜的人穿的皮外套。毛朝外，用透针、绷的办法或缭、补的办法缝成。达赫的前襟一敞到底，没有纽扣，用皮带子系结。袖子和下摆都长而宽大。沿着下摆、领子边上，用黑布镶宽边。后下摆的正中间开衩，这是穿在皮袍外面、适合骑马乘驼的衣服。

达赫用盘羊、北山羊、大羯山羊、大羯绵羊等绒毛多的皮张制作，一般用六到八张。羊皮对在一起以后，缝的时候不能错开，长短不齐。达赫身长七拃，

12-100　男马褂（张素青、梁艺涵绘）　　　　12-101　女马褂（张素青、梁艺涵绘）

袖子长五拃。达赫的领子，两层合起来长两拃宽一拃。达赫的款式、做法、裁剪方法，继承了古人直襟的传统。

## 和勃讷格（毡雨披）

和勃讷格，一般也不作为礼服。夏秋季节在野外行走或放牧牲畜的时候，碰上天凉下雨，在衣服外面套穿的披件。和勃讷格对襟敞开，下摆短小，带领子，袖子长而宽大，只用几条皮带子系结。因为是毡子做的，雨水一下淋不进去，但能吸收水分，使原本就很沉重的它变得更加难以负担。于是人们就把有一定防雨性能的布匹裁成袍子的样子，把前面劐通，使能迈步走路，并且做一顶够大的帽子，从肩头披下来，以利雨水从后背流动，这种雨衣自然分量减轻，但是遮风挡雨不如毡雨披。（图 12-102）过去雨具稀缺，雨来了拿张大点儿的羊皮，毛朝外披在肩膀

上，两个前腿绑在一起，套在脖子上，也聊胜于无，应一时之急。以后在这方面加以开发，选择洁白的羊毛或绵羔绒擀成薄毡，裁成坎肩的形状，用驼毛线把边纳出来，用黑香牛皮沿边，用驼绒线简单装饰一下，穿在身上别具一种风格。虽然还叫毡雨披，已经名存实异，变成一种场面上穿的东西，跟雨已经不沾边了。（图 12-103）

## 裤子

喀尔喀人穿皮裤和布裤。因为棉花奇缺，棉裤很少穿。把两片布从两旁缝合，变成两个筒子，裆里加进一块三角。上面加上裤腰，裤腰上加上鼻儿，就可以系裤带了。裤筒下面是开口的，骑马和干活儿的时候，怕裤腿卷上来，就可以用带子把裤腿系上。裆里的三角有大小两种，也跟布料的撇幅宽窄有关系。骑马的裆一般都肥。裤腿宽，骑马的时

12-102 雨衣

候比较舒服，步行的人裤子过于肥大就影响迈步。

冬天不分男女都穿皮裤。冬天用毛多的老羊皮，春秋用毛少的老羊皮。专门接裤腰。裁剪皮子的时候裆里不加三角。缝裤子用四张老羊皮，老羊皮要熏皮、染色，使其呈黄色或红棕色。老羊皮上还能做花纹，用缎子挂面。此外，也用山羊皮做白茬皮裤。

黄羊皮熟好以后，把毛去掉可以做老年人穿的皮裤。同时因为孩子赛马不备鞍子，也用黄羊皮做成套裤，防止骑马时磨坏孩子大腿上的肉。黄羊去毛的时候，先要放在碱水里，把它的红水去掉，再放进缸里熟制，加一种特殊配料就可以使毛脱落。

## 护膝护肘

干活儿和写字膝盖和肘部容易受凉，于是就做了护膝和护肘加以保护。和耳套一样，它们都做得很精致，绵羔皮做里子，缎子挂面，缎子上要做纹样与沿边。会爬的孩子，父母也给他做一个护膝穿，一般也要装饰。（图 12-104）

## 腰带

腰带有礼服常服之分，同时有男人、妇人、姑娘、孩子多种。腰带与袍服大概是一对孪生姐妹，有了袍服就有了腰带。早期的腰带是皮带，后来发展为蹀躞带，上面用金属和玉石装饰，可以挂许多东西，用带扣系结。这种传统一直延续到今天，市场上出售的几千元的宽皮带都是这种形式。（图 12-105）民间把马匹、牛皮破成窄条，熟出来，在腰里缠两三圈，两端自然要露在外面，也熟得

12-103 男子春秋凉季穿的薄毡汗褡子，用黑香牛皮镶边，绒线绲缝（张素青、梁艺涵绘）

12-104　护膝、护肘（图自《蒙古阿尔泰一带民众的物质文化》）

很柔软，里面的皮子因为需要坚挺，熟得不太充分。这种腰带外面用铜铁镀银做成泡钉装饰，与古代一脉相承。用金玉装饰，主要是为了好看，显示富贵。据说还有防止骨折和意外伤害等功能。（图12-106）

最大宗的腰带应该是绸子腰带。男以蓝色为主，女以绿色为主，同时要跟穿的袍服颜色相配。腰带长2.5米到3.5米。男人的腰带顺时针缠绕，女人的腰带逆时针缠绕，以区分性别阴阳。扎腰带的时候，抓住正中间，从前往后把袍服扎一圈，一头垂在左胯上，掖好，另一头顺时针再转一圈，掖在右胯上。

腰带不同于一般服饰，自古就赋予它许多社会属性，它是人的尊严和身份的标志。（图12-107）腰带还是人的灵魂所在，据说把腰带供奉起来，就能把魂召回。蒙古人把腰带看得很重，不能从它上面跨过，也不借给别人用，禁止把腰带互相交换。腰带的两端忌讳滚边，腰带的两端如果上针缝的话，将来要用的东西就会短缺。如果把腰带的结子解开，表示今后不再见面。

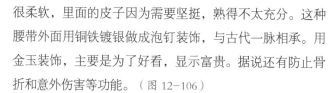

12-105　前杭爱呼吉尔特苏木巴图德力格尔和夫人的腰带

12-106　民间皮腰带

12-107　有带扣玉带板的腰带（图自《蒙古阿尔泰一带民众的物质文化》）

# 喀尔喀帽靴

## 喀尔喀帽子

喀尔喀、布里亚特和新疆某些地方，是保持草原原始风貌较好的地方，也是保持传统游牧服饰较好的地方。直到今天，也是少数能用动物皮毛做帽子的地方之一。帽子用库锦、绸缎、堪布缎、天鹅绒、大布做面料。上面绷貂皮、密鼠皮、海狸皮、狐狸皮、沙狐皮、羔皮，有抵御严寒和审美的双重效应。匈奴以来的帽靴，从最简单的劳布吉、白特格到历朝历代的样式，几乎都在现代草原留下了样板。蒙古民族博物馆介绍：有史以来，蒙古人戴过一百多种各种款式和名称的帽子。为了好看和保护额头，把最好的皮毛放成迎风；为了脸蛋不被冻坏，把绷了皮毛的耳扇紧系在下巴上；为了减少风的阻力，把帽子做成圆形和三角形；为了风度翩翩，在后面加了飘带两根。（图 12-108）

帽子是首服，在服式里占有重要地位，兴盛家邦的冠帽，冠忌讳迎风放下，否则禄马不起，就是不祥之兆。帽子上的缂线不能斜，否则就丧失生气。帽子烂了以后不能随便扔掉，要找一个干净地方烧掉。帽子是人的运气所在。忌讳换戴、丢弃，不能在手中转动、抛掷。不能歪戴、反戴，因为送鬼的人才是这样戴的。不把帽子当礼物送人。丢了帽子不找，因为帽子口朝下，存不住东西。也不当礼物送人，因为它是主人的精气神所在。两人同行时年长者为尊，一人独处时帽子为尊。帽子有约束人行为的作用。戴帽为敬。帽子是人格和尊严的体现。犯人要把帽子、腰带去掉，把袍子披在头上走路。官衔级别，也能从帽子上体现出来。当官的祖先戴过的帽子，后人要保存在帽盒或箱子里，逢年过节还要祭奠。收拾的时候放在最上面。

### 1. 劳布吉系列

劳布吉起源很早，诺颜山出土的匈奴帽，就有这种款式，曾经是北方游牧民族普遍戴的帽子。（图 12-109）成吉思汗、忽必烈戴的帽子，实际上也是这种形状。还有马胡子，意思是入头很浅的帽子。冬天戴的皮帽，也是这一类型。（图 12-110）

劳布吉或尤登帽这一系列的帽子，不仅历史悠久，名称也很多（比如风雪帽、草原帽、三角帽）。做法也很简单。把两片长方形的布折叠在一起，把相邻的两个边缝住，就成为一顶最简单的尤登帽或劳布吉帽。（图 12-111）如果在缝以前，把角剪秃，缝出来就是圆顶的。如果不剪秃角就那样缝住，缝出来就是尖顶的。（图 12-112）不过，除了个别厚料，大多数劳布吉都要镶边。劳布吉冬天戴，尤登帽夏天也有戴的。劳布吉的面料，

蒙古部族服饰图典

12-108 婆姨帽：尖圆顶圆檐帽，珊瑚珠串绾的疙瘩顶子，顶子上箍着银花带子，带子与银座固定在一起，花缎飘带和红缨穗（图自《蒙古国部族学》）

12-109 2015年中蒙博览会展销的帽子，跟两千年前的匈奴帽何其相似（苏步达额尔德尼供）

12-110 戴马胡子的高龄长者。头戴羊羔皮马胡子帽，身穿品青布吊面皮袍，脚蹬软皮靴，手拄龙头拐杖的年迈老人（图自《蒙古国部族学》）

12-111 苏赫巴托苏木拍到的劳布吉

12-112 戴劳布吉帽，穿吊面皮袍的牧人，原作摄于1925年（张素青、梁艺涵绘）

要与所穿的袍服配套。一般是选用自带花纹的缎子做面子，用库锦、绦子、金银纱宽窄镶好几道边，镶到脖颈后面的位置就竖起来，形成一个等腰三角，并在这个三角的上面和下面两侧，利用最里缘的那道边，巧妙地做三个吉祥结。当然这只是一种形式，也有脖颈后面镶横边的，不过要比两侧的边宽，上面做了图案。（图12-113）

劳布吉虽然简单，但非常适用，折叠、携带都非常方便。（图12-114）天冷时把两个帽耳朵放下，如果有风可以用帽带系在下巴上，后披苫住脖颈。如果天气晴好，就可以用帽带（一共就二条帽带）把两个帽耳朵拉起来，系在后脑勺上。（图12-115）苏赫巴托省博物馆的劳布吉迎风较大。（图12-116）戈壁人冬天尤登帽上要绷皮子。尤登帽女人也戴。喀喇沁人在狩猎时候也戴尤登帽，所以也把它看作是一种猎帽。新式的尤登帽用一条黄库锦装饰底边，绿布压条，顶子尖耸，后披长。

2. 瓜皮帽系列

瓜皮帽的翻译是不确切的，实际上汉族的瓜壳子只是瓜皮帽的一种，而且和蒙古族的瓜皮帽不完全相同。正确的翻译只有音译"陶古日查格"，词根是陶古、陶报，即陶布古日，就是鼓起来的东西，陶古用长元音的读法就是把古省掉，把陶的读音拉长，读作"陶日查格"，这在新蒙文里是非常清楚的。

12-113 劳布吉戴在头上的情景，可以看到后面的镶边（摄于肯特省呼日和巴格）

12-114 劳布吉折起来的情况，可以看到后面的镶边（苔瑶勒供）

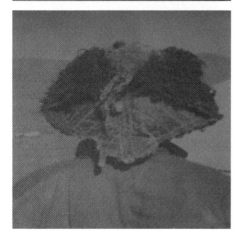

12-115　劳布吉在不同天气的不同戴法（图自《蒙古国部族学》）

12-116　苏赫巴托省博物馆保存的尤登冬帽

陶必是将军帽，陶日查格的一种。

　　瓜皮帽又分夏帽和冬帽，礼帽和常帽。瓜皮帽的质材、款式很多。大体上可以分为帽头、瓜皮帽（扈勃陶日查格）、带耳瓜皮帽（四耳瓜皮帽）、将军帽四种。帽头是用毡子或者布做的，不分瓣，没疙瘩，老汉人戴。它虽然简单，却是这类帽子的鼻祖。扈勃陶日查格（普通瓜皮帽）才是真正的瓜皮帽，是瓜皮帽的代表，也是瓜皮帽中数量最多的。汉族的瓜壳子，也属于这一类。汉族的瓜壳子多分六瓣，上面有一个桃疙瘩，多为黑缎的。一般是教书先生、买卖掌柜、地方绅士之类的人戴的，但是他们的瓜壳子没夹条和缨子，桃疙瘩相对简陋，不像蒙古人有缨，有红疙瘩，有夹条的瓜皮帽看去有神气。（图12-117）

12-117 后杭爱省博物馆的瓜皮帽（图自《蒙古国部族学》）

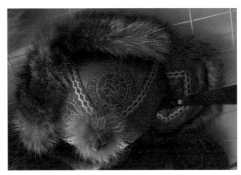

12-118 中蒙博览会上拍到的四耳帽（苕瑶勒供）

蒙古女人的瓜皮帽瓣子尖细，四瓣或六瓣组成，分没夹条和有夹条两种。前者如土尔扈特，后者如喀尔喀男子和姑娘，还有王爷和仕官。达尔哈特的瓜皮帽是用毡子做的，疙瘩大而漂亮，下面用红布沿宽边。蒙古国的瓜皮帽的特点是红疙瘩、五缨、有夹条和底边。第三种是带耳朵的瓜皮帽，男人四耳上绷皮子，四耳左右大，前后小。上面绷的皮毛厚，帽顶有五个疙瘩或钉鼠尾，与西藏的这类帽子相似。（图12-118）女性带耳朵的瓜皮帽主要是阿尔泰乌梁海妇女戴，乌梁海和土尔扈特一样，瓜皮帽上钉珊瑚、银子，有缨子，但耳扇不一样。将军帽也是一种瓜皮帽，但所戴人群有限。瓜皮帽使用非常广泛，哈萨克、乌孜别克、柯尔克孜等民族也戴。

普通瓜皮帽常见的有疙瘩，分瓣，底部一圈有刺绣和装饰。喀尔喀的黄色鞣革瓜皮帽、敦道格杜拉玛夫人的饰珍珠瓜皮帽，是这方面的代表。（图12-119、图12-120）后杭爱省博物馆保存的瓜皮帽，为库锦绦缩疙

瘩的瓜皮帽。（图12-121）哈·宁布书上的瓜皮帽，在此基础上多了一束红缨。（图12-122）有的把底部的刺绣改为用皮毛沿边，或者直接叫作扈勃陶日查格（图12-123）和低帽。其中低帽做得更为精致，它用带花红库锦做面料，貂皮做沿。疙瘩用小粒珊瑚缩成，疙瘩下面有圆座和六角形塔勃，两个角之间各夹一道绿夹条，夹条越往下越宽。（图12-124）敦道格杜拉玛夫人的冬帽，也是在瓜皮帽的底部用皮毛沿了一圈，只是用了金属顶子，皮毛比较夸张。（图12-125）现在这种款式的瓜皮帽市场有出售。笔者在中蒙博览

12-119　黄色鞣革瓜皮帽

12-122　带红缨的瓜皮帽（张磊绘）

12-123　扈勃陶日查格（图自《蒙古阿尔泰一带民众的物质文化》）

12-120　敦道格杜拉玛夫人的瓜皮帽，上面有六个宝葫芦，装饰于夹条隔成的六瓣中，下面用扎萨日做两层镶边，中间是变形的二龙戏火宝珠图案。每个宝葫芦也点缀三颗珍珠（图自《蒙古国部族学》）

12-124　低帽（图自《蒙古阿尔泰一带民众的物质文化》）

12-125　敦道格杜拉玛夫人的瓜皮帽（图自《蒙古国部族学》）

12-121　库锦绦绡的桃疙瘩顶子，带红缨穗的瓜皮帽（张素青、梁艺涵绘）

会上拍到的瓜皮帽是皮子的，六瓣，疙瘩用纽扣替代，沿边的毛洁白而长，看来是女孩子戴的。（图12-126）

带耳瓜皮帽也叫四耳帽，大部分是冬天戴的。左右耳扇没有劳布吉那么大，但是做得洋气，城里的人戴得较多。一般是皮壳或库锦、缎挂面，皮壳黑色为多，库锦缎自带图案，分瓣加夹条，但是没有红缨穗和塔勃座，（图12-127）算盘顶上只钉一只松鼠尾巴，或者插一簇黑毛。喀尔喀姑娘的瓜皮冬帽装饰比较华丽，上面用了塔勃和

12-126　中蒙博览会上拍到的瓜皮帽

12-127　喀尔喀冬季貂皮瓜皮帽

红缨穗。（图 12-128）西喀尔喀带松鼠尾巴的瓜皮帽前后两耳特别短小，造型也比较奇特。（图 12-129）四耳帽还有一种特殊的形式，就是把前面的一耳留下，而且放得较大，其他三耳都连在一起，有点儿像边防军冬天戴的帽子，但是帽耳不突出，也不能放下，是否可以看作是四耳帽的一种特殊形体？（图 12-130）后期时兴的海狸皮冬帽，和这种形式差不多，但是帽耳明显变高，不过也不能放下来。（图 12-131）如果四耳帽的四个耳朵变成一样大，上面再高一些，它就变成了将军帽，将军帽可以说是一种特殊的四耳帽。将军帽为蒙古民族歌手、琴

12-128　喀尔喀姑娘瓜皮冬帽（图自《蒙古阿尔泰一带民众的物质文化》）

12-130　特殊形体的瓜皮帽（塔拉、托雅绘）

12-131　金库锦帽顶的海狸皮冬帽（图自《蒙古国部族学》）

12-129　西喀尔喀带松鼠尾巴的瓜皮帽（图自《蒙古国部族学》）

12-132　现在牧民戴的将军帽形式的毡帽（摄于戈壁阿尔泰省）

12-133　露顶将军帽（图自《蒙古人的衣服》）

师、祝颂人、说唱者、摔跤手和裁判上台必戴的一种尊贵头衣。它四瓣四夹条，夹条正对两瓣间的缝隙。顶子较高，没有红缨。民间还有一种毡帽，也有四个等分的耳扇，但不起顶子，上面基本是平的。（图12-132）还有一种也是毡子做的，但它露顶不分瓣，上面饰有貂鼠的尾巴，四个耳朵看样子可以

放下来，上面有装饰的一个道子和吉祥结图案，可能是孩子戴的。（图12-133）

制作将军帽的时候，首先要把戴者的头大头小量准确，不能直接平量头的大小，而要斜取前颅到后脑勺的直径。同时要松一点儿量取，然后把它分为四份或六份，剪成四瓣或六瓣，剪时务必要留出缝头。然后用纸做出样子，对照原来的尺码加以增减。最后才从布上裁剪。

插入疙瘩的地方要留一个尖窟窿，裁剪这个地方要特别注意。把那四瓣或六瓣缝在一起以后，钉下面上翻的四片半圆（四耳）的时候，下面跟帽体接缝的地方长短大小要一致。将军帽因为是给男子戴的，面料不要求那么鲜艳。所有接缝装饰的时候要用亮色的材料。每瓣中间的接条要用比本色稍有一点儿区别的近色镶嵌。所以要把夹条事先折好熨平，这样做出来才能整齐美观。帽子外面这层面子做好以后，里面用布子袼褙层层粘贴上去，变成一个硬壳定型干燥。

四片半圆（四耳）剪好以后，用土布粘成袼褙，把贵重的毛皮或紫大绒绷上去，翻过来，中间多少絮一层棉花，再缝在帽体上，朝上翻上去。翻上去的耳朵大于或小于帽顶，看上去都不够神气。

瓜皮帽的裁剪，跟将军帽一样，只是瓣数稍多一点儿，嵌入疙瘩的地方不是越往上越尖，而是浑圆的，这样做出来才好看。如果是带耳朵的瓜皮帽，大耳朵跟将军帽一样；或者两大两小四个耳朵，两个大的一样大，两个小的一样小。不论采用哪种情况，耳朵

要与帽子的直径相一致。

瓜皮帽的夹条和镶边与将军帽相反，要用库锦、缎子和纱等颜色鲜艳的料。瓜皮帽的缨子一定用红色，不能用其他颜色。如果找不到红线，也一定要染成红的。瓜皮帽的缨子线越粗看去越威风。虽说瓜皮帽男女都戴，但有缨子的瓜皮帽一般只限于妇女。如果是没有红缨的毛皮瓜皮帽，帽顶上要朝下钉一只貂鼠或松鼠尾巴。蒙古人自古用白黑毡子做瓜皮帽、笠帽，毡子瓜皮帽用红库锦缎布之类沿边或做成一宽一窄两道边。用盘长等图案装饰。工艺瓜皮帽用库锦、蟒缎或扎萨日（西藏产的一种面料）等制作，用库锦、缎子饰边。有的瓜皮帽要绣花，或用珊瑚、珍珠装饰。

12-134　圆顶圆檐帽，后面不开衩，有飘带或红缨

### 3. 卷檐帽系列

卷檐帽跟上面介绍的色腾帽、鹅绒帽有相似之处，但是也有不同。一类是圆顶圆檐帽，简单说就像盆子里扣了一只碗，后面不开衩，其他部分都跟色腾帽、鹅绒帽差不多。（图 12-134）这几种帽子实际上都是摆样子的东西，在滴水成冰的冬天根本不管用，所以出门要加护耳，必须再把耳朵保护起来。还有另一种卷檐帽，样式与色腾帽类似，但顶子不尖耸，基本上都能戴在头上，这种帽子的好处是比较实用，耳扇可以放下来。（图 12-135~137）另有一种圆檐帽，圆顶是尖耸的，有瓜棱，后面有豁口、飘带。圆檐向外敞开，是一种鹅绒帽的翻版。（图 12-138）还有一种卷檐帽，圆顶但不圆檐，后面部分较长，皮毛一直从前面延续到豁口，而且比较浓密，

12-135　圆顶圆檐帽的基本形式（苏步达额尔德尼供）

12-136　喀尔喀男子冬帽（图自《蒙古阿尔泰一带民众的物质文化》）

12-137 喀尔喀老汉帽（图自《蒙古阿尔泰一带民众的物质文化》）

12-138 乌布苏省温都尔杭爱苏木的鹅绒帽（图自《蒙古国部族学》）

双飘带也比较漂亮，有劳布吉的暖和，但比劳布吉看去有排场。（图12-139）图12-140应该是这一类帽子，但它上面又加了一层毛。（图12-140）色腾帽、鹅绒帽和卷檐帽的飘带上，一般都有蒙文篆字、索永布图案、"囍"字加以装饰。（图12-141）

### 4. 遮阳帽

遮阳帽四到六瓣组成，或者是不分瓣的圆顶。斜量人的额头到后脑勺的一圈距离，然后展开分成四或六份，开始先用纸剪出来，给要戴的人放在头上试一试。每一瓣中间宽，上面窄，如果上面过于窄了，做出来的帽子尖顶不好看。帽檐的直径要适当，一般大一点儿为好。（图12-142）如果裁剪不分瓣的扁圆顶子帽子，上面剪成圆的，下面两边压出坑来剪，再加上斜子，后面捏回来变成个圆的。接上帽檐就成。

### 5. 古登帽

上面有菱形的缉线，红缨和后披一样长短。

### 6. 塔格帽

飘带和后披一样长短，帽顶扁圆形。顶上有圆形的缉线。

### 7. 巴尔虎帽

警卫人员、看门人等有公务在身的人戴，帽圈封闭，帽顶塌陷，有纳线，帽顶正中塌陷的地方有线做的耳子，封闭的圈子后面，钉有飘带。（图12-143）

### 8. 耳套

用缎子仿照人的耳朵剪成圆形，中间绣上五孔犄纹，并且钉上绦子。里子上用绿线绣出边缘，盖在耳朵上的部分绣出鱼脊梁，同时在里面钉上皮子（貂皮、松鼠皮、狐皮等），然后缀上带子。（图12-144）

12-139　圆顶狐帽

12-141　帽子飘带上的文字纹样（张素青、梁艺涵绘）

12-140　孩子的圆顶狐帽（图自《蒙古国部族学》）

12-142　遮阳帽（童帽）

12-143　巴尔虎帽（图自《蒙古国部族学》）

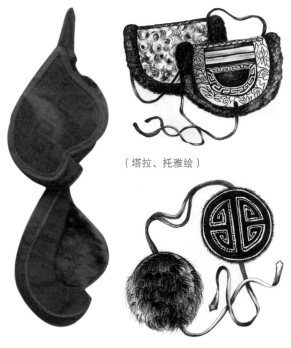

（塔拉、托雅绘）

（塔拉、托雅绘）

12-144　耳套

### 9. 浩勒古布其

浩勒古布其与护耳功能类似，但不是护耳。能把后脖颈、前额、耳朵盖住，从下巴上绾一条带子的叫作浩勒古布其，护耳是两个单独的部分连在一起的。九孔的是孩子们戴的，表示已经不知不觉过去九年。

## 喀尔喀靴子

蒙古靴（帮子勒子具备）是最适合马背游牧民族的足服。经历了一个漫长的发展过程。这种发展过程，都在靴子上得到了保留。今天我们如果把一些部族的靴子排列在一起，还能看出这种变化的轨迹。据专家考证，靴子的词根是郭图，指牲畜腕骨上的皮，古人把这部分皮扒下来，使劲踩开，穿在脚上，

把它叫作郭图勒森，后来"森"的音脱落，变成了"郭图勒"。郭图勒是靴子的普通话，各地叫得最多。而麻阿嘎（乌梁海）、稍日门（查腾），则指用单层皮革做成的靴子。郭顿（达尔哈特）是林中百姓传统靴子的叫法。土尔扈特叫套呼查日格，也属于这一类。它们的共同特点是不分帮子勒子，就那么一整片东西。查日格更是像鞋一样，只有很浅的帮子。哈图郭图森是古代卫拉特靴子的遗迹，故意不做帮子，长勒一统到底，跟上述林中百姓的白特格很相似。这类靴子当初很简单，可以叫作乌拉布钦靴，把破好的皮条或者皮革，根据穿者脚掌（乌拉）的大小，做成一种仅能保护脚掌的简易靴子。在踝骨的地方，只

12-145　白特格靴子（张磊绘）

毡子白特格可能就是毡袜，因为在野外放牧跑得厉害，就加了一层底子，在革靴发明了以后，毡子白特格就到了革靴里面，变成了毡袜。

### 2. 德格嘚

德格嘚是靴子的一种，由底子、勒子、系带组成，样子像个大皮袜子。用羯山羊皮、盘羊皮、北山羊皮、鹿皮、大畜皮做成，狗皮也可以做。德格嘚的皮子要求暖和、毛绒好。有毛朝外和毛朝里的两种，毛朝外的更暖和，德格嘚是猎民足服的遗迹。

冬天穿野兽皮做的靴子，这种靴子毛朝里，底子是用公狍脖皮做的。大冷的时候外面再套穿德格嘚，德格嘚是狼皮做的。野兽皮做靴子的时候要用棕红色的颜料染过。

### 3. 猎靴

猎靴正好用一只山羊的皮熟好制成，名叫巴阿日塔格。它的外面要穿白特格。白特格用两张山羊皮做成。白特格跟德格嘚是一类东西，前面还有豁口。勒子上有皮钉（指用来穿缀的皮筋）、皮带子，可以把德格嘚拴紧在腿上。猎靴的毛朝外，白特格的毛朝里。

### 4. 革靴

刚剥的牛皮去掉红汁以后，放到暖和的地方，用锤子反复敲打，让它变软，做成靴子，这就是革靴。这是一种粗笨的办法，正经做革靴的牛皮，都是用正规办法熟出来的，除了上面无花，跟蒙古靴的材料并没有什么两样。靴勒和靴帮之间，不加夹条，但是也要另裁合缝，所以也有接缝（宝木）。里面有毡子纳出来的后跟，同时毡子也做靴子的里

能用皮条穿起来保护。这是人类最初的足衣，用公狍、黄羊的脊子皮做成的简易靴子。

### 1. 毡子白特格

这是步行放牧畜群的人穿的足服，轻便、精干。毡子白特格顾名思义，是用毡子裁剪的。或者把绵羊绒絮起来，擀成毡袜那种形状做出来的。（图12-145）因为毡子不耐磨，外面要加皮革做的套靴（呼门郭塔勒）。呼门是把皮子熟出来以后，不用染色做出来的土皮靴。不分帮子勒子，把左右两片合在一起就成。但人脚的两面有两个踝骨疙瘩，直筒子下去这两个地方就会磨得生疼。因此必须做成褶子。套靴剪裁的时候，应当考虑到这种因素，否则皮子就会不够，穿在脚上也不舒适。原来的乌拉布钦靴，只能勉强套个脚，已经不能满足人们的需要。做成套靴，套靴的脚尖不翘，底子较宽，底子的后跟处比较宽大。于是套靴就从白特格独立出来，变成了革靴（呼门靴）。所以学者猜测，原来的

12-146 革靴（图自《蒙古国部族学》）

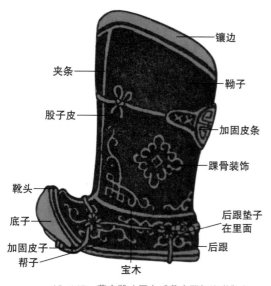

镶边
夹条
鞒子
股子皮
加固皮条
踝骨装饰
靴头
底子
后跟垫子在里面
加固皮子
帮子
后跟
宝木

12-147 蒙古靴（图自《蒙古国部族学》）

子。皮革上的筋膜不刮掉，和毡子一起做里子。底子用皮革做成，有一层、两层、三层、四层多种，主要取决于皮革的薄厚。革靴在放羊上山的时候穿起来比较轻便。（图12-146）

像样的靴子和摔跤靴用香牛皮，革靴用公黄羊皮、驯鹿皮、牛皮、马皮做成。

5. 蒙古靴

蒙古靴由底子、帮子、鞒子、里包跟、夹条等组成。（图12-147）分长短鞒，软硬跟，宽底窄底、厚底薄底，翘头、平头、尖头、大头等不同形制。从穿靴子的方法来看，有套袜子、包脚布等。蒙古靴也有普通款、工艺款之分。普通蒙古靴一般不用香牛皮，毡底、靴帮、靴鞒、里包跟都是手工纳出来的。夹条也不是市场上出售的股子皮。但穿在脚上舒服，认镫方便，骑马适合。

（1）工艺靴

制作工艺靴的材料大致有：半张香牛皮、牛皮、股子皮、带色的香牛皮，卡其布、白洋布、底子最下层用的发蓝皮、毡线、竹片、胶、带孔的图案、垫在图案背面的有色皮子、缎子，等等。裁剪、缝纫靴子的工具有：缝图案的各种细针、缝夹条的秃头针、在图案上挖孔的刀子、修薄用的刀子；做底子、鞒子、夹条或图案用的细锥子、锥子、顶针、截短破细竹片（夹条中间用）的工具；针、大针、拔针拉线的老虎钳；标注靴子各部分长短规格的彩色铅笔（白黑）；鞒子下部用的细锥子、标注所有花纹的粉线、双线缝的图案、孔眼大小的度量工具、靴子里面单线缝的长短标注工具、把向外突出的花纹修理平整好看的工具、度量姑娘股子皮（底子最上面的绿皮子）长短的工具。

靴子的缝纫、修剪工具还有：鞒子薄皮花纹的制作、刺绣部分的修理、出花纹、出靴鼻（哈马尔），都有专门工具。把靴子的材料粘贴、加固用的黑胶（牛皮胶）、面浆糊。

12-148　蒙古靴的靿子、帮子、底边组成（图自《蒙古国部族学》）

12-149　蒙古靴纹样的模具（1）（图自《蒙古国部族学》）

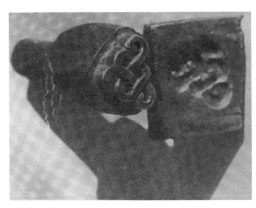

12-150　蒙古靴纹样的模具（2）（图自《蒙古国部族学》）

缝线有十几股搓的丝线、筋，加固靴帮子、靴鼻的四股子拧的丝线，缝图案的单线。

制作靴子的第一步是让靴子出型。底子、靿子的模型都有固定的尺寸，而且都是用铁片剪好的。（图12-148）把桦木板锯平刨光，把靿子、帮子、踝骨、脚脖（帮子、靿子接缝处叫宝木）各部分需要的图案都在木板上刻出来。把香牛皮泡软，粘上胶，面朝木板，贴住花纹放上去，用专门的工具挨个儿敲打，使图案纹样清晰地印在香牛皮上。把整理好的线涂上胶，粘在纹样背面凹下的地方，再把香牛皮从模子上扒下来，干透以后把纹样之间的窟窿用刀挖出来，把所有纹样都用线缉一遍。把绿色股子皮贴在它的背面，使花纹从窟窿显露出来（粘了胶的线留在里面），最后在背面再粘一层软布。（图12-149、图12-150）蒙古靴用四、八甚至三十二个图案装饰。手巧的民间服装师，在蒙古靴的踝骨、帮子等处做四、八、十二个图案，做得非常漂亮。根据季节，有时候也做一些轻巧的靴子，这种靴子上用绕针或编织式的犄纹、吉祥结装饰。（图12-151、图12-152）

（2）普通靴

蒙古靴裁剪的时候，先剪靿子，而后根据靿子大小剪帮子。放图案纹样的时候，踝骨、帮子、后跟、脚面的分别放上，给靿子沿边，放入一至三道股子皮夹条与帮子缝住（上夹条有专门的工具）。第二、三道夹条剪的宽窄一定要匀称，放的时候一定要对齐。用针锥扎下孔，把筋穿进去缝住，这样把靴身缝好以后，在后跟上钉硬的里后跟。里后跟上

12-151 丝线绕针刺绣的蒙古靴

12-152 香牛皮卷云纹靴子

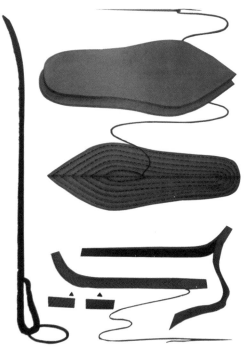

12-153 蒙古靴的毡底子做法：上下两层毡子，中间把碎毡片垫进去，用驼绒线"遍纳"出来，边缘用烙铁烙整齐，斜裁3到4厘米的白布条，把底子转边裹起来，上面用斜纹、"人"字纹、哈纳纹绣出来（图自《蒙古阿尔泰一带民众的物质文化》）

的大小裁剪，如果用毡子做底子，剪出一两张底样子，中间夹几层碎毡子，然后纳出来，喀尔喀人把这叫作乌拉瑰勒格呼。（图12-153）有的底子有样子，是一张按照尺码做成的薄铁片，把布子拓在样子上剪出来，然后抹上浆糊粘一层。底子前面粘四层布子，后面粘六层布子，底子四周要用皮子包裹，转着圈纳起来。毡底子要从外面往中间缝纳。布底子要用大布粗线缝纳。（图12-154）在这个过程中，要好好地往里拉底子，使它能适应翘头靴，而后把底子周围的毛刺用铁烙掉，让它整齐光滑，用白布粘出来，再在白

面是圆的，下面剪得宽一些，几层布粘在一起，纳出来变硬，用细麻绳从里面绷在后跟上。里后跟如果用毡子缝，从里面缝的线密集，从外面缝的线搭过去就可以，纳线之间要出现小方块，称之为眼。

做靴子底子的时候，要比照靴身和帮子

12-154　在阿尔泰地区生活的喀尔喀人夏天穿的靴子，底子是纳的或粘的。轻便、结实，不怕潮湿，脚掌上用香牛皮，用筋做纹样纳出（图自《蒙古阿尔泰一带民众的物质文化》）

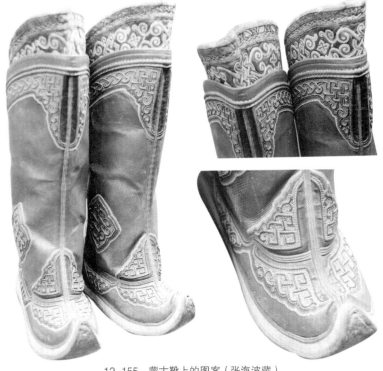

12-155　蒙古靴上的图案（张海波藏）

底子上面用软皮子、股子皮或去毛革加一层姑娘底子。而后再用白布沿好边，在沿好边的白布上面，用做纹样的办法，双线纳三到四次。

如此在做好的底子上，要钉一层湿的牛马皮。把皮子在水里泡软以后，割成一至二指厚，从底子的翘头开始缝上去。往底子上钉皮子的时候，把针锥放在下面，从上往下割个小孔，跟底子穿透，用麻与牛尾合搓的粗线，针距远一些缝合在一起。皮子钉上去以后，皮子要露出底子外面火柴棍儿那么长的一截，以便修整。这样把底子做好以后，从靴脸正中尖上的靴鼻开始，把靴筒与靴底转圈绱在一起。所有的部件缝上去以后，把

靴子套在木楦子敲打定型。全部夹条里头都要把竹子夹进去。

喀尔喀的靴子底子宽，靴头较大。牧民穿的靴子底子相对较窄，翘尖。以前车臣汗的靴子圆而大，孟和汗（达赖王）的靴子靴脸大，底子向上翻卷，成鹰钩状。蒙古靴分有图案与没图案两种。图案分布情况及纹样每双靴子都不尽相同，一般是在帮子、帮子与勒子相接处前后、踝骨处、勒子的上边做图案。（图 12-155）图案有繁有简，帮子上做犄角纹的多，踝骨上做团花、兰萨、金钱花、盘长，甚至有镶嵌珊瑚的，都别出心裁，不一而足。（图 12-156）

现在喀尔喀妇女大多穿黑白底子的软

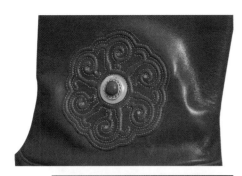

12-156　蒙古靴踝骨上的纹样（额和乌云嘎供）

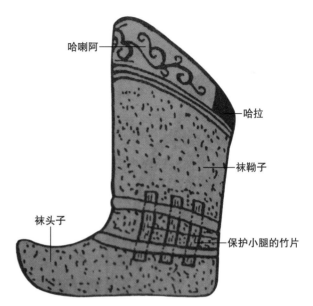

12-157　袜子构造简图（图自《蒙古国部族学》）

哈喇阿

哈拉

袜勒子

袜头子

保护小腿的竹片

皮靴子，也穿俄罗斯的短勒靴子保亭卡，夏天的保亭卡家常穿着。早上挤牛奶的时候，四十五岁以上的妇女、男子穿蒙古靴。冬天穿毡靴和毡袜。

靴子不分左右，但是分男女。左右脚可以换穿，但是男女不能换穿。靴子不能底子立起来放置，不能底子对底子放置，不能把靴勒翻过来穿。不能一进家就脱靴子，或把靴子从底子上吊起来挂住，底子不能朝上放置，否则老人下辈子脚朝后走路。孩子穿一只靴子吃饭将来会成盗贼。

### 6. 袜子

与靴子配套的是袜子。袜子用布料做里子和面子，中间絮毡子。袜子的毡子较薄，用双手搋成，冬天则用苫盖蒙古包的厚毡子制作，袜底子和袜头要通身纳出来。毡袜的上面要另加半圆形带刺绣的一截，穿在靴子里的时候，这一截就跑到最上面，常常被人误认为靴子的镶边。这一部分叫作哈喇阿，哈喇阿后边还有一小片，叫作哈拉。有的没有这一小片，就统称为哈喇阿。笔者从一个材料上看到这一部分的汉名叫靴掖，也就拿来使用。（图12-157）袜子最出彩的部分就在靴掖上。

靴掖用缎子做面纳缝而成，大多用没有花纹的红缎子。上面做出万福、单回纹、双回纹等图案。有的地方绣一条草龙，用回纹做边框，或用绕针做图案装饰。靴掖的底部用宽窄线绣三重。靴掖替换的时候，用彩色十字纹做成合角纹。袜子的踝骨部分，用三

种颜色的缎子做成，形成对比的效果。上面也有兰萨、团花图案。（图12-158、图12-159）

放哈喇阿。毡袜的底子后面很长，达到小腿胫骨的上面。放哈喇阿之前，要先把底子全部绱好。哈喇阿一般是用布子制袼褙做成，面子用缎面，用股子皮做纹样。后面钉了一块鞣革，名叫哈拉。哈喇阿在袜子上面转一圈，在后面相接的地方留一个口子。把毡袜放进靴子以后，哈喇阿露在最上面。其中哈拉正好是镫绳必经的地方，所以要用皮革保护，也不用放纹样。股子皮做的纹样，做在哈喇阿前面的部分。边缘用回纹，中间放草龙。在回纹和草龙的相交处，缉出哈喇

阿的达罗勒嘎（压条）。骑马的时候，如果哈喇阿卷起来，哈拉这一块可以保护胫骨不被镫绳磨坏。

镶边一直达到哈拉下面的部分，到袜子的底子上。袜子哈喇阿的毡子没有纳线，哈喇阿做成袼褙以后，把它的上面用缎子装饰起来。

哈喇阿纹样的做法是：放到木头模子里，把花纹敲出来，把棉花塞进去用大针缝住。用细锥子扎出窟窿眼儿，再从里面缉线，做法与靴子上做纹样仿佛。以前妇女的缉线缝得很好，毡袜的哈喇阿可以当作礼品送人。现在也有人专卖。

12-158　哈喇阿（图自《蒙古国部族学》）

12-159　哈喇阿（苏步达额尔德尼藏）

# 喀尔喀佩饰小件

　　蒙古族的佩饰，前面谈到夫人的服饰时已有所涉及。说"佩饰"，只是一种借用。大家切莫用中原那种锦上添花、多余奢侈的观念来看待草原的佩饰品。蒙古族的佩饰，大体上分为两部分，一部分是金属器具，以银器为主。一部分是刺绣小件，主要是袋类绸缎织物。不论是哪一类，都跟漫游流转的游牧生活息息相关，也与清代把蒙古社会推向白银时代有关系。虽为佩饰，却不是"配饰""陪饰"，而是必须必备，不分贫富智愚、男女老幼，更不仅仅为饰。蒙古族是爱美的民族，很注意自己在公众场合的形象，一个细节也不苟且。而草原相对广阔而漫长的时空，相对悠闲的生活节奏，使他们把一件件普通用具变成了艺术品。以至于我们今天接触它们的时候，无不为那种浓郁的草原气息和精湛技艺所感动，这也许就是它们的价值所在吧！

　　蒙古刀、火镰、图海、特额格是一种系统，做头饰的那套技艺，铸型、錾花、刻线、掐丝都在这里派上了用场，而且材料同样金贵，银子、珊瑚、松石、象牙、红木、紫檀、乌木，不同之处是加了大量钢铁，这在做火镰和蒙古刀是必需的。（图 12-160、图 12-161）

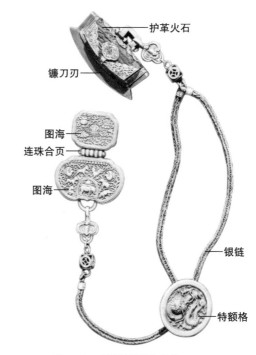

护革火石
镰刀刃
图海
连珠合页
图海
银链
特额格

12-160　火镰的构造与连接

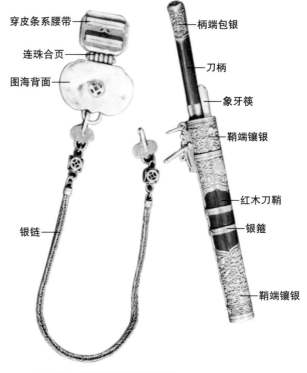

穿皮条系腰带
连珠合页
图海背面
银链

柄端包银
刀柄
象牙筷
鞘端镶银
红木刀鞘
银箍
鞘端镶银

12-161　蒙古刀的构造与连接

## 蒙古刀与火镰

这是游牧生活最需要的两件器物，而且都是同时使用，戴在腰带上，火镰在左，蒙古刀在右。要戴在腰带上，就需要一个皮环，光有皮环还不好看，就配了挂扣和银链。挂扣蒙古语叫图海，由上下两个镂空银饰牌组成，中间用连珠合页连接。火镰上的银链长，因为火镰击石取火的时候，不必从银链上摘下来。火镰上有特额格，是因为火镰上需要接一条短银链，当火镰不用的时候，可以把特额格掖在腰带上，把火镰提起来，使它耷拉下来的部分不至于过长。（图 12-162）蒙古刀上的银链短，因为蒙古刀要拔出来使用，银链短点儿没关系。（图 12-163）另外蒙古刀要直接别在腰带上，使刀柄永远朝上，所

以它不需要特额格。但是到别人家做客的时候，为了礼仪，需要让蒙古刀耷拉下来，所以蒙古刀上的银链必须拴在刀鞘的最上方。这样即便刀鞘松了，刀子也掉不出来。男子成人的时候，父母或近亲通常要把火镰和蒙古刀作为礼物送给他，采用上述的方法固定在腰带上。有的地方妇女也戴蒙古刀。（图 12-164）坤刀比男刀看去形体短小，装饰俏丽，最大特点是火镰是香包形的，从外形上很容易区别。（图 12-165）让我们以一副刀、镰为例证，欣赏一下清代和民国初年这类佩饰的制作技艺。（图 12-166）整个部件分为铸造成形和錾花成形两种。图海、火镰上的银饰、刀鞘上的三个套环（银箍）是铸造成形。这种做法的好处是立体感强，给人感觉古朴厚重，但是显得呆板和缺乏层次感。为了弥补

12-162　火镰佩戴法（张素青、梁艺涵绘）

12-163　蒙古刀佩戴法（张素青、梁艺涵绘）

12-164　清代坤刀（内蒙古博物院藏）

12-166　錾花镶松石蒙古刀与火镰（张磊绘）

12-165　清代坤刀与火镰（张磊绘）

这种不足，就在铸件的基础上，用细錾做了线刻处理。比如图海上的两个龙头，以及火镰上的三条侧龙，就是因为线刻使它们的形象生动逼真。（图12-167）刀鞘的下半部分以及刀柄包头，用的是錾花成形。所有铸造成形的，上面都有珊瑚、松石做点缀。这副刀、镰，银链和特额格的构造，完全证明了上面说的使用规则。它的特额格是个银元宝。刀镰上的两副图海，以及火镰的上面，都用了合页连接。其余的连接点，用的都是可以旋转的鼓环结构，佩戴和使用都非常灵活方便，骑马旋转也不会扭结。刀刃和火镰都是用好钢打的。刀用红木镶柄，火镰用钢打造，里面留有一段空隙，可以用来放火绒、火石，外面用牛皮包起来固定（放火石、火绒处可

a

a

b

b

12-167　图海和火镰上铸件加刻线　12-168　火镰錾花工艺选萃
的工艺（张磊绘）

12-169　银子做的火柴盒

三步，用银板做成的材料包镶刀柄、刀鞘。第四步，用银饰装饰火镰并固定。第五步，制作图海的皮革挂带。第六步，制作银链、银环等。第七步，将各部分组装连缀在一起。

## 火柴盒

火镰是"击石取火"，比钻木取火高级不了多少，用起来不太方便，冬天或风天更是如此。后来旅蒙商带去"取灯子"（蒙语的火柴就是取灯子的音译）——一种一划就着的非安全火柴，牧民视为高科技，通常用一只羊来交换。为了节省火柴，就按火柴盒的大小制成专门的银盒子保护起来，（图12-169）携带在身边，非常必要时才划一根火柴，同时也是一种王公和富豪的装饰品。（图12-170）

开合）。

制作时，刀是一大部分，火镰是一大部分，两副图海是一大部分，刀鞘又是一大部分，象牙筷是另外的。錾花成形的部分，将银板剪成需要的形状和规格，上胶，刻线，錾花，起凸凹。再退胶，围合焊接，铆定。（图12-168）

铸造成形的部分，均雕蜡模，再翻石膏模，退蜡，干燥石膏模，融化银料，浇铸成形。刻线，镶嵌宝石珊瑚。程序如下：

第一步，锻打刀刃、刀背，用红木配刀柄固定。第二步，锻打并用牛皮包火镰。第

12-172　方形加椭圆：狮象

12-170　这个火柴盒，干脆和磕烟灰钵、烟袋钩子连在一起，以图使用方便

12-171　两件组合：大象驮宝

12-173　方形委角加香包形：八宝与十二生肖

12-174　方形加半圆纹样组合（张磊绘）

12-175　椭圆加半圆：纹样组合（张磊绘）

## 图海和特额格

　　图海有的地方也叫勃勒，用皮环套在腰带上，用来挂火镰和蒙古刀。一副刀、镰的图海形状工艺完全一样。多为浇铸成形的饰件，银、铜、铁、镀金、骨质的都有，当然银子的最多。具有多种形态，以两件组合的为多。（图12-171）两件组合，有方形加半圆、方形加椭圆、半圆加香包、两个椭圆或半圆等，（图12-172~175）一般是上小下大，个别也有上大下小的。（图12-176）上面有各种各样的图案，风格与刀镰上的一致。（图12-177）有的看去像二件，但一件已经退化为一个方条，仅仅是为了安装合

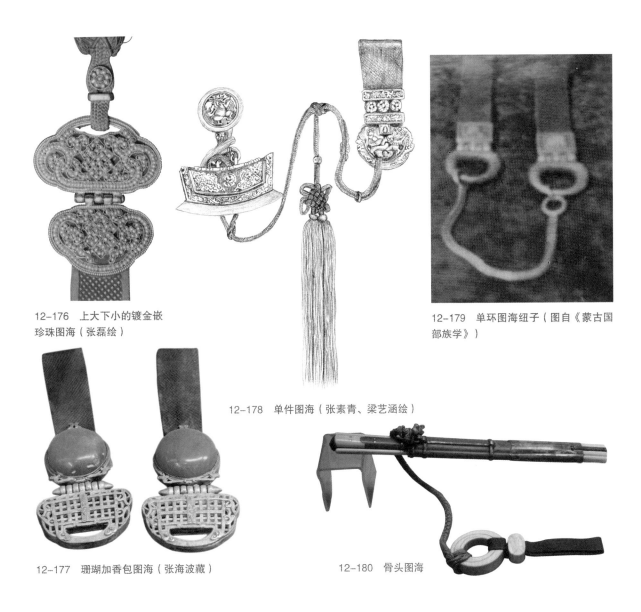

12-176　上大下小的镀金嵌珍珠图海（张磊绘）

12-178　单件图海（张素青、梁艺涵绘）

12-179　单环图海纽子（图自《蒙古国部族学》）

12-177　珊瑚加香包图海（张海波藏）

12-180　骨头图海

页固定图海而已，实际上应该叫作单件图海，（图 12-178）有的干脆简化为一个方条加一个银环，当然是贫者用的。也有极少用纽子的，（图 12-179）或者用驼骨或象骨做的，形状已与上面完全不同。（图 12-180）

特额格是固定火镰用的，形状一般都是圆的，材料不拘一格。银质为多，也有玉、骨、硬币改装，甚至用丝线编织的。（图 12-181~183）

## 襻腿

襻腿跟单件图海有相似之处，它的铲子头是金属的，其上有纹样。上面一截是皮子的。

12-181　嘎日迪特额格（塔拉、托雅绘）

12-182　象宝特额格

12-183　编织的特额格

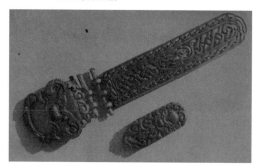

12-184　襻腿（图自《蒙古国部族学》）

中间用合页连接。（图12-184）襻腿有模具，把皮子弄湿贴在模具上，使劲敲打，把纹样印在皮子上，做法跟靴子做纹样差不多。

## 鼻烟壶袋

　　鼻烟壶袋有两种，大的方形的叫褡裢，小的圆形的叫荷包。褡裢男子用，荷包女子用。褡裢的意思，就是把一个长袋子，从中间开个口子，两面装上东西，背在肩膀两头或者搭在牲畜背上，取"搭"上去"连"起来的音。放鼻烟壶的袋子，实际上也是这种形式，只

不过小巧精致些而已。把一个长布袋子中间开了口，两头用缎子或库锦镶几重边，就成了最简单的鼻烟壶袋。如果把中间开口的地方从两侧各加一道宽边，就成了线脸鼻烟壶袋。如果在此基础上四角再绣花，就成了合角纹样的线脸鼻烟壶袋。（图12-185）褡裢的面料一般为素缎或花纹缎、普梭、带纱的缎子、丝织天鹅绒、库锦等。长50到60厘米，宽30到40厘米。褡裢在四个角上绣花，或用现成的缎子对出1/4个圆形图案，或如意云头。老百姓多用吉祥结、"万"字纹、"寿"字纹装饰。（图12-186）

　　剪裁鼻烟壶袋的时候，在两个角上要加进库锦、带纱的缎子，或者用绕针等针法绣出花纹。在留口的两个角上，镶成一样宽的

12-185　鼻烟壶袋

12-186　鼻烟壶袋

两道边，用宽窄两道丝线压出。或者在口子上做成回纹、犄角纹。或者用抽口的办法，一面的镶边要做得宽些。刺绣图案的时候，一般都是方形的，在两个角上放半圆的纹样，或者用贴绣和刺绣的方法做半个吉祥结。贴绣放吉祥结的时候，两个角上配库锦、带纱缎子或宽窄两道线，看起来非常顺眼。如果放手绾的半个吉祥结，占的地方要跟刺绣的一样大。近年鼻烟壶袋改小，放在口袋里。形状也变成圆的或四方扁圆形。这种鼻烟壶袋做的时候大小要随鼻烟壶，尽量做得短小精悍。（图 12-187）利用上面带有现成圆形花纹的章缎制作极其方便。利用圆形纹样缎子的时候，章缎的上面为了做出抽口，要把纹样的周围剪掉一圈，同时要把里子也剪下来，把里子面子并起来缝住。分别变成两个

圆形，用鱼脊梁或斜绷、穿连的手法缝在一起，或者把面子缝在一起，里子再另外补上两块。缝完以后，用跟鼻烟壶袋一样颜色的材料搓成粗线，穿进去抽起来，粗线的两端再配上好看的穗子。如果不利用缎子上的现成花纹，自己绣花，就要选用无花的素普梭为材料，自己剪成花样贴上去刺绣。（图 12-188）

过春节的时候，媳妇要给公婆敬献鼻烟壶。由于这种礼仪的需要，制作鼻烟壶袋成为妇女们提倡的活计之一。与鼻烟壶袋在一起的，还有三件牙签子：有清洁指甲的，挖耳朵的，剔牙的，用链子拴在一起，放在荷包里，或者戴在荷包的旁边。

## 烟口袋

过去蒙古人不分贫富，都抽烟叶（旱烟），烟袋和烟口袋为随身必备。（图 12-189）烟口袋在外观上与鼻烟壶袋大不相同，一般都是小头大尾，一头沉。如果布是直筒的，上

12-187　女式鼻烟壶袋

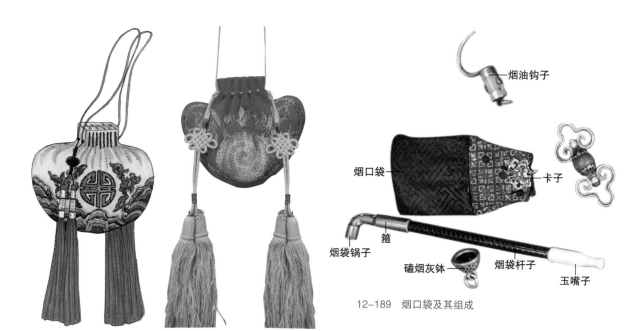

a（塔拉、托雅绘）　　　　b（张磊绘）

12-188　女式鼻烟壶袋

12-189　烟口袋及其组成

烟油钩子

烟口袋

卡子

箍

烟袋锅子

磕烟灰钵

烟袋杆子

玉嘴子

面也要折出梯形，一定要下大上小。也有少数是葫芦形或鱼形的，人们把这种烟口袋称为荷包。（图12-190）材料不拘一格，有布的、皮的，料厚为好。（图12-191）。在装饰上差别很大，有的就利用料本身的花纹巧妙拼对剪裁，（图12-192）有的干脆绣花或做图案，有的则用带花的蟒缎和库锦镶嵌。（图12-193）讲究的烟口袋，用银蝴蝶做卡子，从上面把口子卡住，却从肚子上开个口，把烟袋伸进去装烟。从银卡子上引出两条很粗的银链，用来拴磕烟灰钵和烟油钩子。（图12-194）一般的牧民，用一条皮筋子代替银链，把皮筋子从这面纫进去，从那面穿出来，拴上白铁的磕烟灰钵和烟油钩子，装烟时把皮筋子松一松，把烟袋伸进去就可以，不必另开口子，倒也轻便简单。（图12-195）荷包缝合的时候，用锁边的方法。或先把面子缝上，再和里子一起

12-190　烟口袋正反面

12-191 皮子烟口袋

12-192 烟口袋正反面

12-193 烟口袋正反面

12-194 烟口袋（张磊绘）

补缝。如果里子是里子，面子是面子，两者往一起缝的时候，两者中间可以用编的或搓成的线，也非常好看。（图 12-196）这种方法适用于一切袋类小件。

## 碗袋

碗袋与鼻烟壶袋、烟口袋合称男子三袋（鼻烟壶袋、烟口袋女子也用）。

碗袋是游牧生活的产物，也是牧民良好

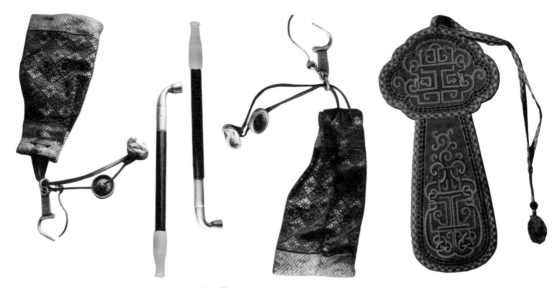

12-195　烟口袋

12-196　蚁形烟荷包（图自《蒙古卫拉特文化》）

卫生习惯的一种表现。在转场或走奥特尔的漫长道路上，在三三两两外出打猎的时候，或者在遥远的路上牵骆驼驮盐的时候，火镰、蒙古刀和碗袋是须臾不可离开的必备品。有时候，女人们也这样做。牧民出门，把碗放在碗袋里，别在腰带上携带。没有碗袋的，要用毛巾包上揣在怀里。女人作为定情物给自己的心上人精心制作碗袋，同时也在炫耀自己的手艺。过去的人，碗袋里不放银碗也要放木碗。同时还要放擦碗的毛巾。蒙古国的碗袋从1940年以后逐渐消失。

碗袋的材料和做法，与鼻烟壶袋有许多相似之处。不同的是口子上要套进一个戒指似的银束子、铜束子或玉束子，能把碗袋的抽口扎住。同时从上面绉出二到四对带子，带子末端坠着七钱银子做的很大的特额格（卡子），或者用玉、海螺做的动物形物件，用

它卡在腰带上，把碗袋固定。（图12-197）

碗袋的种类比较丰富，有一种是大型的，长条式或口袋状。（图12-198）有一种酷似鼻烟壶袋，大小也仿佛，不过只饰一头。（图12-199）有一种像烟口袋，下大上小。（图12-200、图12-201）还有一种直筒的碗袋，一面有毡子，搬家的时候把瓷碗摞起来放在里面。（图12-202）还有一种造型比较奇特的碗袋，是阿拉善右旗的喀尔喀用的。（图12-203）

## 针线包

蒙古族妇女放羊的时候，常常拿上针线，利用空隙在野外缝纫或刺绣。大概为了适应这种生活，就做成针线包挂在腰带上。（图12-204）

12-197　碗袋（塔拉、托雅绘）

12-198　大型碗袋

12-199　鼻烟壶式碗袋正反面

12-200　烟口袋式的碗袋（甘肃平山湖乡喀尔喀）

12-202　直筒式的碗袋（科布多省芒哈苏木）

12-201　烟口袋式碗袋佩戴的情况（甘肃平山湖乡喀尔喀）

101

做针线包的时候，选20厘米长、7厘米宽的绸缎或布子，背面贴麻衬做出来。一端留出一个三角形片儿，把里子、面子缝合的时候，把三角形片儿丢下不管，其余部分里面用鱼脊梁或斜缭缝住，中心用缉法或绕针缝出来，两侧的空隙中间，插进一个中间削出壕沟的木头，把针放在壕沟里，三角形的那端把线穿进去作为带子，后面出来包住，一揪这条线就可以把针线包合上，然后缩在后面。针线包的勃勒或带子上，连着用库锦碎条编的特额格，它的上下端用珊瑚、珍珠、琉璃穿的珠串装饰，跟前有用银线连的镫形顶针。或者不要特额格，做成盘长图海装饰，或者用镶嵌珊瑚的银扭子、银钩子，用活扣连在腰带上。有时候，还有三件和五件牙签子，单独或与针线包连在一起。针线包的下面，还要像妇女的辫套那样吊一些穗子。一般分为三条，开头都用珊瑚、珍珠或松石穿成小串或

12-203　造型奇特的碗袋（阿拉善右旗玉荣藏）

12-204　针线包（南喀尔喀达兰扎德嘎德，图自《蒙古国部族学》）

编织成花纹，下面再接丝线穗子和流苏。中间那条长一些，两边那两条短一些，配起来非常好看。

## 腾其格

现在喀尔喀的妇女已经不把针线包带在身上，而是作为装饰，吊在蒙古包里。这种物件叫作腾其格。（图12-205）腾其格三角形，下面吊三个穗子，挂在哈纳头上，上面可以插针放线。

12-205　腾其格（图自《蒙古阿尔泰一带民众的物质文化》）

# 喀尔喀穿衣习俗

## 成人穿衣习俗

### 1. 衣服有尊卑

喀尔喀跟其他蒙古族一样，认为衣服有尊卑之分，还有吉凶之别。就帽与衣的关系而言，帽为上，收拾衣服的时候，不能把帽子放在衣服的下面，更不能放在靴子的下面。帽子不戴的时候要挂起来。但是还有另一层道理：帽子口向下主出，靴子口朝上主入。送人不能送帽子，可以送靴子。袍服、衫子都口儿朝下，福都流了。但是靴子、袜子口儿朝上，又把流了的东西接了回来。民间认为袜子、靴子是聚福的宝贝。自己的帽子，要向它吐口唾沫再戴上，不这样可能会脱头发。路上捡到帽子以后，用鞭子抽三下才敢要。缝衣服的时候，女人们喜欢缝靴子、袜子，不喜欢缝帽子。做靴子、袜子的人发财，做帽子的人不发财。以前做帽子的时候，做够七顶就要做一顶纸的让风吹掉，以示避讳。以前给人装饰帽子的时候，一定要留一点儿地方不缝，比如不钉飘带，或者不钉帽带。

腰带是人的灵魂所在。腰带打结以后，主好，不要解开，也不要跟人说。姑娘嫁人的时候腰带一般都留给她弟弟，这是为了用腰带留福,让她把福气留下,不要带到婆家。腰带洗了不好,对福禄有碍,所以蒙古人轻易不洗腰带。

### 2. 穿衣有讲究

苏勒德这天(吉祥日)穿新袍。袍子做好以后,要留下纽襻不钉,到苏勒德这天穿的时候再钉。袍子的领子、前襟绣双道边的时候要一宽一窄,不提倡镶单的宽边和单的窄边,那是寡妇穿的衣服。如果用袍子的颜色镶单边,也被认为是寡妇的衣服。有马蹄袖的袍子穿起来风光,吉祥。没有马蹄袖的秃袍,古代曾经禁穿。羊群在野外过夜的时候,要把羊粪蛋放在碓子里,上面用帽子盖上。夜里把马蹄袖放下来睡觉。

姑娘出嫁的时候,她的两只手要伸进两只白口袋里,然后再扎上,跟胞兄弟共骑一匹马出发。到了婆家以后,姑娘的嫂子要把斧头、银子压在姑娘的外下摆上,说一声"像斧子似的结实,像银子似的久长",里下摆由男方的母亲压着。

### 3. 做针线时的忌讳

女人做针线的时候,不能让线头留下来,要么全部缝上用完,要么把它剪掉。线头留在针上,以后的针线就会越做越慢。缝衣服的时候,线结成疙瘩,主好,线头断了对人不好。

不能枕着正在缝纫的衣服睡觉,也不能把帽子放在正在缝纫的东西上面,这样也会影响活计,迟迟不能完工。

女人做针线的时候,从外面进来另一个女人,一般都要帮忙。所谓年轻人来了添个指头,老年人来了添个下巴。就是要帮着搓一条线,或者刺绣一朵花,起码要说几句祝福的话,"愿你针线快点儿成功,生个白胖小子"之类。回答则说,"愿你的吉言应验"。缝靴鼻的时候不能说话,如果说话,靴鼻梁就会弯曲。其貌不扬的人进来的时候,靴鼻梁也会弯曲。

孩子的衣服一定要在一天内做完,一般要求不要太精细,不能给虱子走的地方都不留:驼绒线这儿一针那儿一针,羊毛线远一针近一针,缝好就可以。从前给孩子缝袍子的时候,底襟往往少一块不缝。

缝衣服的时候最后上领子,上了领子以后衣服才有生命。以前的人们说衣服的沿边、绗线、缭缝,这三种是主要的方法,加装饰的话有鱼脊梁、锯齿两种,大人物的衣服做工要精细一些,以前妇女如果针线活不熟练就会被认为是只配转锅头的婆娘。

太阳落山以前最好把衣服缝完。不管给什么人做衣服,最后都要留一道扣子不缀。新衣服做完以后马上穿着最好,太阳落山以后就不能穿了。另外,裁剪衣服要看日子。

以前不论大人小孩儿,衣服袍子的领子,一定要用袍子以外的另外颜色制作,白茬皮袍的领子一定要用紫黑色的或蓝色的布料做面子包起来。

从前针特别缺少,丢掉一根针的话,就把灰撒在下面的坐垫上,口里要念叨"就会找到就会找到"。

别人向你要针的时候,不给一根针,要给就给两三根。

线头打结的针不能给人，否则就会结仇。带线头的针不能送人，也不从别人那里索取，怕招闲话。

碗要摞起来放，并排放了以后针线营生会多起来。

缝袍子的时候，不能把一面的裉缝住就去睡觉，一定要两面的裉都缝住，才能休息。

女人生孩子以后缝东西对眼睛不好，十几天以后才开始缝东西。缝袍子的时候，如果看见虱子窜，袍子就会缝好，如果看见画甲子（另一种寄生虫）跑，将来衣服就会开绽。

以前捻线或者搓绳的时候，两人不对面相坐，那样会结仇。如果并排坐的话，中间要放一个马粪蛋。三个女人不在一起捻线。不从孕妇的前面走过去，要从后面过去，不给孕妇铺坐垫。

手巧的人戴的顶针，拿过来自己戴上，自己也会变得手巧。把顶针给人，技术也会跟着走掉。顶针扔掉，人会变得马马虎虎，粗枝大叶。

缝衣服的时候，站起来伸一下懒腰，技术就会溜走。女人不能伸开腿缝纫，怕手艺从靴底跑掉。过去妇女做针线的时候，用单腿跪坐的姿势。

从前不让从剪刀上跨越，据说那样剪刀会走形。以前一般剪刀不给别人用，据说这样就会疏远关系，剪刀因为是剪东西的，把东西剪断分开，所以不能送人。

以前不让孩子玩弄剪刀、纺锤、熨斗，认为会招惹口舌。竹子做柄的纺锤忌讳直接放在地上，怕纺锤扎到小孩儿。如果剪刀张开口子扔在那里，家中的支出就会很多。给人剪袍子以后，要把剪刀的口子包住，并且把剪下的布条子拴在剪刀的柄上。如果把剪刀的口子张开，就会把狼的牙齿磨快。羊群夜里在野外下盘的时候，要用线或者绒毛把剪刀缠住，把它放在蒙古包的门头上，据说这样可以守护羊群，使羊群免遭损失。不能从熨斗上跨过，存放的时候要放在手脚不便接触的地方，比如吊在蒙古包的围绳或者灶火的上面。

一个器皿里不能放三个顶针。

靴子不跟帮子在一起扔掉，据说是怕玷污月亮。夫人隆肩上的弯曲山桃木不跟发套在一起扔掉，据说昆虫会把它拉走拖到月亮上，把月亮弄脏。

### 4. 用衣服做道木

蒙古族民间有一种特别的治疗仪式，一边做的时候一边口中反复念诵"道木道木"，这种治疗方式叫作"做道木"。

眼睛里起了针眼，把自己穿的袍子下摆从膝盖下面拉过去，做道木，念道"什么时候起来个这东西，额木道木"。

母畜的乳房肿了，用妇女的某件衣服做道木，同时在勺子的背面用锅底灰画一个人脸的模样做道木。

用孪生兄弟或孪生姐妹的靴子和袜子做道木，据说可以消除或减轻牲畜失窃的灾患。同时在铜勺底上，用锅底灰画一个三角形。

手脚上长了瘊子，就要念叨"多会儿出来的，用剪刀把它剪掉，额木道木额尔和木道木"，说着把剪刀空剪几下。

### 5. 丧葬与衣服

蒙古人没有专门的丧服。如遇丧事，把下摆拉到后面，掖在腰带上，把帽子的耳扇从里面填进去戴上，把袍子的马蹄袖也从里面卷进去，蒙古刀夹在前面的腰带上，就可以参加丧葬活动。

人去世的时候要用圣水给他洗手，用桑烟加以净化，并且用烟熏蒸。子女在父母下葬的时候要穿漂亮衣服，这样大地就会乐意接受他父母的尸骨。以前父母去世，四十九天内要戴没有算盘疙瘩的帽子。

死者的袍子要向着领口折叠起来，朝下放置。在领子的跟前，把帽子口朝上放上去，靴子的底子朝着喇嘛放上，把腰带从正中间折回来，向喇嘛敬献。把一件不太贵重的袍服给喇嘛拿去超度亡灵。

把袍服像人穿的那样摆到喇嘛跟前，袍子的领子要立回来，扣子全部扣上。院外拴一匹备好鞍鞯的骏马。鞭子挂在前面的捎绳上，马绊挂在右侧的捎绳上，喇嘛坐在那里诵经作法，要把死者扶上马送一程，让他到极乐世界去安息。不过这匹马往往要留下来，被这个喇嘛骑走。

以前生孩子的时候，生女子就说"生拖着针线的人"，生小子就说生"拖着套杆的人"。

## 少儿穿衣习俗

### 1. 少儿穿衣讲究多

孩子金贵，脆弱，讲究也特别多。做衣服要看日子，裁剪是第一关。要在有守护神的那天裁剪。不论什么衣服，都不能在一个叫作斌巴（"七曜"的一天）的日子裁剪，否则就会攒不下东西。斌巴是比较硬的一个日子，如果硬要在这天裁新衣，一定要让七个人轮流穿一遍，或者在午前九十点钟的时候裁剪衣服，而且要用带海贝的剪刀裁剪。海贝是一种干净的生物，容不下一点儿污垢，还能保护戴它的主人不会骨折。所以要带上它来辟邪。穿衣是第二关。孩子第一件衣服不在猴日、龙日穿着，穿上不向东北方走去。第三关是要求孩子的衣服要在一天之内缝好。第四关是孩子的衣服不能一次全部做完，一定要留条尾巴，例如留着带子、扣子不钉。大孩子胯间钉纽襻表示长大成人，孩子们都盼着这一天。但一定要等到上面说的那个吉祥日子，要迎着早晨的太阳，把最后的几针缝上。这时候孩子都心急火燎地要穿，但是还轮不到他，要把袖子搭在西门板上，再让哥哥姐姐们披一披，然后才给他穿上。有的要先把袍子披在狗身上，或者在牛犊身上披一披，然后再给他穿。最后还有一道礼路需要走到：穿新衣服的那天，把早晨最后挤下的奶子留到中午，或者直到黄昏以后，再把衣服在火上烤一烤，顺时针转三圈，祝福一番，才能最后给他把衣服穿上。给孩子祝福新衣的时候，要给孩子把腰带扎上，下摆整理一下，把当天挤下的鲜奶、酸奶盛在碗里，说道：

每月都新鲜的袍子，

每天都风光的袍子，

前面的下摆上跑着马驹子，

后面的下摆上跑着羊羔子，

上面不沾土，

专门沾油，

东西是脆弱的，

主人是永恒的。

如此这般祝福几句，把鲜奶或者酸奶多少涂抹在前襟、下摆上一点儿，这才算大功告成。（图12-206）

孩子穿上新衣，到邻居家夸耀的时候，邻居大妈要给他糖果和奶食，也要简单把衣服祝福几句。但是在进家以前，孩子必须把里下摆撩起来抖一抖，可以用里下摆擦油腻，但是不能用纸擦手。

如果孩子的衣服在野外丢失，一定要在当天找回来，怕坏东西附在上面。

在转移牧场的时候，无论冬夏，孩子的衣服都要放在暗昧的地方。比如包在大人的衣服里面，不让在野外过夜等。

### 2. 少儿身上吊的东西

孩子身上吊的东西很多，根据不同地方的不同风俗或者自己家的习惯，有吊在脖子里的，有吊在肩膀上的，有吊在前襟上的，还有吊在腰上的，甚至还有吊在靴子上的。同时褓褓和摇篮上还要吊东西。（图12-207）

最普遍的是在领子上吊东西，而且吊得最多。给孩子做衣服的时候，领子上挖下的那块布缝在脖颈后面，还要剪开一个豁口，或者叠成三折，在上面挂东西。前面挖下的领弯上，统统不再加领子，所以孩子的衣服是没有领子的。对于这一点，家长们的解释是，每个人的一生穿衣是有定数的，没有领

12-206　哈木尔寺拍到的女孩

12-207　肯特省呼日和巴格牧民家的摇篮

子的衣服不算一件完整的衣服，所以孩子的衣服不在定数之内。还有的说领口上挖下的布钉在后面，意思是要把一件完整的衣服穿在身上，证明这是他自己的，不给别人穿。领口上吊的东西，因人而异，有松石、海贝、九个制钱、盔甲上的铁环、小弓小箭等。不论男女，都留着婆姨似的一条辫子。有的台吉家的孩子也梳两条辫子，一般的老百姓全是一条辫子。孩子吊这些东西，一是为了好玩，增加点儿童趣。二是为了辟邪，那些东西都有针对性，据说带上它们不会迷路，也不会轻易被抓走。三是为了祝福，挂上弓箭，预祝孩子长大成为一名英雄。

摇篮上悬挂乌兰布特（金柠条的枝子）、狐狸的鼻子、骑人的狼（毡子剪成的）。以前孩子做噩梦的时候，就说是乌兰布特打了他。

孩子两个肩膀上戴公海贝（上面有一条细缝的海贝），孩子吃东西的时候不会噎着。女孩子袍子的前襟左面钉海贝，海贝也戴在孩子的右面肩膀上。在褥褓褶子的脖颈后面也戴海贝。海贝是九宝之一，可赏玩而不可亵渎者也。

孩子身上也经常戴铜铃或银铃，有的戴在腰带上。这样，孩子在外面独自玩耍的时候，父母可以听到铃声，知道他在哪里。同时，悦耳的声音让父母和孩子都感到欣慰。另外，它还可以吓唬破神烂鬼，使他们不敢近身。但是有的人家不主张把铃子戴在腰带上，一般把它钉在孩子的靴子上。

孩子普遍都戴舌头。所谓舌头，就是把布剪成锯齿加以镶嵌的新布条子，挂在袍子的后面。意思是为了不跟人家吵嘴，其实是为了花花绿绿好看。孩子用什么颜色的布料做袍子，就用那种颜色做舌头。同时还要剪成红黄蓝白绿各种颜色的布条子，吊在舌头下面，代表了天地间的各种颜色。据说孩子的袍子上新加的新布条子吊得越多越好。西喀尔喀还在孩子的衣服上面吊白母驼的皮。

孩子的玩具有狼的拐骨、绿松石、狐狸的鼻子、戈壁带孔的小石头、青铜箭头、元宝、铜钱、青铜箭头、青铜马，等等。这些一般都挂在蒙古包吊下来的摇篮上，孩子睡在蒙古包床上的时候，抬头就可以看见。（图12-208）孩子玩具之一的狐香，据说孩子生口疮

12-208　前杭爱布尔德苏木孩子玩具：铜钱、海贝、狼牙等（图自《蒙古国部族学》）

的时候把它含在嘴里，口疮就会自愈。铜钱上有皇帝的亲笔字，或许也代表了对皇帝的敬畏。孩子的玩具上多有青铜，青铜有祝福和防止雷击的作用。

### 3. 宠儿穿戴最奇特

这里的"宠儿"有特殊的含义，特指那些生下以后不好存活、多灾多病的孩子。这种孩子父母特别疼爱，忌讳也非常多，比一般孩子穿得古怪奇特。

宠儿一生下来，就要用狼或者白黄羊的筋给他包扎脐带。包扎好以后，要把他放入狗食槽里；或者在汉人挖的土灶里放一放；或者把锅扣过来，在周围画个圆圈，把孩子在锅里扣一下，然后才把孩子放在襁褓里，襁褓也要用白黄羊的皮子来做。白黄羊皮的胸部朝着孩子的脚，尾部朝着孩子的头，这也跟一般孩子的襁褓做法不同。再把青马粪捣碎，放在锅中略炒一下，用大布大疤老针脚缝个袋子，把炒好的马粪放进去，垫在孩子的下面做尿垫子。下面再铺上狼崽子的皮，据说这样就会遇难呈祥。有时候也把沙狐皮、黑铅等钉在襁褓后面。襁褓有三道皮条用来捆孩子，这三道皮条应该由接生婆赠送。以前汉人的裤带质量不好，孩子襁褓上的三条带子中，其中一条必须是汉人的裤带。据说这样孩子容易长命。

拴孩子的带子称之为一生的齐格德嘎——生命绳。生命绳要把一头用活扣拴紧在天窗上，另一头拴在孩子腰上。用九峰公驼腿上的长毛捻成的绳子做生命绳最合适（或至少用三、五等单数公驼的长毛）。过去驰骋大漠南北的盗马贼留下的马缰据说更好，但是不易找到。生命绳外面一般要裹一层软和的布子，但是忌讳用麻绳。生命绳很金贵，不能从它上面跨过。走路时不能从被拴孩子的面前经过。

宠儿要戴锁子、手铐，背后挂小盔甲、弓箭和他父亲的牙齿。腰上还戴野猪的獠牙、鹰爪和熊掌。靴子前面脚掌处吊铃铛和带孔的石头。摇篮上有马绊、毡子剪的狐狸，（图12-209）山桃树的葛针。晚上孩子哭闹得不行，就把马的反刍草垫在他的枕头底下，让他去看护马群，就会使他睡得很稳。孩子玩具里还包括帐篷，意思是他住在另外的地方，不住在蒙古包里，不是这户人家的孩子。

宠儿不洗三，三年之内不到别人家串门，八九岁才剪胎发。女孩子穿左大襟衣服、喇

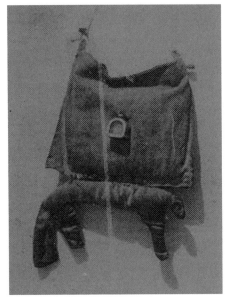

12-209 宠儿的狐狸佛盒布弓（图自《蒙古国部族学》）

嘛领的袍子。宠儿还可以穿夫人的隆肩袍,额勒登
贝子旗穿月牙形隆肩的妇女袍子。（图12-210）宝
音温都尔旗穿尖肩袍子,前襟敞开,袖子上不接马
蹄袖。把头发用好几股辫子辫住。四五岁男孩穿的
冬季羔皮袍,为喀尔喀婆姨式,这是为了保护宠儿
用的隐蔽性别的服饰。把各种颜色的布条子放在布
子里,做成腰带,宠儿就扎这样的腰带。男宠儿的
右耳朵上,吊着黑铅做的耳环。女孩到三岁的时候
就要双耳戴环,穿光板皮袍。生中耳炎的孩子用黑
铅在患侧打孔戴耳环。（图12-211）

不好养活的孩子,要从百家请来下脚料给他做
衣服,裁好衣服以后要吊在蒙古包正中的梁上,肩
头钉上公海贝,也要在火上烤过。有的人家,专门
从住地东面的人家讨来布头、绸缎碎片,给孩子拼
凑衣服。孩子幼小的时候,不要给他做好多衣服,
而且大多用旧衣服替下的面料。（图12-212）

没有孩子的人家希望求个子女,每月十六那天
用三宝（金、银、珍珠）供奉老寿星求子,不远千

12-210　女童穿的夫人袍（蒙古民族博物馆藏）

12-212　宠儿百衲衣（图自《蒙古国部族学》）

12-211　这位宠儿,穿的完全是
夫人装（图自《蒙古国部族学》）

里向额吉哈达（母亲石）膜拜求子，求子还有专门的经书。如果有孩子来他家撒尿，认为就是吉祥的兆头，以后可能会怀孩子。当然有时候也从孩子多的人家抱养一个孩子，取名达古拉，意为"引弟招妹"，希望他能够带来许多弟妹。（图12-213）

以前没有孩子的人家突然生了孩子，就要找七个孩子去做宴席，同时给每个孩子一份礼物，或者给赛马夺魁的儿童多一些礼物。日子要找太平日子，一定要让来的孩子高兴而来，满意而去。如果孩子一旦夭折，就要向喇嘛问询将来能够转生的地方，向哪个方向扔掉合适（忌讳扔进狗嘴）。其他的没有讲究，自己的父亲扔掉也行，邻家的男人扔掉也行。孩子走了以后，要在他待过的地方放斧头、腰带、帽子（帽准朝里），要放好长时间。牧区为了防止马被狼吃掉，在群里选一匹最老实的马，给它辔上驴鞍子，用三根木头在鞍上支起一个架子，给它穿上一领袍子，戴上一顶帽子，再放到马群里去，人们就戏称那个骑马的假人叫"吉祥小子"。有些夭折了孩子的父母，就把他的衣服献出来打扮吉祥小子。

以前吃饭的时候，没有孩子的人家一定要给孩子准备一只碗，里面放一点儿油脂什么的，据说这是孩子的份儿。以前如果孩子早产，就把孩子放在他爸的帽子里，每天起来吊在哈纳头上，每天换一个哈纳头，一直到吊够早产的天数。如果生下双胞胎，认为是后出生的孩子把门打开的，所以后出生的才是哥哥。

把孩子送人的时候，要把他穿在身上的衣服脱下，让抱孩子的人家做好拿来。过去抱孩子的人家，把衣服丢下就走了，同时给男孩子戴一种方形的特额格，给女孩子戴一个半圆形的特额格，特额格是戴在腰带上的一种东西。另外，抱孩子人家的男人还要给女孩带一个狐狸（玩具）。

12-213 宠儿服：世纪之交，缎子、绵羔皮、彩色绦子、库锦、黄花缎做面，绵羔皮做里，隆肩，蓝色堪布绒马蹄袖，库锦绦镶边。4至5岁男孩穿婆姨的款式两侧开衩，胸前有登和勃，为了躲避灾难把肚脐保护起来（图自《蒙古人的衣服》）

从这章开始，我们又进入另一个服饰系统——一体两翼中的左翼——科尔沁服饰体系。科尔沁是黄金家族的旁系子孙——哈布图·哈撒儿及诸弟统治的部族，科尔沁因蒙元时代在宫廷中做"箭筒士"而得名，在当代蒙古族中人数最多，服饰受满族宫廷影响较大，刺绣在各部族中独领风骚，喀喇沁、土默特（满官嗔）也属于这一领域。

# 喀喇沁部

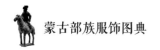

# 喀喇沁是者勒蔑和老把都后裔的部族

喀喇沁的来历，第一卷概述部分已提及。"喀喇沁"一词，有人释为"黔首"；有人释为"做黑马乳者"——哈剌赤，就是给元朝皇室做酸马奶或马奶酒的人（当时的译者未能深谙蒙语，把哈剌直译为黑，其实恰是"清亮"的意思，结果以讹传讹，影响了后代学者）。曾是永谢布万户的主要成员，由俺答汗的四弟巴雅斯哈勒（老把都，意为老英雄，巴尔斯博罗特的四子）统领，这是一支。朵颜山兀良哈，原来是东道诸王哈赤温的封地，后由者勒蔑（济拉玛）的直系后裔统领。者勒蔑曾经三次救过成吉思汗的命，成吉思汗赐他九次犯罪不罚的特殊待遇。明洪武二十一年（1388年），北元的大将被明军击败西走，大兴安岭以东诸部蒙古感到势孤力单，只得归附明朝。明朝设立朵颜、泰宁、福余三卫安置。明宣德十年（1435年）以后三卫逐渐南下，靠近明边。

后来俺答汗向东扩张，达赉孙汗感到威胁，向东迁徙，吞并了福余、泰宁二卫。朵颜卫的后代由者勒蔑的子孙花当（和通）统率，

骁勇善战，又处燕山的崇山峻岭，地险而强，一时奈何不得。

但是，嘉靖中期达赉孙瓜分兀良哈三卫时，老把都得了大头。老把都还娶了两个兀良哈福晋，生了两个儿子。而兀良哈花当的后代，也与老把都的子孙有联姻关系，成了另一系诺颜——塔布囊。这样两支合二为一，到明天启初年，朵颜三十六家，已经成了老把都后代的别部，合称为喀喇沁万户，不以兀良哈之名称呼。天聪二年（1628年），者勒蔑十四世孙苏布地，偕同族叔父色棱，以喀喇沁的名义投附后金国。天聪九年（1635年），苏布地之子固鲁斯其布被任命为喀喇沁右翼旗札萨克，掌建平、喀喇沁等地。色棱被任命为喀喇沁左翼旗札萨克，掌管今辽宁省喀左、凌源一带地方。康熙四十四年（1705年），建立喀喇沁中旗，由喀喇沁右旗析出，苏布地的直系后代任札萨克，掌管今赤峰宁城一带。这就是清代的喀喇沁三旗，归卓索图盟管辖。

# 喀喇沁服饰的特点

喀喇沁服饰受满族影响较深，衣袍趋于合体。上层妇女开始穿双袖袍、绣边袍，（图1-1）大襟绣花长坎肩。用三簪盘发梳髻，梳"牛粪片儿"头，面貌与一体右翼大不相同。（图1-2）再加上结婚时戴钿子穿花盆底，已与满族无异。（图1-3）但在平民阶层，除了在婚礼和喜庆吉日有意与宫廷看齐外，平素的穿着与普通蒙古人差别不大。（图1-4、图1-5）

喀喇沁女子在不同年龄衣服和装扮有很大的不同，其中最活泼的是少女，最艳丽的是新娘。新娘戴钿子，上面的钿花以及附带的簪钗和步摇非常玲珑精美。但是钿子金贵，不是每个新娘都可以拥有一副，这是一个特点。

1-4 喀喇沁男服（内蒙古博物院藏）

1-2 牛粪片儿头

1-5 喀喇沁女子服饰（内蒙古博物院藏）

1-1 喀喇沁绣边袍

1-3 喀中旗钿子（赤峰市博物馆藏）

117

# 喀喇沁头饰

《大金国志·男女冠服》里记载，妇人辫发盘髻。可见辫发盘髻是满族人的习俗。汉人也盘髻，但汉族发髻在颈后，满族发髻在头顶。俚语把喀喇沁的头饰一律称作"牛粪片儿"，也极像。如果不戴钿子、帽子，无论是新娘头、老媪头，说成牛粪片儿都活灵活现。按照喀喇沁风俗，新娘是在到了婆家的翌日清晨，由梳头妈妈和伴娘给她上头的。在上头以前，先要穿好长袍和乌吉，戴上耳环、戒指、镯子，（图1-6）穿上白细布袜子、花盆底鞋，再按以下步骤梳头盘发。

1-7 第一步

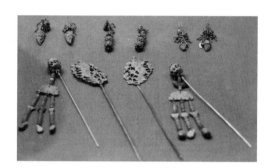

1-6 喀中旗妇女头饰（一）（赤峰市博物馆藏）

## 新娘上头

第一步，把头发从正中分开，但不贯通，将到头顶时，左右转圈开缝，划出圆形的一圈头发，攥在手里。其余头发暂时不管。（图1-7）

第二步，把这圈头发从中一分为二，用红头绳各自从根部扎上，下面都是散的，出来两个半圆形的散头抓髻儿。（图1-8）

1-8 第二步

1-9　第三步

1-10　第四步

1-11　第五步

1-12　第六步

a

b

c

1-13　第七步

　　第三步，用一根横簪从下面把这两个散头抓髻儿插起来。（图1-9）

　　第四步，把抓髻儿下面的散头发盘到横簪下面：右面的往左盘，左面的往右盘，把辫梢掖进去。（图1-10）

　　第五步，再在上面盘一层假发，让头发蓬大起来，成一圆形大疙瘩。（图1-11）

　　第六步，戴现成的头络，把大疙瘩兜住。头络下面有松紧带，可以把罩在它里面的东西揪紧，这样就在头顶形成一个圆盘大髻（牛粪片儿）。（图1-12）

　　第七步，把圆盘大髻后面的散发分成左右和中间三部分。（图1-13a）先把中间这部分梳到上面，留出一个长圆形的疙瘩，将来出髻成绵羊尾巴。然后用红头绳扎上。（图1-13b）末梢的散头发再分成两束，拧成细卷儿在圆盘大髻前面交叉以后，再盘到圆盘大髻底下，发梢掖进头络里面。（图1-13c）

　　第八步，原先留在右侧的那部分散发，留出鬓角和耳朵以后，梳得平滑光溜，从后面拉过去，紧贴长圆形疙瘩从左侧拉过来，缠到圆盘大髻下面，用插针插住。（图1-14）

1-14　第八步

a

b

c

1-15　第九步

1-16　第十步

第九步，原先留在左侧的这部分散发，梳法同右侧相同，缠发方向相反，也用插针插住。（图1-15a）脑后中间的那部分头发，现在露出来变成绵羊尾巴了。（图1-15b）再把前面的花钿插上。（图1-15c）至此，头发梳理全部结束。

第十步，戴钿子，插步摇，戴红花。右侧戴花三朵，上大下小。左侧戴步摇簪，中间插三朵花簪。（图1-16）

此外，喀喇沁还有第二套头饰，即科尔沁三簪，戴法同科尔沁一样。（图1-17~20）

**老媪梳头**

红颜老时，齿疏发稀。大红大绿的穿戴和以上两种头饰均不可用，便采用下面的步骤梳头。这种

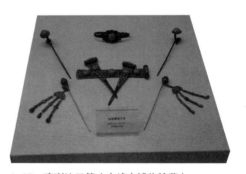

1-17　喀喇沁三簪（赤峰市博物馆藏）

1-18　三簪特写

1-19　脑后连接两个辫子的饰件

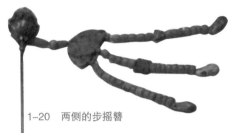

1-20　两侧的步摇簪

方法简单，头饰很少，自己就能完成。跟年龄般配，与疏发相宜。

第一步，把左右鬓角的头发分出两绺，交叉含在嘴里。（图1-21）

第二步，把其余头发全部从后面梳到前面，拢作一束，用红头绳从发根处顺时针缠上几圈。（图1-22）

第三步，把簪子凹面朝上，紧贴头皮插在红头绳的下面（头顶部位）。（图1-23）

第四步，把头绳前面的长发分成相等的两束，（图1-24a）先把右面一束顺时针缠到簪子下面。再把左面一束留个环套，逆时针缠到簪子下面，这样环套在前面就形成一个凸起。（图1-24b）把头络从前往后，套在凸起和簪子的部分上面，用自带的绳儿捆上。这样便在头顶形成一个扁圆发髻，人们形象地把它称作"牛粪片儿"。（图1-24c）

第五步，把鬓发从嘴里放开，先把左面的一束梳理通顺，在耳朵后面拧成卷儿，上拉揪到头顶，缠到牛粪片儿下面（逆

1-21　第一步

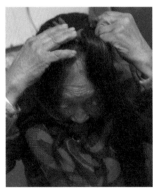

1-22　第二步

1-23　第三步

a

b

c

1-24　第四步

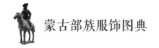

时针）。（图 1-25a）再把右面的鬓发在耳朵后面拧成卷儿，再越过后脑勺，从头顶缠到牛粪片儿上（顺时针）。（图 1-25b）

第六步，把双股插针从右从左，相向插到簪子的下面。（图 1-26）

第七步，把一朵绢花（下面也是双股的）插到簪子与双股插针的下面，即牛粪片儿的右侧。（图 1-27）当地习俗，年轻妇女戴花两朵，老妇戴花一朵。如果丈夫健在，妻子多老也不能把插花去掉。（图 1-28~30）

## 钿子、簪钗与步摇

钿子，当地蒙古族叫 songtu，汉语不知如何拼写。其形酷似现在餐馆儿打包用的塑料圆饭盒。通体都是用藤条或铜丝编的，极

a

b

1-25　第五步

1-26　第六步

1-27　第七步

1-28　喀喇沁老媪头饰正面

1-29　喀喇沁老媪头饰后面

1-30　喀喇沁老媪头饰鸟瞰

精致,中间跟边缘的编法还不同,称为"头发撑子"。
外面用青绒或青纱包裹起来,再进行各种装饰,就
成为"钿子",装饰钿子的片状物件就是"钿花"。
(图1-31)钿子的贵贱精粗,全在钿花上面。万紫
千红,不一而足。当地风俗,新娘结婚只戴一天钿子,
因而不必家家置备,一村也没有几个,互相借着用。
笔者拍摄到的钿子,一是宁城博物馆的,一是赤峰
博物馆的,其实全来自喀中(宁城)。特点是前面、
侧面与顶上装饰,后面不装饰。前者下面没有流苏,
后者下面有流苏。二者装饰的情况也各不同:前者
下面两侧和中间钿花是相连的,上面是单独的圆形
图案,顶子上是花篮、蝴蝶、花卉,两侧为凤凰,
左右对称。(图1-32~35)后者正面下部是牡丹和
蝴蝶,上部是葫芦、灵芝、盘长、蝙蝠,右侧蝙蝠
金钱,左侧与右侧对称。(图1-36~39)顶上看不清楚。
内蒙古博物院有一副钿子,顶子看来就是这一类。
(图1-40)喀喇沁王府博物馆原馆长吴汉勤先生拍
摄到一副喀喇沁头饰,因为已经离开了原来的头发
撑子,无法断定钿花所在的位置。但在艺术造型上
极富特点,不妨让大家欣赏一下。(图1-41~46)
喀喇沁戴钿子的妇女,头上往往要配合插挂大量簪、
钗和步摇。通常一股梃的叫簪,两股梃的叫钗。簪、

1-31 这个钿子的骨架看得比较清楚(宁城
博物馆藏)

1-32 喀中旗的钿子正面

1-33 顶子

1-34 左侧

1-35 右侧

1-36　钿子正面（赤峰市博物馆藏）

1-37　正面上部

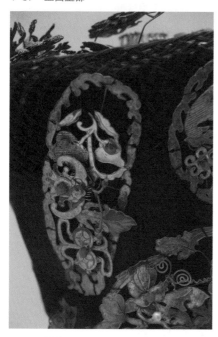

1-38　右侧

1-39　左侧

1-40　钿子的顶子（内蒙古博物院藏）

钗上装饰活动花枝，并在花枝上垂以珠玉等饰物的，叫作步摇。所谓步摇，"上有垂珠，步则动摇也"（《释名·释首饰》）。喀喇沁民间流传下来的这类饰物特别丰富。笔者见到的这类物件，有的来自赤峰市博物馆，有的来自二十世纪三十年代马尔塔·布艾尔的《蒙古饰物》，有的是吴汉勤先生拍摄到的（或许有的是上述那副头饰上的）。其中步摇类如下：（图1-47~53）簪子类也有好多，疙瘩针、挖耳勺、老鸦瓢九连环、"福"字簪都属于这一类。（图1-54~57）还有钿花上散落的装饰品。（图1-58）

1-41 头饰上的钿花及簪子步摇

1-42 头饰上的各种钿花和步摇等

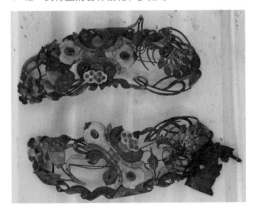

1-43 莲藕

1-44 花篮簪子

1-45 莲藕步摇

1-46 蝙蝠莲藕钿花

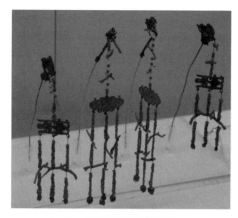

1-47 龙凤衔珊瑚流苏步摇

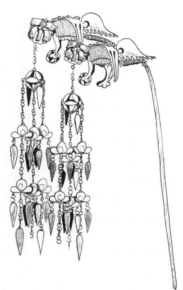

1-50 狮子滚绣球步摇（图自《蒙古饰物》） 　1-51 莲花步摇（图自《蒙古饰物》）

1-48 珊瑚凤形银步摇

1-52 花灯步摇（图自《蒙古饰物》）

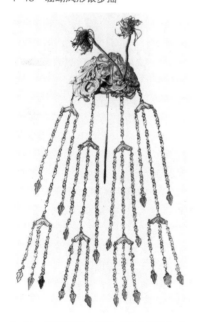

1-49 绒花步摇（图自《蒙古饰物》）

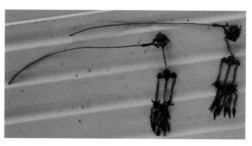

1-53 步摇（吴汉勤供图）

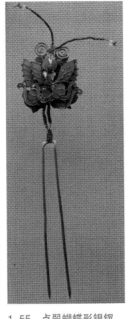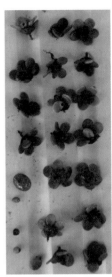

1-54 点翠蝈蝈
形银簪（赤峰市博
物馆藏）

1-55 点翠蝴蝶形银钗

1-56 挖耳勺
簪子（图自《蒙
古饰物》）

1-57 簪子（吴汉勤供图）

1-58 钿花上的装饰品
（吴汉勤供图）

# 喀喇沁男女服式

## 喀喇沁妇女服式

喀喇沁妇女服式，贴身穿紧身，紧身外
面穿汗褡子，汗褡子外面穿长袍，长袍外面
穿坎肩或乌吉。冬天穿棉袍（胖虎）、黑棉裤、
白裤腰。裤为缅裆裤，可把孩子放在里面。

还穿绵羔皮袍、吊面皮袍。除了野外放牧，
一般不穿白茬皮袍。

1. 紧身
也叫胸衣，妇女内衣，一宽条，两带子。

2. 汗褡子（短衣）
对襟、右衽，绣花，圆摆。

1-59　清代红缎镶边双袖袍（图自《蒙古民族服饰文化》）

1-60　普通长袍（摄于喀中旗）

### 3. 长袍

长袍有四种：

绣边长袍，缎面布里，右衽，大马蹄袖。七枚铜扣。无气口，襟、摆、双侧镶绲，三层，也有四层的，中间绣花。无兜。按理绣边袍中间一定绣花，两边可绲可库锦合为三四层，连领带袖整个儿镶一圈，但在实践中尚有变化（见图1-1）。双袖长袍，外袖及肘，内袖及腕，外袖宽于内袖。外袖镶边与大身同，大身镶边与绣边长袍同。（图1-59）普通长袍，小圆立领，右衽，穿上看不见靴鞋。基本不绣花。（图1-60）

此外，喀喇沁王府福晋还穿一种绣边长袍，外边一定要套穿长褂或短坎肩，完全是宫廷风格。（图1-61、图1-62）妇女平时扎红、粉、绿腰带。干活不扎。姑娘扎腰带，能穿长袍短坎肩。

1-61　贡桑诺尔布大福晋的衣服，绣边长袍加长褂（喀喇沁旗王府博物馆藏）

1-62　王府福晋的绣边长袍和坎肩（张旭霞穿）

### 4. 长短坎肩

坎肩也叫乌吉木格，对襟或琵琶襟，男的沿宽边，女的绣花。两边开低衩。还有一种"一"字襟坎肩，俗称"十三太保"，以缀十三道纽扣而得名。（图1-63）长坎肩也叫乌吉，当地叫褂拉（褂襕）、乔巴（蒙语），满族式的。（图1-64）

## 喀喇沁男子服式

男袍多不绣花，只镶两道窄边，整个儿镶一圈。不接马蹄袖。立领，领角是圆的。有的前襟拐弯处也是圆的。贴身合体，风格朴素。（图1-65）红腰带，两侧垂穗。男女都扎绑腿。

马褂男子穿的多。马褂的特点是直筒宽袖，长及腰带。长袍、马褂、瓜皮帽、白布袜子、黑缎布靴是新郎最

1-63　"一"字襟鹿皮坎肩（赤峰市博物馆藏）

1-64　清代女式长坎肩（赤峰市博物馆藏）

1-65　男袍（摄于喀中旗）

普遍的穿戴。（图1-66）

　　套裤男女都有，两条裤腿，上面用带子拴在裤带上。裤口上要绣绦子。

　　男人也穿棉袍、吊面皮袍、白茬皮袍。

　　男女都穿马亥（布靴），女的绣花，男的绕针。（图1-67）男子戴礼帽、瓜皮帽、毡帽，女子罩头巾，戴护耳，护耳有皮棉之分。（图1-68）

1-66　清代短褂（赤峰市博物馆藏）

1-67　男子马亥（摄于喀中旗）

1-68　喀喇沁护耳（王殿和藏）

# 佩饰精巧

　　喀喇沁的佩饰做工精细，这里列举一些王爷的勃勒和蒙古刀、烟袋烟口袋、五饰七饰、耳坠等。（图1-69~76）

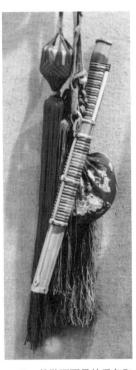

1-69　王爷的勒勒（赤
峰市博物馆藏）

1-70　勒勒下面吊的香包和
蒙古刀

1-71　银五饰（赤
峰市博物馆藏）

1-72　银七饰和绣花荷包（喀喇沁王
府博物馆藏）

1-73　烟袋烟口袋（王殿和藏）

1-74　白玉"寿"字佩饰（赤
峰市博物馆藏）

1-75　珊瑚耳坠（赤峰市博
物馆藏）

1-76　银耳坠（赤峰市博物馆藏）

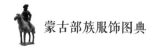

# 木底鞋与马亥靴

木底鞋是满族旗鞋的一种。上大下小的叫花盆底，上小下大的叫马蹄底，与满族不同的是，男女皆穿。木底3至4寸高，外面裹两层白布，上面用胶粘在鞋帮上。男的鞋帮上绣红盘长，女的绣花。有的男子个儿矮，专门穿木头高底鞋。有一种马蹄底用三层袼褙，鞋帮两面绣"万"字、篆字，男子一般不穿。

七月十五招福，请喇嘛来念经，男主人一定要穿木底鞋，平时一般很少穿，几年也穿不烂一双鞋。

还有长双脸，短双脸，（图1-77）单脸鞋，骆驼鞍棉鞋。女的一般穿单脸，底小，帮子大，云头。骆驼鞍棉鞋男女都穿。长勒马亥男女都穿。

男子还穿马靴，高勒，沿条和帮子都是绿的。

## 帽子

年轻女子戴露顶帽，二三寸高，里面絮棉花。有一圈牙牙，两旁有小耳扇，下面缀带子。

男的戴礼帽，帽垫（瓜皮帽），锅撑子帽。男的还有毡帽，下雨天配蒲棒草等草编的蓑衣。

1-77　喀喇沁双脸女鞋

科尔沁部

# 科尔沁是哈布图·哈撒儿及其后裔的旺族

第一卷概述中提到，蒙古汗国建立时，成吉思汗把他的四个弟弟分封到蒙古高原东部大兴安岭嫩江流域，人称东道诸王。其中哈撒儿的封地在额尔古纳河右岸、呼伦湖、海拉尔河下游。有四千多户属民，势力最大。一般尊为科尔沁部的先主。科尔沁（豁儿赤）一词，有人考证是鲜卑语，由蒙元时期哈撒儿及其子嗣统帅的宫廷"箭筒士"而得名。明清史籍又写作火儿慎、好儿趁、火耳趁、廓尔钦，其实都是同一蒙语名词的不同译音。

乌纳博罗特王时期的科尔沁，是一个相当庞大的部落集团，从属于蒙古大汗政权。乌纳博罗特王曾向年岁般配的满都海夫人求婚，满都海夫人为了延续正统的皇家香火，没有答应，而把自己委身于年幼的达延汗。达延汗在划分领地时，没有把科尔沁包括在自己的六万户之内，尊称他为"阿巴嘎科尔沁（叔王科尔沁）"，作为另一个万户（兀鲁思）独立存在。嘉靖元年（1522年），科尔沁部长奎孟克塔斯哈喇，为避免蒙古瓦剌（卫拉特）部袭扰，"走避嫩江，依兀良哈。因同族有阿鲁科尔沁，故号嫩科尔沁，以自别"（《蒙古民族通史（第三卷）》，内蒙古大学出版社1991年版）。也就是说，阿鲁科尔沁、茂明安、乌喇特，斡赤斤后裔的四子部、翁牛特部，别里古台的阿巴嘎、阿巴哈纳尔部，

都留在了大兴安岭北部，统称阿鲁蒙古（北方蒙古）。奎孟克塔斯哈喇有子二，长子博第达喇，次子诺扪达喇。博第达喇又生九子，三子乌巴什率部单独游牧，形成郭尔罗斯部；八子爱纳嘎，亦步其兄后尘，形成杜尔伯特部；九子阿敏也自立扎赉特部。

博第达喇其余六子与诺扪达喇之一子仍称科尔沁部。由于四部同祖，在一些重大问题上往往步调一致，在内蒙古东部形成一个强大的蒙古部落。

随着人口的繁衍和牧场的扩大，科尔沁四部逐渐南下，形成北起嫩江流域、南至希拉穆仁河流域的科尔沁广袤草原。清初即以此为基础，建立哲里木盟。当初的哲里木盟科尔沁分为左右两翼，分别称为科尔沁左翼前、中、后旗，科尔沁右翼前、中、后旗，郭尔罗斯分成前、后旗，还有扎赉特旗，杜尔伯特旗。民间根据初任摄政王爷的封号，把科左前旗称作宾图旗，科左中旗称作达尔罕旗，科左后旗称作博王旗。把科右前旗称作札萨克图旗，科右中旗称作土谢图旗，科右后旗称作公王旗。现在科左前旗、科右后旗已经不复存在。科左中旗、科左后旗仍归哲里木盟（通辽市）管辖，科右前旗、科右中旗划归兴安盟管辖，郭尔罗斯划归吉林省，杜尔伯特划归黑龙江省管辖。从服饰体系上

看，科尔沁系统不仅包含刚才提及的科尔沁四旗、郭尔罗斯、杜尔伯特、扎赉特，也包括昭乌达盟（赤峰市）的阿鲁科尔沁、左右巴林、翁牛特、敖汉，哲里木盟的奈曼、扎鲁特等。但由于地域、历史和族源的变迁，也有一些各自不同的地方，后文提及时详述。

# 科尔沁服饰的特点

2-1　清代暗龙纹绿纱袍（摄于科右前旗）

科尔沁地区的袍服下摆略向里收，穿胖虎（棉袍）、布衫，平头靴子。烟口袋刺绣精美，妇女穿绣花大襟乌吉，头发盘起以后在辫根上插五簪和垂饰，但各旗之间也有微小差异。

由于科尔沁是最早归顺清朝的蒙古部族，与满族通婚，在衣冠服饰上受满族的影响深于其他部族。科尔沁礼服女袍脱胎于满族的氅衣，（图 2-1）这种袍服无领，袖短而阔，开衩至腋下。周身镶三重宽边（中间宽边绣花），袖口在此基础上多加一二道阔边。大襟长坎肩来源于满族的大襟夹褂（民间清宫叫褂襕，科尔沁叫褂拉），（图 2-2）对襟长坎肩发端于满族的对襟朝褂。（图 2-3）这种坎肩左右不开衩，上下直筒，与朝褂的款式已不尽相同。对襟短坎肩、琵琶襟短坎肩发轫于满族的紧身，二者都可以用马甲称呼。（图 2-4）科尔沁女袍左右开衩至腋下，而里面穿的长衫（裌木裕）往往不开衩，也与满族的穿法一致。在佩饰方面，也能看到满族宫廷那种戴"活计"的痕迹。（图 2-5）但它又是

2-2　清代大襟长坎肩（褂拉）（庞雷摄）

2-3　对襟长坎肩（科右中旗海杰制）　　2-4　坎肩（马甲）（邱锁则藏）　　2-5　勃勒、香囊、针线包（内蒙古博物院藏）

一个风格独特的服饰体系，并非满族的附庸，普通蒙古族具备的各种服式，科尔沁部基本都有。民间的便服饰边和刺绣都比较朴素，很可能保存了归顺清朝以前的服饰样式。（图2-6）当然绣花是科尔沁最突出的一个特点，与其说受到满族影响，不如说受到汉族影响更多。（图2-7）科尔沁妇女的盘发插簪，可谓蒙古族中的一枝奇葩，有人说它来自满族，其实元宝山元墓壁画的女主人梳的就是这种盘发插簪的发式。（图2-8）科尔沁的头饰与护耳配套，互不掩盖，相映成趣，精干瑰丽，与别族的戴帽迥然不同。（图2-9）科尔沁男女布靴是又一亮点，刺绣刻绣贴绣，绕针盘云绣花，品类丰富，纹样繁多，堪称一绝。（图2-10）

2-6　男式夹袍（科右前旗莲花制）

2-9　护耳与头饰相得益彰（摄于扎鲁特旗）

2-7　阿鲁科尔沁的绣花衣（巴拉嘎日玛穿）　2-8　元宝山元墓壁画夫人像

2-10　女靴（王殿和藏）

# 科尔沁女子发式

## 从婴孩到留头女子

　　男女婴儿洗三这天用盖布（呼其勒嘎）裹住，放进摇篮。（图2-11）摇篮堵头的那个半月形木板上面，吊了好多有象征意味的东西，其中就有青铜镜，是给孩子护心的。

　　（图2-12）周岁这天，把孩子的头发在囟门上留一片或脖颈凹窝处留一绺，其余全部剪掉，包在缎子里，钉在那个半圆形堵头的外侧。舅父健在，鬓角的头发要留下，过三岁生日的时候，要由舅父把这撮头发剪掉，给他（她）赏一头大畜。有的在一百天头上由姥姥送一

2-11　龙柄摇车（摄于科右中旗）

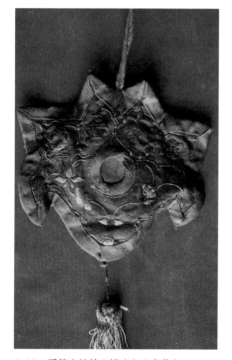

2-12　摇篮上的护心镜（白六虎藏）

个虎头枕，把开始枕的那个糜米枕头换下来。

满月穿的衣服，没领子，不锁边，把衣服的边缅回来，大疤老针脚地缝住，边上故意剪出一些锯齿形的牙牙。据说针脚越长，孩子越长命。剜下的那块小圆领子，跟一枚铜钱钉在衣服后面，但不能左衽，认为不吉利。四五岁以前穿开裆裤，系围裙，胸前吊擦鼻涕巾，做猪头鞋或虎头鞋，戴虎头帽。

第一次剪发长长以后，不论男孩女孩，都要辫成辫子，用麻绳扎起来，不用黑色白色的布条。女孩十二岁左右穿耳，每侧一孔或三孔，十三四岁头顶的头发剪掉，留下后面的，辫成一条大辫，垂在背后。或把头发全部留下，在后面梳成大辫（前面可开头缝，但不能开在正中），称为留头女子。这种辫子辫的时候，先把辫根用珊瑚珠子穿的线或红头绳扎三指宽左右一截，下面用三股辫起来，再用同样方法扎二指宽左右一截，末梢留成散发。珊瑚珠子穿的线叫绕辫绳。留头女子直到出嫁之前都要保持这种发式，不能改变。如果留下两条辫子，人家就会笑话她急着嫁人。姑娘一条辫子象征单身，出嫁后，如丈夫健在，再梳一条辫就是不吉利的兆头。

科尔沁少女一般不扎红绿头巾，因为那也有急着"要女婿"的嫌疑。巴林少女头上喜戴库锦镶边的圆顶毡帽，或戴貂皮、水獭皮圆顶立檐帽。阿鲁科尔沁少女戴钉有珊瑚的额带，有的戴缀银链的冠式额带。（图2-13）媳妇头上戴五簪，少女只戴一簪，即媳妇最前面的那个簪子。一簪的底子可以用红布或黑布。少女的前襟扣子上戴绣花针线包和香包，为人妇以后，牙签子和鼻烟壶袋也可以戴在前襟纽扣上。

## 新娘或少妇的发型头饰

到了嫁人的时候，留头女子的头发要打乱重梳，前后开缝以后，在快到头顶的地方

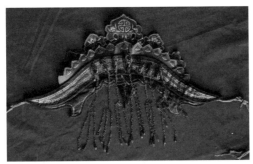

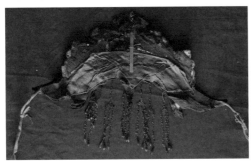

2-13　少女冠式额带（白六虎藏）

2-14　这位少女辫辫子的时候，加了一条几乎和辫子一样长的珊瑚珠串（巴图巴根供图）

还要左右开缝，这样就把头发分成四份。后面的两份先把根部缠二三指，分别辫成两条辫子，再把发筒套到辫根处。用两个三角形的扁簪，从上往下插到发筒里。再把两只托簪，从下往上插到发筒里。又把一只扁方，横着卡进那两个三角形扁簪里面。再把剩下的辫子，左边的往右缠，右边的往左缠，缠到这些簪子发筒下面，变成一个疙瘩（髻子）。把耳朵前面的两份头发，每份轻轻地拧在一起，分别拉到后面缠在髻子上面。（图2-14、图2-15）

　　发筒（筒子），头饰之一。发筒为一截黄铜管，以放下戴者的辫子为宜。上下一般粗细，中间表面有一段较长的凹槽，用穿了珊瑚的丝线一圈一圈缠出来以后，正好与两端平齐。头发穿进去以后，看去庄严有生气。（图2-16）白六虎搜集的发筒，比普通的发筒大很多，据说是豪门格格用的。（图2-17）

2-15　往簪子上缠辫子的时候，窄条珊瑚珠串就绕着髻子转了一圈，望去更加华贵（巴图巴根供图）

2-16 发筒

2-17 格格发筒（白六虎藏）

2-18 烧蓝嵌珠八仙扁方（科尔沁博物馆藏）

2-19 錾花红铜八宝扁方（科尔沁博物馆藏）

如果没有发筒，就用红布缝的带子把发根缠二指左右，使其直立起来，以便缠绕。这种红布带子叫扎根。上了年纪的妇女多数不用发筒，就用扎根代替。

扁方，头饰之一。扁方是夹在三角形扁簪和辫根处的那个大簪，多为银质，也有金和白铜的。（图 2-18、图 2-19）扁方长宽一般为 24 厘米和 5.2 厘米。有的上下宽窄一样，有的中间细两头宽。一端是卷起来的，接有齿轮形的铆头，嵌有半个红珊瑚。戴在头上的时候，这端在头的右侧。其上装饰多样，有实心的，有镂空的；（图 2-20）有连续花纹的，有分成三点设计的；（图 2-21）三点中间有别样花纹的，有就那么空下的。工艺有烧蓝嵌珠、錾花嵌珠、阴纹刻花的。也有样式粗短，与普通扁方相异的。（图 2-22）扁簪，头饰之一。

扁簪是插在发筒上面和辫根扎绳处的三角形簪子，左右发筒上各用一枚。（图 2-23）起固定头发的作用。典型的扁簪长 8.9 厘米，

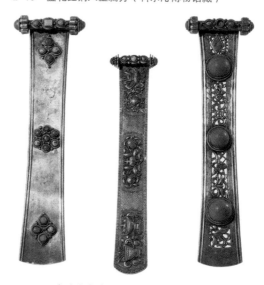

2-20 三点式扁方（Ruben Blaedel 摄）

2-21 暗八仙扁方（白六虎藏）

2-22　造型稍有不同的扁方（兴安盟博物馆藏）

2-23　扁簪（白六虎藏）

2-24　托簪（白六虎藏）

2-25　五簪头饰（白六虎藏）

2-26　五簪头饰（那木苏荣供图）

三角形那头是个卷起来的细管子，顶端是双层齿轮形的，各有一颗红珊瑚铆住。在材质、工艺和图案风格上，要与扁方呼应。有的头饰由两枚扁簪和一枚扁方组成，称之为三簪头饰。

托簪，头饰之一。托簪是插在发筒下面

和辫根扎绳处的簪子。托簪长 16.9 厘米左右。顶端是两枚张开的银片，其中一枚上嵌有珊瑚。插在发筒里的时候，有珊瑚的这面要朝外，以便供人观赏。（图 2-24）科尔沁部的许多头饰都是在三簪的基础上加托簪构成的，称为科尔沁五簪。（图 2-25、图 2-26）有的头饰，在托簪之外还要加一对簪子，样子也不一样。

发带，头饰之一。发带是三簪或五簪插好以后，固定盘好的髻子用的装饰带。有一条、两条、三条之分。（图 2-27~29）以两条最为常见。同时有带流苏和无流苏之分，带流苏的戴在最前面，其他两条则无硬性规定。发带衬布宽二指，长尺许。先打衬子，后把

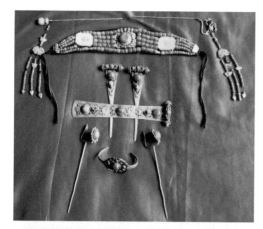

2-27　一条发带的头饰（巴登姝藏）

黑缎贴上，成为一长条。再把真正的发带钉上去。最通常的做法是中间一个松石牌，方形或椭圆形，两面对称的布置三行或四行横钉的小粒珊瑚珠串，往外又是两个对称的松石牌，一般要小些。再外又是几排珊瑚珠串，末端是带子，拴在脑后盘好的头发下面。（图2-30）还有银牌子的，做法与上面相同。当然上面的花纹都各有千秋。

　　好来宝，头饰之一。好来宝是加在两条辫根处，同时起装饰作用的卡子，目的是把两条辫子揪紧，便于盘绕。有的头饰没有这个部件。（图2-31）

　　温吉勒嘎，头饰之一。温吉勒嘎是在打头的簪子上，再挂一个松石、玉或银牌，牌子上吊下三到五串珊瑚珠子，珠串末端也有叶片或银铃等装饰。（图2-32）样式千姿百态，有的簪顶是一个龙头，龙嘴里叼下一大

2-30　发带的一般样式，这条下面没有衬布（白六虎藏）

2-28　两条发带的头饰（摄于科右前旗）

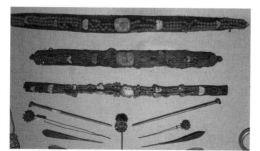

2-29　三条发带的头饰（科右前旗博物馆藏）

2-31　好来宝（巴登姝藏）

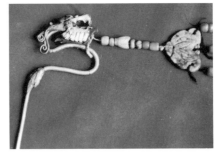

2-32　带珠串的步摇（巴登姝藏）

2-33　无珠串的步摇
（科右中旗博物馆藏）

2-34　龙头步摇（巴登姝藏）

串叶片，没有珠串。（图 2-33、图 2-34）插在左右鬓角的头发上面，迈步即摇，故称步摇。马尔塔的书里也有一个部件，言明是一对，从两边夹头发的，每个长 12.5 厘米，最宽处 3.7 厘米，银镀金。呈宝塔形，立体式。上端有线绕的两只蝴蝶，还有三处可颤动的红白珠子（一处已经丢失），中间大约是火宝。下面是倒写的双"喜"字，寓意"喜来到"。这些东西都做在一个银底片上，用焊接和钩子固定。后面焊有一根扁针。面上有少量点翠。（图 2-35）

挖耳簪子，头饰之一。形似挖耳的簪子，金银制作，七八寸长。（图 2-36）

耳环、绥和、勃勒，皆属头饰。直接挂在耳朵眼儿上的环子叫耳环，分环形和钩形

2-35　科尔沁鬓饰（Ruben Blaedel 摄）

2-36　挖耳簪子（图自《蒙古饰物》）

两种。多数是银子做的，也有金的。一般不单戴，它下面挂绥和，科尔沁的绥和就是小耳坠。戴在耳朵上以后，从上到下依次为挂钩、珊瑚、银盖子、珊瑚、银束子、珊瑚。也就是说有三颗珊瑚珠。珊瑚也可以换成松石或玉，富人也有金银的。绥和一般戴二到三个。通常在小时候就要扎好耳朵眼儿，一般一个耳朵眼儿承受不了。（图2-37）勃勒也是戴在耳环上的。实际上就是玉环或松石、翡翠环，扁的，中间有孔，比耳环大。勃勒是科尔沁的叫法。中年以上的妇女戴勃勒，不戴绥和。

科尔沁人认为耳朵光秃秃不好看，一定要根据年龄变化戴这些耳饰。

手镯戒指，黄铜红铜手镯女人不戴，男人戴，据说能治痛风。当然还是结了婚的女子手镯戒指戴得多。（图2-38）男女都可以戴戒指，男人的戒指主要戴在大拇指上。媳妇姑娘除了食指，其他八个指头都可以戴戒指。有的有钱人确实也是这样。单戴一个戒指的话，女人多半戴在中指和无名指上。银座镶嵌珊瑚、翡翠等宝石的戒指是上品。（图2-39）

牙签子，牙签子是成为人妇以后，和鼻烟壶一起戴在胸前的东西。通常戴在前襟扣上，穿对襟布衫的，戴在第二道扣子上。一般是在花篮和编磬的镂空银牌上，吊下牙签子、挖耳勺、眉毛镊子等三件、五件、七件修饰用的玩意儿，分别叫作三件牙签子、五件牙签子、七件牙签子（也叫三饰、五饰、

2-37　科尔沁耳环

2-38　科尔沁葛根庙戒指（Ruben Blaedel 摄）

2-39　科右中旗王府戒指

七饰），往往还有十八般武器的一两件陪伴。一般是牧民自家请银匠打的，由前辈传下来的视为珍宝，所以特别害怕丢失。（图2-40、图2-41）

## 特点鲜明的满族屯头饰

满族屯位于科右前旗，即札萨克图旗的北部，距乌兰浩特市150公里，是内蒙古自治区十九个民族乡中的一个。康熙六十年（1721年），札萨克图旗蒙古族摔跤手敖日布仁钦，在京城十万人参加的比赛中一举夺魁。后来他率兵出征，又屡立战功，被康熙

2-40 七饰（Ruben Blaedel 摄）

2-41 三件牙签子

招为额驸，派六十余位能工巧匠陪同格格来到草原。来人多系满族，内部不能通婚，自然就与蒙古族姑娘结为伉俪。生活与语言都与当地融合，天长地久，这里形成一个满族屯。

满族屯人家的头饰，与科右前旗的蒙古族有许多不一样的地方。这里十五岁以上的女子，无论婚否，都可以戴额饰。如果成为人妇，就要加戴五簪。从二十世纪三十年代留下的照片看，她们没有发筒，两条辫子从根部扎住以后，拉到脑后折回向上绾起。在折回的地方用托簪固定，挽到一定长度再用花簪（盘长簪）固定。把三角形扁簪自上而下插入，把扁方横架到上面，再把两条辫子交叉以后从扁方上面拉到前面盘绕，所以这里用的是七簪。（图2-42）七簪的基本样式，与别处科尔沁没有多大区别。（图2-43）最有特点的是额饰。图2-42的三张照片，两张能看到额饰，且三张全系一人，可以对照辨析。跟一般科尔沁妇女不同的是，除了额饰以外，还有两个类似额饰的部件要横夹在鬓角和后面的头发上面，这两个部件勉强可以叫作鬓饰。鬓饰左右各一件，用镀金银片錾花和点翠做成。图2-42中的额饰长22厘米，中间宽3.5厘米，上有二龙戏珠浮雕式图案。背面用一条长线和三根横线做成网子，把银片固定。前面垂下7.5厘米长的九条流苏。流苏由透明琉璃珠、瓷珠和五彩琉璃坠子组成。额饰的两端缝有带子。两个鬓饰造型相同，长约14.5厘米，最宽处4.5厘米，跟额饰很般配。上面只有一条龙，一颗白色琉璃珠和一颗银珠。下面跟额饰一样也有流苏（图上只能看

到右侧的一个）。

满族屯的额饰是其头饰中最亮丽的风景。这副额饰，大体呈纺锤形，长 26 厘米，最宽处 7.3 厘米，两头较尖窄。内絮棉花，里子黑色，面子红色。前面贴有三块银片，中间是火宝（珠），两边两条飞龙。边上络下珊瑚珠串编织的网格，下面十条流苏。（图 2-44）另一副同为额饰，长圆形，两头小，中间大，最宽处 5.7 厘米，总长 22 厘米。中间是火宝，两边似乎是凤鸟。上面装饰连续的如意纹，下面是金钱纹边框，边框坠下"寿"字纹银片，其下是深蓝的半透明叶片。（图 2-45）

满族屯的发钗和耳环也很有特点。发钗的下面像个叉子，上面是开屏孔雀，孔雀的前身后背用百合花连接。插在前面发根处。（图 2-46）耳环有一种很大的，像一只袖珍的手镯。下面的绥和，与别处差不多。（图 2-47）

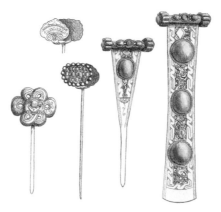

2-43　满族屯的七簪（图自《蒙古饰物》）

2-42　满族屯的头饰（Ruben Blaedel 摄）

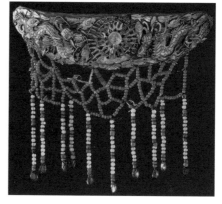

2-44　满族屯的额饰（Ruben Blaedel 摄）

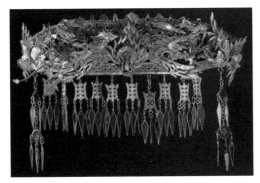

2-45　满族屯的额饰（Ruben Blaedel 摄）

2-46　满族屯的发钗　2-47　满族屯的耳环
（图自《蒙古饰物》）　（Ruben Blaedel 摄）

# 科尔沁服式

## 靓丽多姿的妇女礼服

　　科尔沁服饰受满族影响主要体现在礼服上，又主要体现在妇女身上。下面这些最为典型。

### 1. 长坎肩

　　长坎肩当地人叫乔巴，又叫乌吉。汉族多叫褂拉，和满族宫廷褂襕的叫法基本一样。还有一种叫法是"大襟夹褂"，"又称为大坎肩，后妃春秋季节罩在衬衣（不开裾长袍）外面

的便服，圆领（即圆领口，无领子），大襟右衽，无袖，身长及踝，左右开裾，直身式"（《清宫服饰图典》，紫禁城出版社 2010 年版）。（图 2-48）胸前大多有一段"几"字形绣边，跟箭襟、下摆的绣边围成一个大单元（有的下摆不绣边）。再围绕袖窿和领口，划出另一个小单元。都各自绣满花朵，内容有别，风格呼应。云头下面的衩里也绣满花朵。背部也有一段"∩"形的绣边，与箭襟、下摆围成一个大单元，花朵与前身的大单元完

2-48　科尔沁长坎肩（科尔沁博物馆藏）

2-50　科尔沁中年长坎肩（科尔沁博物馆藏）

2-49　科尔沁长坎肩（庞雷摄）

先去掉前后大单元里的花，只留基本的黑底色。（图2-50）继而去掉下摆和衩子上的花，甚至干脆不绣。（图2-51）最后只留小单元袖窿上的一段（不超过中缝），或至多在另一个袖窿处对应地镶一道细边，别处一概缺如，花和镶边全都没有。袖窿（前襟）上的这一段一般三道，中间的突出部位绣花。（图2-52）还有的长坎肩，没有前后几字、"∩"形的绣边，风格就大相径庭。（图2-53、图2-54）

2. 长袍

女子长袍，脱胎于清宫的氅衣。"后妃便服。圆领（指圆领口），大襟右衽，左右开裾至腋下，平袖，袖长及肘。"（《清宫服饰图典》，紫禁城出版社2010年版）周边

全一致。这是长坎肩最典型的样式。（图2-49）科尔沁绣工特别精致，新娘和少妇满身花朵，下摆上或有海水江崖。中年以后大为简化，

2-51 科尔沁老年长坎肩（王殿和藏）

2-52 老年长坎肩（王殿和藏）

2-53 长坎肩（莲花藏）

2-54 右侧的衩子可以镶得短些，有大襟苫着

149

2-55 单袖袍，样子酷似氅衣（内蒙古博物院藏）　2-56 这件女袍，云头没有顶到祳里　2-57 双袖袍（摄于内蒙古文化厅）

2-58 科尔沁女袍的典型样式（白六虎藏）

镶一圈。袖子镶三道，中间一道材料、图案同大身。（图2-55）科尔沁袍立领，袖子刺绣部分很宽，有四五道。最外裹边，上来宽边，材料、刺绣同外穿的长坎肩大身。再上有二三道窄边，中间用绦子、狗牙等隔开（见图2-57）。袖口有的宽，有的适中。（图2-56）有的宽袖下面加小袖，成为双袖袍。（图2-57）无论哪种款式，大身多不刺绣，只在前襟上镶一小片（相当于长坎肩的袖窿部分）。（图2-58）棉袍也有用宫廷式风格装饰的，比如

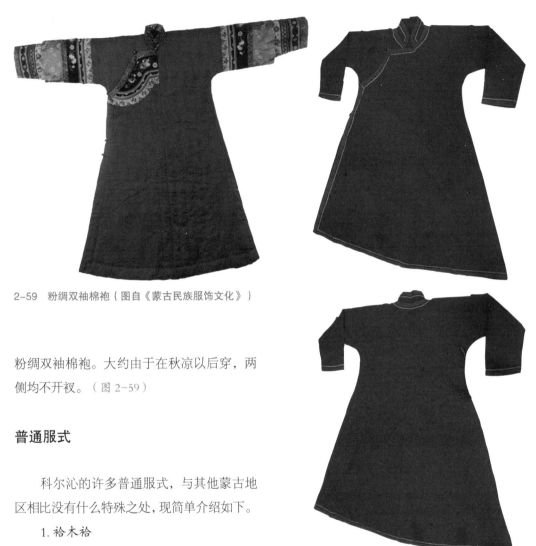

2-59　粉绸双袖棉袍（图自《蒙古民族服饰文化》）

粉绸双袖棉袍。大约由于在秋凉以后穿，两侧均不开衩。（图 2-59）

## 普通服式

科尔沁的许多普通服式，与其他蒙古地区相比没有什么特殊之处，现简单介绍如下。

### 1. 裕木裕

裕木裕是男女夏天穿的单袍。（图 2-60）裕木裕跟汉人的长袍一样，不镶边。开衩不开衩，跟外面的衣服一致。也就是说姑娘的长衫不开衩，因为她外面的夹袍也不开衩。媳妇和男人都开衩，因为他们外边的夹袍开衩。媳妇有时候也可以穿不开衩的单袍夹袍，但姑娘绝对不能穿开衩的单袍夹袍。女性裕木裕在领子与前襟处，可以用彩色丝线锁些锯齿形的牙牙，如苏尼特妇女头巾的末端一

2-60　女式裕木裕（科右前旗莲花藏）

样。裕木裕有时在底襟上留一个兜子，夹袍可以在左侧和底襟各留一个兜子，也可只在底襟上留一个兜子。

### 2. 男女夹袍

夹袍与皮袍，没有肩，气口短，半寸左右，这点男女老少一样。男孩女孩的衣服不分，

151

2-61　男夹袍（白六虎藏）　　　　　　2-62　男式夹袍（科右前旗莲花藏）

哥哥替下的衣服，妹妹也可以穿。到十五六岁差不多出嫁前两年，姑娘的服式才显示女性特点。姑娘不开衩，媳妇开衩，姑娘的长袍下摆短。镶边姑娘媳妇基本一样。姑娘不穿翘头靴，出嫁那天才穿。

男式夹袍镶单边或宽窄两道边，只镶领口、袖子、前襟或箭襟，下摆不镶，有的箭襟也不镶。科尔沁袍服包括棉袍，一般不留气口或气口很小。（图2-61、图2-62）女式夹袍比男式鲜艳，镶边稍讲究，多为宽窄两道边，整个镶一圈，连下摆也镶出来。姑娘夹袍比年轻媳妇简单。（图2-63~66）

### 3. 男女棉袍

科尔沁男女棉袍除上节提到的一款（见图2-59），多数镶边同夹袍差不多。有宽窄两道边镶一圈的，有宽窄两道边不镶下摆的，也有镶一道边的。多数不开衩，也有开衩的。

（图2-67~70）

2-63　女式夹袍，姑娘可穿（科右前旗莲花藏）

2-67 男棉袍（敖特根其其格藏）

2-64 女夹袍
（李淑琴穿）

2-65 姑娘夹袍（敖特根其其格藏）

2-68 碎花绿缎棉袍（图自《蒙
古民族服饰文化》）

2-66 浅绿缎蝴蝶花女夹袍（庞雷摄）

2-69 女棉袍（白六虎
藏）

2-70　女棉袍（莲花藏）

2-71　男童袍（内蒙古文化厅藏）

2-72　男女童袍（内蒙古文化厅藏）

**4. 童袍**

科尔沁童袍男女一样，颜色不同。（图 2-71、图 2-72）

**5. 白茬皮袍**

冬天宰杀季节的成年羯羊皮，称之为老

羊皮。老羊皮皮板结实，毛厚绒大，不怕油腻，就是分量重，穿在外面弥对的痕迹看得很明显，一般不能登大雅之堂，但却适合大冬天放牧。用老羊皮做的皮袍，通常不挂面，挂面容易油污了面料。再则过去牧区缺布，反

2-73　白茬皮袍（札萨克图民俗馆藏）

正也在野外作业，无人观瞻，所以干脆不挂面，这就是白茬皮袍。老羊皮袍一般只镶一道宽点儿的黑边，讲究一点儿的镶宽窄两道边。一般不开衩。有时为了上马方便，也开一道衩子，加绣云头，用黑布镶出来，好看又结实。（图2-73、图2-74）

### 6. 吊面皮袍

吊面皮袍分几种情况，从毛多少来看，依次是七月皮吊面皮袍、跑羔皮吊面皮袍、羊羔皮吊面皮袍。通常用绵羊皮做的多。七月皮是阴历七月间宰杀的成年羯羊皮，毛绒、皮板、轻重介乎羔羊皮和老羊皮之间。已经长大的羊羔皮叫跑羔皮，跑羔不容易死亡，宰杀又舍不得，凑齐一件袍服的皮料很不容

2-74　白茬皮袍（敖特根其其格藏）

易。跑羔皮看上去非常漂亮。有的为了保护皮毛，还在里面包一层软布。羊羔皮指出生不久或尚未长大的绵羊羔皮。七月皮男子穿的多，女子也穿。跑羔皮一般是有钱人家的男女穿的，绵羔皮主要是妇女穿的。这些吊面皮袍，都可以穿上出现在稠人广众之中。吊面皮袍的镶边同夹袍一样，女的比较艳丽复杂。（图2-75~77）

2-75 七月皮袍，男式（札萨克图民俗馆藏）　2-76 跑羔皮袍，男式（敖特根其其格藏）　2-77 绵羔皮袍，男式（敖特根其其格藏）

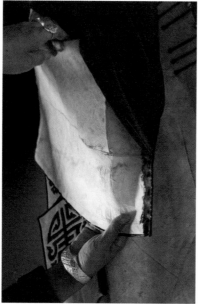

2-78 粉皮袍（敖特根其其格藏）　2-79 铲出来的粉皮（敖特根其其格藏）　2-80 粉皮袍有里子（敖特根其其格藏）

### 7. 粉皮袍

"粉皮"一词出现在《元史·舆服志》里，现在北方的汉人仍然这样称呼。特指熟好皮子以后再铲掉毛的皮板。过去牧民自己做不了现在做皮夹克的那种皮料，在热天又需要穿凉快的面料，布匹不容易买到，就用铲刀把毛铲掉做衣服用，裤子、衫子、袍子都可以做，好处是比布料隔风，很适合北方的气候。（图 2-78~80）

### 8. 达赫

达赫保暖性能特好，冬天在野外放马下夜不可或缺，各地的款式都差不多。（图 2-81、图 2-82）

2-81 达赫（敖特根其其格藏）　2-82 达赫（敖特根其其格藏）

# 科尔沁靴鞋帽巾

## 靴鞋

家做靴子是科尔沁妇女的一项绝活儿，是蒙古部族服饰中的一道风景线。俗话说，穿上科尔沁靴子可以赴宴，也可以捡柴。大小繁简都可以做出。有高勒、低勒之别。它的样式很多，方头靴子叫哈木靴，圆头上翘的靴子叫喀尔喀靴、满族靴。男女穿的靴子颜色不一样，男的爱穿黑倭缎靴子，年轻姑娘媳妇喜欢穿绿色粉色倭缎靴子。男靴的帮子上一般绣云头、鳄爪、盘长、锁团等绕针图案。勒子上一般缉吉祥结或如意纹以及玉玺纹，四角上多为刻绣吉祥结。妇女的靴子从凤凰开始，到各类花草，无所不有。家做靴子的工艺与普通蒙古靴一样，连底子共分五片，（图2-83）帮子、靿子和前后之间用夹条。纹样分布五花八门：有帮子和靿子作为一整幅设计的，有帮子和靿子分成两部分设计的，有帮子和靿子分成三部分设计的，帮子、靿子与踝骨周围的花样都不相同。还有帮子和踝骨周围风格相近，靿子以上为另一部分，花纹图案不一样，有时颜色和质料也不一样。刺绣工艺也有四五种：第一种就是传统刺绣，把剪纸花样绷在底布上，用彩色丝线跟着纸样绣出，最后纸样就压进去不出来了。熟练工可以把花样直接画在底布上刺绣。第二种是贴花绣，把布、绢、绒、皮剪成花样，粘在底布上，沿着边缘缉出来。纹样出来有点儿鼓凸。第三种是补绣，用剪刀在有色布上剪出花样，把它铺在白色底布

上，一副镂空图案就凸显出来，再在有些空处补进其他颜色的布料，画龙点睛，把边绣出来即可。第四种是把有色薄皮用刻刀刻成"卐"字、盘长、"寿"字等吉祥图案，直接粘到靴子上面，把边缘缝起来即可。第五种是用绕针方法，用上下两根针两条线绣出各种图案，多用在男靴上。（图2-84~96）科尔沁妇女有穿绣花鞋的习惯，都是家做，各式各样。双脸的，单脸的，方口的，圆口的，等等。童鞋也做得很漂亮。（图2-97~101）我国东北地区有穿靰鞡的习惯，科尔沁也是其中之一。（图2-102）香牛皮靴是买现成的。过去限于官家和富家。（图2-103）科尔沁无论男女老少，袜子的哈喇阿和裤腿平时随便敞着，冬天的时候，要用裹腿带把裤腿扎起来，填进袜子的哈喇阿里。或者把袜子的哈喇阿

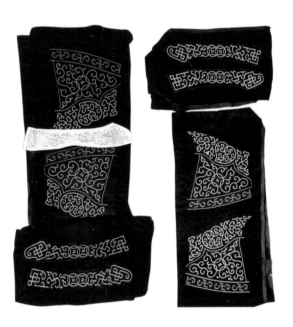

2-83 男靴样子（摄于呼和浩特第二次文博会，科右前旗）

2-84 女靴（白六虎藏）

2-85 女靴（王殿和藏）

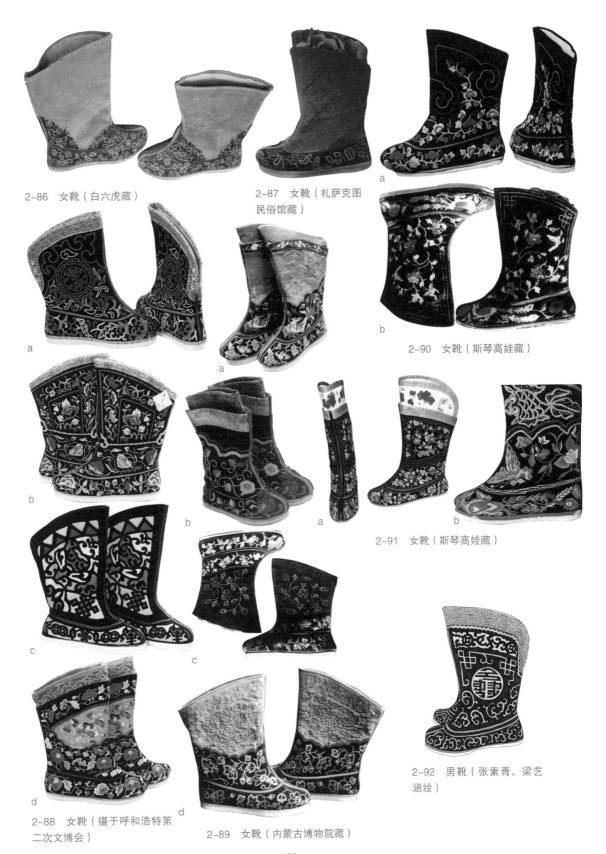

2-86 女靴（白六虎藏）

2-87 女靴（札萨克图
民俗馆藏）

a

b 2-90 女靴（斯琴高娃藏）

a

a

b

b

2-91 女靴（斯琴高娃藏）

c

c

d

2-92 男靴（张素青、梁艺
涵绘）

d

2-88 女靴（摄于呼和浩特第
二次文博会）

2-89 女靴（内蒙古博物院藏）

a

b

2-94　男靴（王殿和藏）

c

d

2-93　男靴（摄于呼和浩特第二次文博会，科右前旗）

2-95　男靴（白六虎藏）

2-96　男靴（札萨克图民俗馆藏）

2-97　双脸鞋（海杰藏）

2-98　双脸鞋（科右中旗王府藏）

2-99　单脸圆口鞋（斯琴高娃藏）

2-100　绣花鞋（白六虎藏）

a

b

2-101　童鞋（海杰藏）

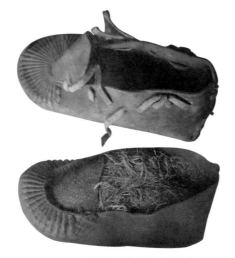

2-102　靰鞡（科右中旗王府藏）

2-104　尖顶皮帽（札萨克图民俗馆藏）

2-103　香牛皮靴（科右中旗王府藏）

用裹腿带扎起来，填进裤腿里。裹腿带做得很漂亮，或买现成的，或自己用红绿布绦来做。

## 帽巾

夏天男人大半戴草帽、苇帘头，没有现在的布子大檐帽。富人戴毡子做的礼帽。冬天戴尖顶皮帽。同时自制毡帽，毡帽形似瓜

皮帽，上有四耳，前后的两耳小，左右的两耳大。天冷的时候把耳朵放下来，天热或进家以后，要把帽耳朵合回来，贴在里子上。除了毡子以外，也用普通布缎制作，里面绷狗皮、狐皮、獾皮、黑绵羔皮、猫皮。狗皮、狐皮人道过热，年轻人戴对眼睛不好，所以多绷黑绵羔皮。女子冬天用护耳代替皮帽。苇帘头用高粱、芦苇篾编成，圆顶有锅盖大，戴在头上的部分是一个小圆壳，二者天衣无缝编在一起，成为一个整体，只是帽壳的部分用料更加精细。夏天在野外干农活儿戴得多。（图2-104～107）

　　头巾的撒幅一尺或尺余，长四五尺。姑娘春秋一般赤头，冬天戴皮帽或护耳，不能罩头巾。成为媳妇罩红绿头巾，中年以后罩蓝黑头巾。夏天男人罩的头巾比女人的要大，罩时在前面要出遮阳。

　　夏季，不论年纪，女子都摘野花戴在头上。其他时节戴的绢花，姑娘和媳妇是不同的，姑娘戴的花要小一些，媳妇戴的花要大，同时往往有步摇伴随。

2-105　妇女红缨帽，后披绣得很漂亮（札萨克图民俗馆藏）

2-106　狐帽（敖特根其其格藏）　　2-107　毡帽（敖特根其其格藏）

# 科尔沁佩饰

## 烟袋烟口袋

烟袋。科尔沁烟袋注重装饰。烟袋杆子男的短，女的长。因怕丢失，男人往往用细皮条把烟袋缠住，连在身上，或装在烟袋套子里别上，或别在左面腰节（腰带）上，或插在右脚靴筒里。（图 2-108、图 2-109）烟口袋或烟荷包。装烟叶的口袋，科尔沁有多

2-108　玉嘴烟袋（科右中旗博物馆藏）

种叫法，有的叫哈布塔嘎，有的叫小袋，这两种叫法一般指烟荷包。有的叫乌塔、塔日恰噶，这两种叫法一般指烟口袋。烟口袋一般是皮子做的，用黄羊皮、牛腋窝皮、羊皮等薄皮熟好做成，上面不绣花，只在底子上垂挂用去毛鞣革破成的穗子。口子上缩出吉祥结装饰。个别上面有一幅剜贴的图案。烟荷包和烟口袋的做法完全一样。把料做成一个长方形的口袋，缝子和口子对在后面。再把上面折回去，变成两层或三层，这样口袋就变成一个下大上小的瓶状，在瓶颈处穿进一条丝线，不要缩死，这就是抽口，防止烟叶掉出来，烟锅却能从这里插入。瓶口处也要拴进带子，同样可以把烟口袋抽住，保存下大上小的形态，也好把烟口袋挂在身上。（图 2-110）男士烟口袋上的飘带，与瓶口处的带子连接，女士烟口袋上的飘带，缀在烟口袋开口处的下面。皮子做的烟口袋没有这么复杂，一般只在上面留一个口子，用银卡子卡住。烟荷包与烟口袋的区别是，烟荷包是布缎做的，上面一定要绣花，一般都绣在正面。（图 2-111）同时一定要缀几色飘带。飘带有二、三、六、八条多种，一般人的多半三条，送给新郎戴的烟荷包才缀六或八条飘带，这种烟荷包叫作塔林乌塔，一般爱摆阔的人也戴。这种飘带比

2-109　烟袋套子（札萨克图民俗馆藏）

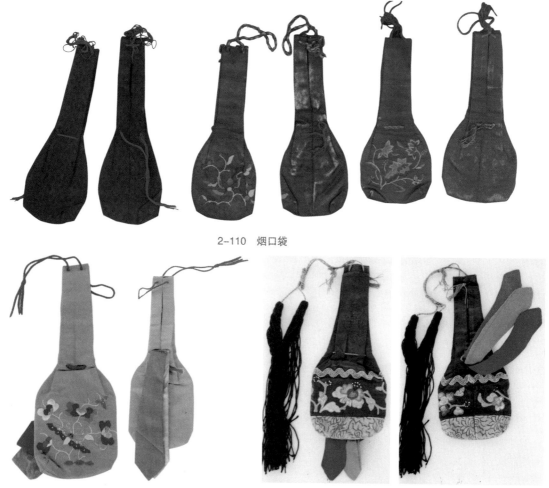

2-110　烟口袋

2-111　女式烟荷包。正面绣花，背面缩飘带（呼和浩特第二次文博会，科右前旗）

2-112　两面绣花（摄于科右前旗）

普通飘带大，两面都要绣花。普通烟口袋袋口是尖的，中间靠上的地方开个立口子，但塔林乌塔在尖的地方两旁各开一个口子。（图2-112）烟荷包男女都可以使用，但皮子做的烟口袋多半中老年人使用。（图2-113~121）

烟口袋挂件。男人别在右胯上用来挂烟口袋的挂件。女人不用挂件，通常挂在裉里的纽襻上，有的放在底襟的兜子里。老额吉一般挂在外衣的第二个纽扣上。挂件各式各样，真玉挂件是科尔沁人心爱的。此外，银子挂件、錾刻垂穗挂件、银元挂件也受人青睐。

## 鼻烟壶袋

鼻烟。鼻烟分两种，一种叫黄烟，买的。一种叫白烟，自己做的：选上好的烟叶晒干，

2-113　烟口袋和烟袋（科尔沁博物馆藏）　　　2-114　镫形磕烟灰钵

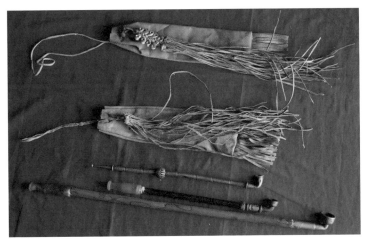

2-115　烟口袋和烟袋（白六虎藏）　　　2-116　针线包、烟口袋和香囊（科右前旗博物馆藏）

2-117　烟袋和烟口袋（科右前旗博物馆藏）　　2-118　烟口袋（科右前旗札萨克图民俗馆藏）

2-119 烟口袋（科右中旗博物馆藏）

2-120 烟口袋（札萨克图民俗 2-121 烟荷包
馆藏）

上面撒少量烟灰、樟脑、诃子面，用石器研
磨成白面似的粉末即成。烟灰是把马兰草或
山羊粪烧成灰做成的，往烟叶里掺和的时候
没有硬性规定，想烟软点儿就多要点儿，烟
硬就少要点儿。

　　鼻烟壶。玛瑙、青玉、景泰蓝、琥珀做
的鼻烟壶来自内地商人，树根、兽角做的鼻
烟壶是自己做的。女人用的鼻烟壶较小，叫
扁壶，全是买的。

　　鼻烟壶袋。科尔沁的鼻烟壶袋受清廷影
响，形制较小，古朴、厚重。（图 2-122~127）

2-122 鼻烟壶袋（科尔沁博物馆藏）

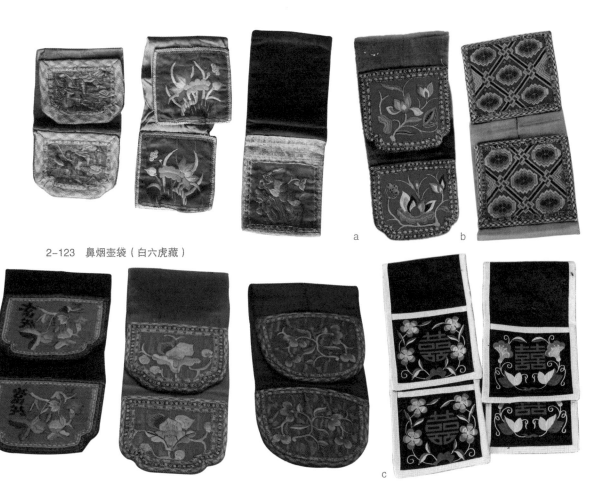

2-123　鼻烟壶袋（白六虎藏）

2-124　鼻烟壶袋（科右中旗博物馆藏）

2-125　鼻烟壶袋（摄于呼和浩特第
二次民博会，科右前旗）

a

b

2-126　鼻烟壶袋（敖特根其其格藏）

2-127　鼻烟壶袋（莲花藏）

## 蒙古刀和火镰

科尔沁青壮年右胯银图海上挂着镶银木鞘蒙古刀，左胯银图海上挂着带银链镶香牛皮套子的钢火镰。左胯的前面吊着鼻烟壶袋，里面装着鼻烟壶。腰带后面别的是六条飘带的绣花烟口袋，翡翠嘴子或玉嘴子烟袋。如果是老人，腰带后面别倭缎刻花的鞣革烟口袋和烟袋。有的旗的老人也别火镰、蒙古刀。科尔沁蒙古刀刀鞘上镶银錾花的占一部分，大部分刀鞘是包银的，不錾花。还有其他材料的刀鞘。（图 2-128～132）

2-128 蒙古刀和火镰

2-129 火镰

2-130 蒙古刀和火镰

2-131 蒙古刀和火镰（摄于科右中旗）

2-132　蒙古刀和火镰（科右中旗王府藏）

2-133　针线包（内蒙古博物院藏）

2-134　针线包（敖特根其其格藏）

## 针线包

科尔沁针线包的材料、样式也比较多。（图 2-133~135）

## 香囊、勃勒类挂件

这一类物件，从清朝皇帝开始，到满蒙贵族，下嫁的宗室格格，都作为"活计"佩戴。起初少，后来多，最后只戴一两件。起初作为活计使用，后来渐渐变成装饰品，男女都戴。科尔沁这类物件相对较多，像扇套这种东西，明显是清宫的产物。（图 2-136~141）

2-135　（摄于呼和浩特第二次文博会，科右前旗）

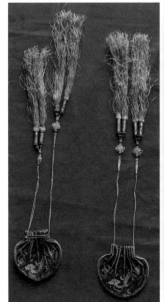 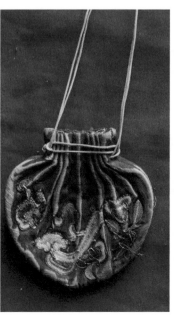 

2-136 勃勒（内
蒙古博物院藏）

2-137 科尔沁三
饰：勃勒、蒙古刀、
香链（内蒙古博物
院藏）

2-138 男人戴的香链（白六虎藏）

2-139 香囊（白六虎藏）

2-140 挂件（科右中旗博
物馆藏）

170

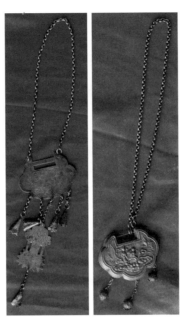

2-143　佛盒（原存于札萨克图旗葛根庙，Ruben Blaedel 摄）

2-141　"喜"字扇套（科右前旗博物馆藏）　　2-142　锁牌牌（白六虎藏）

## 佛盒、银锁

佛盒一般是妇女戴的,银锁是儿童戴的,都有辟邪护身的作用。（图 2-142、图 2-143）

## 钱包

科尔沁和有些蒙古地区，妇女们缝制一种叫作"草纸兜"的椭圆形或半椭圆形小包，用厚料纳成，前后有兜盖和兜子，中间还有一层也可以放东西。刺绣图案放在前后兜盖和兜子上。这种小包可以放钱，也可以放其他杂物，制作方法和形状也不尽相同。（图 2-144~147）

2-144　钱包（科右中旗博物馆藏）

## 枕头顶子

枕头顶子都是正方形的，家家都在上面绣花。住蒙古包时一头绣花，住土房时两头都绣。给当时并不富裕的生活平添了几分美感。（图 2-148~151）

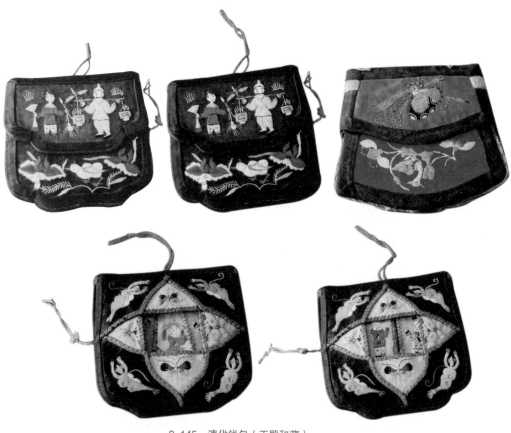

2-145　清代钱包（王殿和藏）

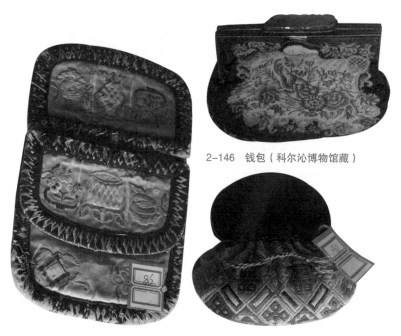

2-146　钱包（科尔沁博物馆藏）

2-147　钱包（科右中旗王府藏）

2-148　枕头顶子（科尔沁博物馆藏）

2-149　枕头顶子（王殿和藏）

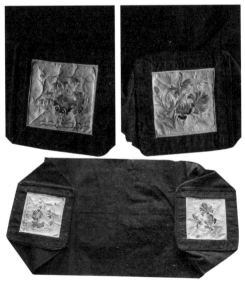

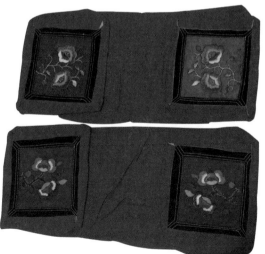

2-150　枕头顶子（白六虎藏）

2-151　枕头顶子（莲花藏）

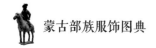

# 科尔沁针法和绣法

针法和绣法是蒙古族服饰文化的重要组成部分，可以说没有蒙古族的针法和刺绣，就没有蒙古族的服饰。而针法和刺绣与服饰不同，它在全体蒙古部族中可以说是共有的。小到拿针的方法，大到各种各样的刺绣工艺，尽管每个部族的情况不尽相同，但做法和叫法几乎都是统一的，构成蒙古族服饰文化的"普通话"。由于科尔沁的用针法较全，刺绣法最为发达，故在这里做一次集中展现。凡在本套书中提到的有关用法，都是以这里的称谓为依据的。

## 科尔沁普通针法举要

### 1. 串针

用于袍子、裤子、乌吉、套裤上里子；把袷木袷、单布衫的边合回来；把单夹被褥的里子、面子缝在一起；把衣袍的里子、面子串针在一起再翻过；衣服破了打补丁的时候，补丁要缅回来用串针缝。

缝法如下：把一根针纫上线以后，在要缝合的两片布上连续不断地朝一个方向进针。为了一针能尽可能多地缝合，可以把要缝的地方折叠回来串在针上，串满以后，把针拽出，把线拉到底，把布拉平。注意每次都要扎透，针脚大小和间距均匀，按一条直线前进。

### 2. 绷

绸缎和纱等面料，绷住以后在裁剪的时候不易滑动移位；单布长袍和汗褐子的裉、前后襟对在一起，绷住以后缝出来不会长短不齐。

缝法如下：把要裁或要缝的两层或两层以上布缎叠在一起，用大针脚远远地缝在一起，以免在裁、缝的时候错位或出格。衣服裁好缝好以后，可以把线抽出。

### 3. 缭

用于将布衣的毛边缅回来缝住；靴帮、靴勒、鞋帮、枕头顶子等几层粘好以后，为了防止边缘起毛磨损，也用此法；在衣服的袖口、下摆、裤腿的边上用此法；在厚、硬的材料上出锯齿和十字用此法；皮袍对好缝子以后，在有毛的这面用此法；皮袍挂面的时候，在对好缝子的皮板这面用此法；在皮子对好缝挂面的时候，面子串住翻过来以后，要在贴边上絮一层薄棉花，要用此法把它固定在皮子上。

缝法如下：把两个边对齐以后，进针出针，从两个边的上面把线架过来，再进针出针，再把线架过来，循环往复直到缝完。把贴绣、刻绣的东西固定在表面用此法，但针脚要小，间距要小，不把线露出，以此凸显绣物的立体感。

**4. 绗线（引线）**

缎面皮袍、缎面夹袍、棉袍、棉裤、棉被褥等需要把面子和里子缝在一起的时候，用引法可以防止棉花在里面错位抽疙瘩。缎子吊面皮袍、堪布缎乌吉、坎肩里面絮薄棉花用暗引法缝纫。在布子做面的靴勒上做纹样或直线缝绣的时候用明引。引法和回针的针法和走线的痕迹一样，回针针脚间的距离短小整齐，引法一针一针地尽量往远缝，线揪得非常紧。有时缝两针短的，就要留一段较长的间距。有时两针或三针一组连续往前缝，两针间或三针间都要留出相等的距离，分别叫作一针、两针、三针引法。因为靴子的勒子比帮子耐磨，所以在勒子上多用此较为简便的引法。

缝法如下：

明引。把要絮棉花的衣服边上，用串针里外缝在一起以后，翻过来絮进棉花，把里外对好用大针脚绷在一起，开始明引：从面子上把针扎过去，用指头肚儿摸着里子和棉花，在相应的地方进针，把里子和棉花缝上，再把针从面子上拉出来，把线拉到头。再按照布纹，选择一定的距离，从面子上第二次进针，再把里子和棉花缝上以后，从面子上出针。虽然从面上看不到线走的痕迹（用劲拉线使面子抽起来的时候可以看到线头），但必须是一条直线。引第二行的时候，要根据棉花的优劣薄厚决定距离，好棉花絮得薄距离远些，反之距离近些。

暗引。这是近年出现的做法，从里子上进针，用左手帮助触摸，不要让针从面子上扎出来，只把棉花和里子缝在一起，如此引成一条直线。这样引出来的衣服，从外面看不到线脚，比较平整光滑。

**5. 纳**

主要用在靴鞋底子上，还用在袜底子、鞋帮子、靴勒子的下部。

缝法如下：把麻搓成线以后，把细头纫进针里，再揪出一截。用锥子在底子上引开眼，把麻绳针扎进去，把麻绳揪到底，再进行第二针。但要一行一行地横着纳过去，或者按一定的图形进行，比如四针子、九针子，因为怕磨破，往往纳在中间，每一针都要把麻绳揪紧。在袜底子、鞋帮子、靴勒子的下部纳缝的时候，用棉线比靴鞋底子工艺要细致，但不用锥子扎眼儿，针脚比较隐蔽，鼓起来凹下去，看去顺眼，穿着结实。

**6. 透针**

适合用在硬、厚的料上，如老羊皮袍、皮裤，靴子的帮子和勒子的缝合（用麻绳），还有鞍鞯的边缘、德格嘚、孩子的老羊皮袍，为让孩子穿着舒服，在皮板上透针缝。

透针走线的痕迹跟串针一样，但缝法不同。透针必须一针一针地扎过去扎过来，每扎一次都要把线抽紧，两面的针脚一样。

**7. 缲**

把裕木裕和汗褡子的前后中缝缝在一起用此法；袖子和接袖缝在一起用此法。

缲的缝法跟缭差不多：缝单衣的时候，剪裁以后对在一起，用串针缝住，然后把毛边的部分向右手的方向缲回来卷成圆的，另一边也要相应卷成圆的，用很细碎的针脚从另一边扎透一层穿过来,把有毛边的一面都扎透,再架过线回到另一边,重复刚才的动作。熟练工把两片布对住以后,不用串针,直接把边卷成圆的一直缭下去。

### 8. 引

棉袍、棉袄的前襟、下摆和袖口加的引线,为了固定棉衣的里子和面子,防止一个长一个短或边上鼓起来。缝的时候注意边缘和引线的距离,以及引线内部针脚的大小。

### 9. 缉

靴鞋的帮子上、摔跤坎肩和套裤的边上、袍服的边上,可以根据画上或贴上去的图案,缉出各种各样鲜活生动的纹样。男子靴鞋的帮子鞒子上,可以白、蓝、黑线缉缝,女子和儿童的这些地方,则用五颜六色的线缉得明丽耀眼。缉法在靴鞋缝纫中占有重要地位。

缝法如下:在两片布中间进一针以后,把线拉出来,再从第一次进针的地方进针,这次出针的距离是第一次的两倍,拉出针线以后,再退到第一次出针的地方进针,再以针脚两倍的距离出针。其轨迹同缝纫机扎出的一样,结实而好看。

### 10. 回针

用在男人和老人靴鞋帮鞒的缝纫;女人家常穿的靴鞋帮鞒上也用到;布袜的底子上亦用此法。在帮子鞒子上,用跟面料颜色一样的线;同时在上面做各种各样的云纹、单钩、双钩、玉玺、哈纳纹、半个回纹的时候,都用棉线回针缝成。

回针的缝法与缉法类似,但是在回针的时候,不从原来的针眼进针,而是差不多从距离二分之一的地方新扎针眼进针,回环缝法同缉法一样。缝成的轨迹活像一条线上相等距离的蚂蟥钉,跟缝纫机扎出的连续一条线不同。

### 11. 绱

专门把靴鞋的底子和帮子缝在一起的工艺,这是靴鞋缝纫的最后一道工序。还用在靴子上夹条,两片皮子的缝合,厚硬之物如皮革的缝纫。

首先把麻胚整理光滑,搓成两头都可以纫针且纫头较长的麻绳,麻绳一定要坚韧结实。麻绳的长短根据需要留有富余,如果绱的过程中弥接麻绳,靴鞋就有绱歪的可能。绱底子的时候都从后跟开始,即把底子和帮子鞒子后跟的夹条都弄好,定好起点。用针锥子把底子帮子扎透引开窟窿,把麻绳的一头穿进窟窿里,往外拉麻绳的时候里外留的线头要一般长,也就是说,要拉到正中间。第二针看好留多大的距离以后,开始用针锥子穿孔,把外面麻绳的纫头穿进孔里往里拉的时候,不能把麻绳拉到头,然后把原来里面麻绳的纫头夹入拉进来的麻绳里头(稍微捻松一点儿就可以插进去)。把外面进来的麻绳拉出去的时候,一直要拉到夹进去的部分露在外面,把绳头留在里面。把捻松夹进来的纫头抽出去以后,把两条绳一齐用劲拉到差不多把绳子嵌进去的程度,如此反复进行。绱底子走线的痕迹就像针脚大的缉线一样。绱的过程麻烦一点儿,但做工结实。

### 12. 补

衣袍的边缭回来缝纫用此法;衣服破了

以后，在上面打补丁用此法；衣服面上钉口袋用此法。

补法进针的时候针脚小而匀，尽量不把走针的痕迹露出。

### 13. 缲纽襻

也可用来缩桃疙瘩纽扣和帽顶上的算盘疙瘩。

把布斜裁成细条，把两边围回来缝住，做成细筒儿，用来做纽襻。

### 14. 滚边

用在给衣服镶边；靴鞋的帮子、靿子沿边。

把边或帮子靿子的棱与要沿的布条对在一起，用回针一趟缝过去，再把布条翻过来压上去，在上面再缝一趟。

### 15. 压线缝法

把圆头布鞋、双脸布鞋、马亥等鞋口和包跟圈回来压住的一种缝法，往往跟绣花贴花结合进行。（图 2-152）

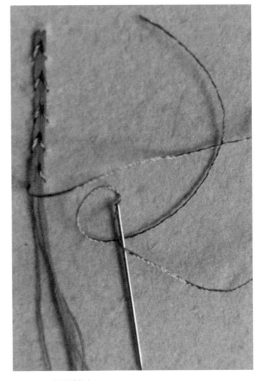

2-152 压线缝法

把四或六股丝线并在一起，再用针纫一条其他颜色的线，从并线的正中间穿过来穿过去，缝成十字或"人"字形。把这条线整个压出来，再把它缝到靴口或包跟上面。如丝线调配得当，十字或"人"字中间的距离相等，就会出现彩虹效果。这种方法可以做出云头等简单图案。在长短坎肩的衩口、领口、前襟处的边缘用金线压出来会更动人。

### 16. 劈线缝法

靴鞋帮子和靿子、荷包、针线包、枕头顶子、鼻烟壶袋上面用各种颜色做纹样的时候，均可用此法，比刺绣结实；此法也可与刺绣结合使用，用花卉做纹样的时候，花的枝干可用此法；做蝴蝶、蝙蝠纹的时候，腿和须可用此法；此法也可与贴绣结合使用。（图 2-153）

劈线缝法用棉线和丝线都行，可与刺绣贴绣刻绣结合使用。

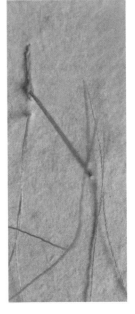

2-153 劈线缝法

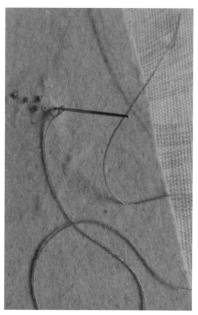

2-154　出结缝法

缝法与缉法一样，进一针以后又往后退一针，但退回来进针时，要把第一针缝下的线从中劈开进针，因而需要把两条线搓在一起，以便容易看到进针的地方。这样缝出来的轨迹，大约与绕针差不多。

### 17. 出结缝法

多半用来制作蝴蝶、蝙蝠的触须和花蕊；用在靴头上可以保护靴帮；靴底容易磨破的地方，可把麻绳用此法做结以保护底子；可与刺绣贴绣结合使用。（图2-154）

缝法如下：把线从面上拉出来的时候，用左手压住线，用右手的针尖逆时针在线根上绕一到两圈，压住绕下的圈，把针从原位上扎过去，出现一个小疙瘩，把针再从小疙瘩旁边扎过来，再从原位上扎过去，这样才把一个疙瘩固定。连续几次这样做下去，就会出现花蕊的形象。

### 科尔沁刺绣技法

刺绣就是用各种颜色的丝线、金银纱线、棉线，在衣服、帽子、鼻烟壶袋、烟口袋、荷包、枕头顶子、靴鞋帮子鞡了上面，绣出各式各样的图案纹样。这种单用一种或几种线缝纫的技术叫作刺绣。刺绣的技法比较细致和繁复。

蒙古女人刺绣不用专门的撑子。在服装或者单层绸缎上面刺绣的时候，首先把彩色的布缎贴成袼褙，如果面料薄，也可以贴成双层，把纹样用画粉或画笔誊在上面；或者画在纸上的纹样全剪出来，贴在服装或靴子上要刺绣的地方。然后再在上面刺绣。这样刺绣出来的花纹稍微有点儿鼓凸，看上去更加生动。刺绣时要注意，不要把纸露出来。

刺绣的时候，为了使图样和颜色能够明显地显示出来，一般采用以下几种方法：

### 1. 整齐刺绣

整齐刺绣是线绣的一种主要技法。用这种方法刺绣的时候，画上去的纹样一个部分用一种颜色的线，直到把这部分绣满。针脚都比较大，绣在上面的针脚长短要注意，保持这一针和下一针之间不留空隙，花纹的边就像切出来的一样整齐，一部分花纹跟另一部分花纹之间的界限明显，各有自己的朝向。也就是说，花瓣朝哪个方向，枝条朝哪个方向，动物毛色的顺逆、鸟雀羽毛的方向都要清晰和不同，这样才能使纹样生动逼真。

整齐绣法和长短针绣法比较起来要简单容易些。刺绣盛开的花瓣的时候，花瓣的外面比里面颜色要淡，或者里面比外面颜色要淡，都要生动地反映出来。这种绣法也有自己的独特美感。

## 2. 长短针刺绣

长短针绣法一部分纹样要用颜色比较相近的线，用长短针绣出来，就像梳子的齿那样。这种绣法丝线的颜色要有深浅变化，一步一步演进，所以，绣出的花木和鸟兽跟自然的颜色比较贴近。

长短针刺绣的时候，第一排的丝线开始绣的时候要顶住纹样的边，然后用长短针绣下去，不要顶住纹样的另一边。具体到一个花瓣来说，花瓣的里面鲜艳或者从外到里颜色逐渐变淡。

如果一朵花瓣用三种相近颜色的线刺绣的话，第一排先用长短针绣出来，第二排就要长短交错，使颜色更加丰富，但是还没有顶到底边，仍然是长短针犬牙交错的刺绣。第三排的线才顶到底边，同时还要用长短针。也就是说，植物的每个花瓣用相近的三种颜色的丝线刺绣，使花的色彩更加生动。长短针是蒙古刺绣针法中比较细致灵巧的一种。

## 3. 阶梯刺绣

阶梯刺绣比起整齐绣法来说，针脚之间的距离普遍都短。在此基础上，用几种颜色相近的线，一层一层递增或递减，使其跟动植物的自然色更加靠近，图案显得更加生动和具体。这种绣法和整齐绣法、长短针绣法配合使用，能够使不同丝线的颜色或所绣之物的不同朝向栩栩如生地表达出来，包括那些非常繁复的图案，都能生动逼真地表达出来。

## 4. 斜绣技法

斜绣的技法，可以把花草枝干的细长和飘逸表现出来。缝出来的痕迹是斜的，针按着某个斜的方向一点儿一点儿绣出来。

斜绣的另一种方法，可以把鱼的胡须和蝴蝶的眉毛都精准细微地表达出来。缝的时候略比缉法针脚要宽，而后每一个缉法的针脚要用另一种颜色的线缭出来。

斜绣法也跟其他刺绣方法结合起来使用。帽子的顶饰、衣服的边缘、荷包、烟口袋、连着几行的云朵、钩纹也要用这种方法缝绣，在鞋口沿边上也要使用。

## 5. 网格绣法

网格绣法，对图案中的花篮、鱼鳞、鸟羽等比较适合。其法如下：第一次等距离地绣一排斜线，第二次从相反的方向开始再用同样距离绣一排斜线，这样就会互相交叉形成许多斜的网格。这两步是用同种颜色的线完成的，然后在网格的交叉点上用另一种颜色的线压住。这种方法缝出来的网格就像是织出来的一样，要求网格之间的距离一定要匀称，每个交叉点上另压的线也要大小均匀。

这种网格看上去就像十字绣，所以有的地方也把它叫作十字缝法。它的使用范围不是很广，但是有的时候非用这种方法才能达到跟实物接近的效果。

## 6. 锯齿绣法

烟口袋和荷包由两种或两种以上颜色的布料弥对的时候，为了装饰弥对下的缝隙，常常使用这种方法。夹袍和乌吉的衩口、帽

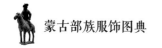
子的顶饰也要用到这种方法。

锯齿绣法一般用两种或两种以上颜色的线来完成，当然也可以用一种线，不过看上去单调一些。

弥对布缎面料的时候，一般有毛边这面用到锯齿绣法。具体方法是：从边缘里面绣出锯齿，再从边缘的外面缭住。如果走线的痕迹不留空隙，这样出来的边看上去就像纺织品一样。在物资匮乏的时代，手巧的女人们常常用这种方法装饰弥对的地方。

扎鲁特的妇女也把锯齿绣法用在圆头布鞋的缘口上，还有一种左右底子不能交换的布鞋也用这种方法沿鞋口。这样一来看上去比较舒服一些。

### 7. 轮廓绣法

鞋帮子、靴子帮子靿子、帽子和护耳、荷包、针线包、鼻烟壶袋、衣服的边缘，都要用到轮廓绣法，使用棉线和丝线都可以。

轮廓绣法就是不把花草和动物的全貌都绣出来，而是绣出大体轮廓。一般多用整齐绣法。在鞋、靴帮子上用棉线拿这种办法绣的时候，比用丝线结实。在浅蓝色或粉色上面可以用黑线来绣，在红色、粉色、白色上面也可以用黑色棉线来绣，用这种方法比起把动植物完整地绣出来，看上去细致，实际上比较简单。

扎鲁特女人的衣服和鞋子用这种绣法，而且各种丝线配备比较齐全。男人和老人穿的衣服和鞋子上面一般用黑蓝色的棉线绣。

巴林部

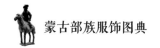

# 巴林——骨干蒙古的一部

巴林为蒙古地区古老部落之一,最早见之于《蒙古秘史》。成吉思汗的远祖是孛儿帖赤那与豁埃马阑勒——苍狼白鹿,到了第十二代是兄弟俩——都蛙锁豁儿和朵奔篾儿干。朵奔篾儿干和阿阑豁阿生的最小的儿子叫孛端察儿,这是一个很有志气的人。他被四个哥哥遗弃以后,自己跑出去独自谋生。后来他的三哥把他找回来,他们占领了一个部落,抢了一个孕妇(乌梁海人)来做孛端察儿的老婆,这个孕妇肚里的孩子叫札只剌歹,后来变成札答阑部,这就是札木合出生的部落。那位孕妇后来又和孛端察儿生了一个儿子,取名巴阿里歹(巴林歹),意思是"抓来人"生的孩子。巴阿里歹就是巴林人的祖先,有的史籍或写作巴邻、八邻、霸林。

巴阿里歹的儿子叫赤都忽勒孛阔,他娶的老婆多,其子如云,后代便分成四支。后来发展成为"尼伦蒙古",意为"骨干蒙古",由十六个部落组成。巴林部因对成吉思汗统一蒙古有功,成吉思汗分给他们地盘和子民。他们的地盘,东不越阿尔泰山,西不过额尔齐斯河。巴图孟克达延汗时代,巴林部属于左翼三万户之一的喀尔喀部,为其一个鄂托克(部)。达延汗的第六个儿子阿勒楚博罗特分得了喀尔喀五部,分别为巴林、扎鲁特、弘吉剌惕、巴牙兀惕、兀济叶惕。阿勒楚博罗特正好有五个儿子,每个儿子统辖一部。其中巴林为次子苏巴海所领,实力雄厚。天聪元年(1627年)遭到后金和林丹汗的征讨,弘吉剌惕、巴牙兀惕、兀济叶惕败北,巴林、扎鲁特两部投靠嫩科尔沁。天聪二年(1628年),苏巴海之孙色特尔率部降金。天聪八年(1634年),后金将巴林分为左右两部,固定在希拉穆仁河北岸游牧。现在巴林左、右旗的蒙古族主要由这两部分人组成,还有弘吉剌惕等。

# 巴林服饰的特点

巴林服饰，最初与乌珠穆沁、阿巴嘎、苏尼特一样，扎宽腰带，袖长而窄，不开衩，宽下摆，骑马能苫住膝盖，步行不绊腿。穿的时候是袍子，盖的时候是被子。后来顺治皇帝的胞姐固伦淑慧公主、康熙皇帝的次女固伦荣宪公主下嫁巴林王公，带来大量百工匠人和农工丫鬟。（图3-1）他们的衣着服饰，

给这个辽阔而边远的牧区，带来一股感召力与冲击波。从王爷仕官，到台吉平民，开始鄙视自己的传统衣服，认为满族的紧窄衣服才是正宗。巴林妇女穿起双袖袍，（图3-2）长坎肩，（图3-3）头戴五簪，耳戴六个银绶和。（图3-4）冬天戴库锦镶边的袖套，戴缀飘带的护耳，脚蹬绣花鞋。用满族礼节跪拜。男

3-1 清代荣宪公主袍（赤峰市博物馆藏）

3-2 巴林双袖袍（内蒙古博物院藏）

3-3 巴林长坎肩（孟克那顺古玩店藏）

子穿短袖马褂，短坎肩，开衩窄袍，腰带绾
两个活扣垂在后面。（图3-5）后脑勺留下大
辫子，辫梢上吊黑缎穗子，戴红缨帽。这种
蒙满混杂的衣服，成为巴林服饰的一大特色。

3-4 巴林五簪（孟克那顺古玩店藏）

3-5 巴林男装（塔娜店制，那顺巴图穿）

# 巴林妇女头饰

　　巴林和科尔沁属于一个服饰体系，头饰
的差别不大，戴法也基本一样。有自己特点
的部分，将在下面的叙述中提到。

### 珊瑚发带

　　一般平民一条，富家二条，三条的几乎
没有。发带规格不等，三到七行珊瑚、三到
七行松石牌子的都有。哪一种都是中间的牌

子最大。也有金牌子的，最边上的牌子是元
宝形的，所以也叫元宝牌子。珊瑚都是缝在
袼褙上的，通过松石牌子上的穿孔彼此连在
一起。发带的带子以红布做的为多。（图3-6）

### 三簪或五簪

　　巴林的扁方也叫宽簪或横簪，三角形扁
簪也叫细簪。两个三角形细簪和宽簪组成三

3-6 巴林头饰，下面是发带（巴林博物馆藏）

簪，加托簪变成五簪。托簪也叫顶柱。巴林平素可以不戴宽簪和顶柱，只有扎好的发根和细簪。

## 步摇

巴林的步摇有时也叫顶杆，有时也把形制短小、从牌孔吊下珠串并加铃以饰的步摇叫顶杆，把其他的步摇叫步摇。其实都是一种东西。左右各插一到三支。顶杆一般插在右侧鬓角上面。（图 3-7、图 3-8）

## 耳环耳坠

耳环"S"形，下面吊耳坠。有几个耳环就吊几个耳坠，一般每侧不超过三个。跟科尔沁基本一样。（图 3-9~11）

## 好来宝斯

好来宝斯即好来宝，但巴林的好来宝斯有两个，一个用在头顶，连接两只细簪；一个用在后脑勺，连接两只顶柱。也就是说，一个用在发筒的上面，一个用在发筒的下面。

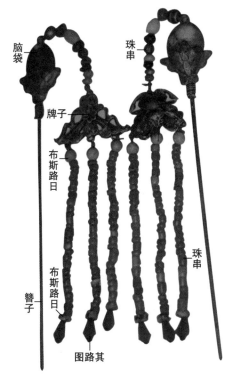

3-7 巴林步摇构造简图

脑袋
珠串
牌子
布斯路日
布斯路日
珠串
簪子
图路其

3-8 雍正年间的金凤饰件（巴林右旗白音尔登苏木荣宪公主墓出土）

保持五簪的平正稳定。防止细簪和顶柱的尖头向外扎出来，或插进袼褙上面。（图 3-12）从头饰的装饰性来说，头顶上面有宽簪和细簪，后脑勺上有两个发筒和两个顶柱，宽簪和细簪下面有好来宝斯，发筒和顶柱下面有

3-9 巴林耳环耳坠（庞雷摄）

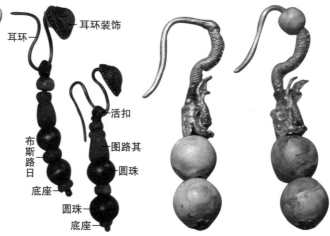

耳环装饰

耳环

活扣

图路其

圆珠

布斯路日

底座

圆珠

底座

3-10 耳环耳坠构造简图

3-11 雍正年间金耳坠（巴林右旗白音尔登苏木荣宪公主墓出土）

3-12 好来宝斯（发筒下面横卡的那个铜片）

3-13 发根处加的假发就是沙玛勒

好来宝斯，不论从哪个方向观看，都很方正匀称。

没有好来宝斯的时候，可以临时搓线代替。甚至没有顶柱的时候，也可以用红头绳绑定。

## 沙玛勒

沙玛勒在巴林有两种含义。一种指假发。姑娘在散发以后，辫辫子以前，每侧加一束与发辫一样长的假发。（图3-13）一种指竹片，一指宽，一掌长，包以黑布，也叫沙玛勒，扎发根时每侧用一个。把沙玛勒用线绑在发根后面，辫为三股以后，跟头发一起从发筒里拉出来。用沙玛勒是为了使发辫粗壮丰满，能把发筒装满。

绑沙玛勒的线就叫绑线，它是用红丝线搓的两条长线，如果没有发筒，就把沙玛勒插到发根后面，用绑线把它和头发绑在一起。新娘上门梳头时，婆婆要赏给新娘嫂嫂红绑线，让她们给新娘梳头。戴上所有头饰部件后，一对新人才能拜火拜佛，再拜父母长辈。

## 忒巴

忒巴是套上发筒以后才加进去的一束头发，和真发辫在一起。

忒巴用三束一样的头发做成，每束都用粘上胶的布缠裹起来，用搓的黑线连在一起，在真发快要辫完的时候，把忒巴接在辫梢上继续辫下去，绕到五簪上。

## 哈巴勒嘎

没有扁簪时用它代替，每侧一支。

## 锥形簪

头上镶嵌各色金银宝石，柄是锥形的，插在步摇的上面，可以插好几个。（图3-14）

## 发套

扎发根时在头发上裹的一层布套，有时或用胶跟头发粘在一起。

## 花儿
头饰戴好以后，在步摇上面插的花儿。

## 发根卡子

扎发根的时候，把发根下面的空间用一把头发填平，再扎上发根卡子。

3-14 雍正年间各种金簪（巴林右旗白音尔登苏木荣宪公主墓出土）

## 戒指

除了食指以外，别的手指都可以戴戒指，十个指头上只戴一个戒指的话，戴在中指或无名指上，哪只手都行。

# 巴林男女穿衣四季歌

3-15　皮袍皮帽（巴林博物馆）

巴林人四季穿长衣。春秋夹袍，夏单袍（袷木袷），早春、晚秋、冬天穿皮袍。冬天穿的皮袍、皮裤用绵羊皮、山羊皮做。春秋穿的粉皮裤用黄羊皮、山羊皮做。姑娘媳妇不穿皮裤、粉皮裤。富裕人家用珍贵的貂皮、狐皮、水獭皮和蟒缎做吊面皮袍。

皮袍分有衩无衩两种，细分有加贴边的老羊皮袍、加黑边的老羊皮袍、妇女的卷袖皮袍、周身宽边里面加窄边的吊面皮袍、七月皮袍、绵羔皮袍、跑羔皮袍等。（图3-15）巴林女袍、袷木袷如系蓝色，袖子就用天蓝，衩子里面带白手巾。一般不扎腰带，骑马赶路时乌吉里面扎腰带。

巴林妇女脖颈和前襟并排缀三道扣子，裉里缀一道扣子，下摆缀三道扣子。（图3-16）妇女长坎肩有普通刺绣大襟和海水江崖大襟两种，长坎肩大多用黑料制作。

巴林妇女穿短坎肩，说是对腰好。短坎肩不沿边，不绣边，直襟，短衩，五到七扣。妇女的标准腰带一丈二尺，用缎、绢、绸、茧绸等做。

男子穿的短袖马褂右衽，下摆上各开一衩，短坎肩的下边刚刚够到腰带处。穿马褂要扎腰带，腰带的穗头在腰后绾个疙瘩垂下。大辫子末尾要吊黑丝线穗子。戴红算盘顶子帽。但当女婿的时候，要把圆帽的算盘去掉，

换上黄铜顶子红缨。平时把辫子辫成三股，盘在头上，或者不辫，梳通以后盘在头顶。普通衣服在领口、前襟、裉里各缀一颗布绾的扣，礼服衩子上要用钉扣。同时要用银、铜、玛瑙、玉、翡翠、驼骨、象牙做扣，扣在库锦、缎子绾的纽襻上，并排缀三道。礼服都要沿着领口、前襟、下摆、衩里，用库锦或缎子镶两道或三道边，望去五彩耀眼，在领口后面、领口两边、前襟扣上、衩上、下摆角上钉吉祥结、云头、回纹。

巴林妇女穿卷袖长袍，长坎肩，头戴五簪，耳戴六个银耳坠或珊瑚耳坠（绥和）。冬天加缎面子、库锦边、绣花的套袖，头戴五色缎子飘带的护耳，穿全幅绣

3-16　巴林妇女袍服

花或绣二十四纹样的布靴。春秋穿不开衩的绿、蓝、青、黄、棕色棉袍,穿靴头、包跟有纹样的布靴,罩红、绿、青色的头巾。夏天穿不开衩的红、绿、蓝、青、黄色的单布衫,或白布长衫,外套襟袖绣有库锦、绦子的黑长坎肩,用红、绿、青、棕色头巾罩头,穿鞋头、包跟或整个鞋面绣花的鞋子。

妇女平素不戴六个绥和,只戴四个。除了参加婚礼,平素不戴五簪,只戴二枚三角簪外加针簪,扎上发根。成为媳妇后一定要戴绥和,否则意味着戴孝。起码要戴两个耳环。喜庆节日戴六个绥和,平常戴四个绥和或两个绥和,绥和必须两侧配对戴,不能只戴一个。老妇只戴耳环。

姑娘的穿戴等同少妇,但发式不同,孩提时留钉子头,十二岁清明这天扎耳朵眼儿。扎耳朵眼儿有两种方法:用冰把耳垂夹住,让它麻木以后,再用穿线的新针穿孔。或用两颗未加工的糜米,从两面夹住反复碾压耳垂,把耳垂碾薄时,再用耳环穿透。

十三岁开始留姑娘头(全发)。把头发拢到脖颈处,用细小珊瑚穿的珠串在发根上缠三指宽,剩下的辫成三股辫子,快到头时再缠二指宽的珠串,发梢留一握长散发。姑娘时耳孔里塞进茶叶棍,防止耳孔合上,但不戴耳环。头戴貂皮或水獭皮圆帽,或库锦做顶饰和沿边的毡子瓜皮帽。脚蹬帮勒绣满花朵的倭缎布靴,或绕针布靴,或刻绣倭缎布靴,内套毡袜,从布靴上即可看出姑娘的巧拙。

春季。男子穿开衩蓝棉袍,系茧绸红腰带,戴羔皮圆帽,脚蹬纳绣布靴。女子穿不开衩绿或蓝棉袍,穿脚尖、后跟有纹样的布靴,头扎红洋缎头巾,不扎腰带,平常只戴绥和,不插五簪。(图3-17)

夏季。男子穿蓝或白长衫,布鞋或布靴,白布袜子,戴圆顶带檐的布帽,或缎子瓜皮帽,或罩白头巾。富人官人戴蘑菇形编织的凉帽。女子穿绿或蓝长衫,或白布衫外套黑布长坎肩,红洋绸头巾罩着扎发根的辫子。穿绣花布鞋。(图3-18)孩子短衫短裤。

秋季。男女早晚穿棉袍,中午穿长衫,冷天穿夹袍。但不论春夏,女人不穿短衫裤子出门,一定要穿长袍(开衩)长衫,可以不扎腰带。(图3-19)而男子在大热天可以只穿短衫裤子。秋天女子头戴羔皮圆帽,或者毡子瓜皮帽。

3-17 巴林妇女棉袍

3-18 巴林妇女蓝缎夹袍黑布长坎肩

3-19 巴林妇女的夹袍（热希米德格穿）

3-20 蓝布吊面绵羔皮袍，这一件皮袍是开衩的（萨仁通嘎拉嘎穿）

　　冬季。男子在家穿倭缎沿边的七月绵羊皮袍，或不沿边的白茬山羊皮袍。套穿毡袜和布纳靴子或皮靴，头戴狐皮三耳帽或羔皮圆帽。野外在这些衣服外面套达赫，靴子外面套白特格，脖子上扎围脖（绵羔皮或狐皮）。外出赴宴吃席或春节的时候穿团花蓝缎挂面的绵羔皮袍，蓝绸子或蓝褡裢挂面的七月皮袍。扎红绿缎或茧绸腰带。蓝缎挂面的绵羔皮裤，或黑面子、白里子棉裤，或黑褡裢面子白布里子夹裤。戴狐皮、貂皮、水獭皮、旱獭皮或绵羔皮的圆帽。二十四样刻花的倭缎布靴，或香牛皮靴，里面套毡袜（也有皮袜、棉袜）。富者和新郎吊面羔皮袍的里面要套新白长衫，以免弄脏羔皮的毛。

　　女子家常穿黑色倭缎或黑布沿边的七月白茬皮袍，蓝、绿褡裢布挂面的七月皮袍，或山羊皮袍，穿靴头脚跟绣纹样的布靴，脚蹬毡袜。穿白布短衫、黑褡裢单裤，头插单股簪子，罩红、绿、蓝色洋绸头巾。赴宴集会或春节期间穿红绿缎子挂面、卷袖无衩的绵羔皮袍，或蓝缎挂面、窄袖无衩的绵羔皮袍。（图3-20）或蓝绿红青色的绸、倭缎、茧绸挂面的无衩七月绵羊皮袍。脚蹬帮靿绣满花朵或绕针绣的倭缎布靴，并套毡袜。富家姑娘媳妇则穿白绸短衫，黑缎面、布里子的夹裤子，袍子里面内穿白长衫，头戴嵌珠银簪、珊瑚发带，耳戴珍珠绥和，头罩红缎头巾，卷袖夹袍袖短，故接缎面、绣花、库锦镶边的羔皮套袖。腕子上戴龙口银镯。手上戴着嵌珠银戒指，或纯金戒指。

# 巴林男女穿着模式

## 女子三件套

　　长坎肩、夹袍、长布衫是女子最有名的三件套服装。夹袍和长坎肩要随着女子年龄的增加由浓艳变为素淡。成婚时和婚后一段时间穿的长坎肩最为亮丽，刺绣也最为繁复。（图3-21）中年以后开始简约，（图3-22）再上点儿年纪只剩基本款式，连边也不沿了。（图3-23）夹袍变化的规律基本如此。只有白布衫是几十年一以贯之。因为巴林的长布衫太朴素，没有任何修饰，左右开高衩，长与袍齐，小圆立领，相当于衬衣。外面是夹袍，一般不开衩。如果开衩，大腿就露出来了，为礼教所不容。最外面是长坎肩。这就是三件套。不过这不是绝对的，有的妇女夹袍也开衩（见图3-19）。（图3-24~26）长布衫既然是衬衣，外面也可以穿棉袍或皮袍。当然在需要的时候，棉袍或皮袍的里面也可以再穿夹袍。这是另一种三件套，但不是那么普遍。

3-21　巴林长坎肩（内师大博物馆藏）

3-22　巴林长坎肩（热希米德格穿）

3-23　巴林长坎肩（吉尔嘎拉的娜仁制穿）

### 男加马蹄袖，女加皮套袖

天冷的时候，男子在袍服上加马蹄袖，女子在袍服上加皮套袖。二者里面都绷貂皮、狐皮或绵羔皮，马蹄袖钉在袖子的外面，套袖戴在袖子的里面，姑娘媳妇都可以戴。（图 3-27～29）

### 男加短坎肩，女加长坎肩

女加长坎肩，上面已经介绍。男加短坎肩的情况，在巴林也是常事。巴林男子的短坎肩，多数是琵琶襟的。（图 3-30）

### 男加马褂，女加坎肩

男子夹袍外面加马褂，认为是一种有排场的装束。女子夹袍外面套短坎肩，比长坎肩精干，没长坎肩庄重。（图 3-31、图 3-32）

3-24　巴林长布衫（嘎吉德玛制）

3-25　长布衫外面穿夹袍（嘎吉德玛制）

3-26　夹袍外面穿长坎肩（嘎吉德玛制）

3-27　袍服上加马蹄袖（嘎吉德玛丈夫穿）

3-28　夹袍加袖套（斯琴高娃穿）

3-29　套袖（斯琴高娃制）

3-30　夹袍加短坎肩（斯琴高娃
丈夫穿）

3-31　夹袍加短坎肩（嘎
吉德玛制）

3-32　夹袍加马褂（那
顺巴图穿，塔娜服装店
供图）

# 巴林服饰的守成和革新

**男服**

　　男服变化幅度较小。跟别处一样，巴林男袍有全镶边、下摆不镶边、箭襟不镶边、只有前襟镶边几种。（图3-33~35）二十世纪五六十年代以后，巴林南部流行一种当时比较时髦的男袍。周身镶宽窄两道边，其中宽边必须是库锦。在前襟、衩口、下摆的四角上放吉祥结。同时一定要配穿绕针云纹倭缎布靴。（图3-36）改革开放以来，又流行一种周身花边袍服。人们一看到这种服式，马上就想到巴林或科尔沁。（图3-37）

3-33 男子全镶边蒙古袍　　3-34 男子下摆不镶　　3-35 男子箭襟不镶边蒙古袍（说
边蒙古袍（那顺巴图　　书艺人贺希格宝音穿）
穿，塔娜服装店供图）

3-36 二十世纪六七十年代巴林南部流行的蒙古男袍（嘎吉德玛制，郭　　3-37 巴林现代男装
雨桥穿）　　（斯琴高娃丈夫穿）

## 女服

巴林传统女袍原先也比较朴素，镶边简单，上面很少绣花。（图3-38、图3-39）后来接受满族宫廷便服的影响，发生了两种变异。一种是模仿氅衣，（图3-40）一种是模仿衬衣，成为嫁娘或年轻媳妇新装。（图3-41）衬衣与氅衣不同的是，氅衣两面开衩，衬衣不开衩，镶边和领袖都差不多。再一点是根据需要，巴林一般都给它们加了领子。氅衣又有两种形态，一种是双袖的，一种是单袖的。双袖宽袖下面的一截，不跟窄袖缝在一起，而是凌空的。（图3-42）单袖有宽窄两种袖子。（图3-43）有些年轻妇女，长坎肩模仿中年妇女的前襟，但不用黑色，前面绣花，下摆外展，风流艳丽，这实际上是一种袍子化的长坎肩。（图3-44）相反还有一种袍服，如果去掉袖子，倒与长坎肩仿佛。可以看成是一种长坎肩化的袍服，也可以看作是氅衣的发展。（图3-45）

3-40 模仿氅衣做的新妇袍（斯琴高娃穿）

3-41 青年女服（巴林博物馆藏）

3-38 中年女服（巴林博物馆藏）

3-39 巴林中年女服
（娜仁穿）

3-42 双袖袍及其特写（内蒙古博物院藏）

3-43 窄袖袍（斯琴高娃制）

3-44 新嫁娘的长坎肩（梢曜穿，塔娜服装店供图）

3-45 巴林新娘服（斯琴高娃穿）

# 阿鲁科尔沁部

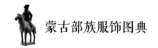

# 阿鲁科尔沁——阿鲁蒙古的一部

阿鲁科尔沁仍为成吉思汗胞弟哈布图·哈撒儿后裔。北元时期为科尔沁万户的重要组成部分。嘉靖元年（1522 年），哈撒儿十四世孙、科尔沁部长奎孟克塔斯哈喇，为避免蒙古瓦剌（卫拉特）部袭扰，"走避嫩江，依兀良哈。因同族有阿鲁科尔沁，故号嫩科尔沁，以自别"（《蒙古民族通史（第三卷）》，内蒙古大学出版社 1991 年版）。其弟巴衮诺颜所属另一部分科尔沁仍留在兴安岭岭北（阿鲁）、呼伦贝尔一带游牧，与邻近游牧的茂明安、乌喇特，斡赤斤后裔的四子部、翁牛特部，别里古台的阿巴嘎、阿巴哈纳尔，被一同称为阿鲁蒙古，意为岭北蒙古。十六世纪末到十七世纪初，阿鲁科尔沁部牧地已从呼伦贝尔南迁，到十七世纪二十年代，驻牧于希拉穆仁河下游以北地区。天聪四年（1630年）巴衮诺颜之孙达赉楚琥尔携其子穆章跟阿鲁蒙古诸部一起，与后金盟誓通好，逐步投附后金，参加了崇德元年（1636 年）盛京举行的拥戴清朝建立的大会。同年建旗。

## 阿鲁科尔沁服饰的特点

阿鲁科尔沁服饰，与巴林接近，与科尔沁其他部族大同小异。头饰是典型的五簪，发带两条或三条。年轻女性长坎肩可以说就是清宫褂襕的翻版，夹袍就是清宫的衬衣，或者把袖子变窄加长。氅衣式的夹袍阿鲁科尔沁也比较普遍，后来开衩降低，花边也走向现代风格。男子服饰，除了沿边加宽加绣以外，大体保持了原来的款式。阿鲁科尔沁的刺绣生动、精美而富有灵气，广泛地使用在服装和烟荷包、鼻烟壶袋、提包等佩饰上面。

# 阿鲁科尔沁姑娘上头

阿鲁科尔沁风俗，新嫁娘到婆家拜人时要上头。（图4-1）把头发从中间分开，把左边的挂在脑后，从右边开始操作。婆母要预先准备一条红头绳或者丝线，梳头妈妈把它搭在姑娘脑后，估摸用它的一半把右边的发根缠好几圈捆紧，再用另一半把左边的发根缠好几圈捆紧。这根头绳或者丝线中间不能剪断，跟两边的头发形成一个"∩"形。然后把头发拧几圈，把发梢窝回来，填进一个发筒里。这种发筒是银子

4-1　清代新娘打扮（银匠曹德木扎木苏女儿娜仁穿）

的，也就四五厘米长，两边是珐琅工艺束子，中间是六七圈珊瑚。发筒套上去以后，把窝进去的头发揪出来。然后把一种蒙语叫沙阿木勒哈特古日的花簪，从上往下沿着发筒的外侧，插进头发里，另一头从发筒里穿出来。这种花簪是一个尖而长的三角形，工艺做在大头一端，横档中间是空的，两边用珊瑚钉子塞住。横档的表面，用一颗绿松石和两颗红珊瑚装饰，松石是圆的，珊瑚是桃形的，还有四颗小松石点缀。梢头做成小轮子，上面有刻痕，非常好看。往下大珊瑚变成圆的，绿松石变成桃形，珊瑚上面是一朵花儿，松石下面是一个蝴蝶。再往下是插入头发的部分，上面没有工艺。在发筒的下面，还要从下往上，插入两个簪子。这种簪子有点儿像月牙铲，当然要细小得多。月牙的一侧有一个珊瑚钉，另一侧没有，簪子那端很尖，差不多有花簪那么长。它的蒙语名字叫图路日哈特古日，意思是"顶在那里的簪子（托簪）"。插时珊瑚钉要朝外，让人们看见。这样四个簪子插好以后，再横着把一个主簪（扁方）夹进发筒与花簪插出来的空当里，把其余的头发辫住，绕在插好的花簪上。主簪卡住的地方，应该在花簪的下面，托簪的上面。（图4-2）接下来要在头发上面加三种发带或发箍似的东西。第一次加的叫哈都勒嘎，是一束假发，中间有一个珊瑚古，加在头顶靠下的地方，将来正好能从前面看见那个显眼的珊瑚古，假发往往看成了真发。哈都勒嘎两端缩在脑后簪起来的头发后面。第二次加的叫乌丝沃格塔图日，箍在差不多头顶稍靠前的

地方，抬头的时候能看到一部分。乌丝沃格塔图日做得比较精致，由三个古和四节珊瑚串组成，两边有带子可以直接拴在那一堆簪子插挂起来的头发下面，但是还没有到达发际。（图4-3）全插完以后，这个地方和耳朵之间正好可以容得下皮棉护耳，既保护了怕冻的地方，前后的首饰大部分都可以露出来，不影响美观。（图4-4、图4-5）第三次上的发箍或发带，叫作芒乃塔图日，芒乃是"额头"的意思，顾名思义，它戴在脑门上，其上有璎珞从额头垂下，半遮蛾眉，非常好看。这节发箍的工艺与第二节工艺差不多，只是珊瑚珠子较大，末梢有明显的松石蝴蝶，同样

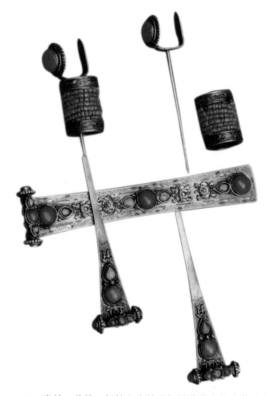

4-2 发筒、花簪、托簪和主簪（银匠曹德木扎木苏藏）

200

也系在后面。除此以外，还有两种东西，一种叫温吉勒嘎希勃格，一种叫绥和额木格。前一种插在主簪下面的头发里，后一种戴在耳朵上。温吉勒嘎希勃格也是一种簪子，龙头上吊下一个坠儿，这个坠儿由六条或三条珊瑚珠串和一块半月形的松石板组成。绥和额木格则是一种松石和珊瑚珠做坠子的小耳环，一边扎三个耳朵眼儿的戴三只，一边扎两个耳朵眼儿的戴两只。（图4-6）最后，在两个发筒的下面，要用一种叫乌森好来宝的物件把它俩连在一起，以免摆动。到此为止，阿鲁科尔沁的头饰才算戴完。（图4-7、图4-8）

4-4　新娘戴上护耳以后

4-3　从上到下依次是乌丝沃格塔图日、哈都勒嘎、芒乃塔图日（银匠曹德木扎木苏藏）

4-5　护耳（曹德木扎木苏、青春藏）

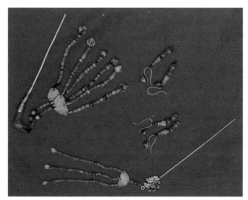

4-6　温吉勒嘎希勃格、绥和额木格

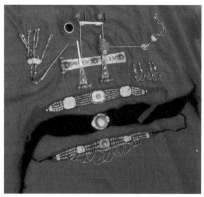

4-7　阿鲁科尔沁全部头饰（曹德木扎木苏藏）

4-8　阿鲁科尔沁的另一副头饰

# 阿鲁科尔沁男女服式

## 女子服式

阿鲁科尔沁女子服式，除了少数原有的款式以外，大部分脱胎于清朝宫廷便衣的氅衣、衬衣和褂襕。在漫长的历史进程中，也渐渐变成阿鲁科尔沁的传统服式。

### 1. 衬衣

阿鲁科尔沁所在地天山镇银匠曹德木扎木苏的女儿娜仁穿的新娘服，是她妈妈出嫁的时候穿过的。而她妈妈出嫁的时候穿的，又是她姥姥出嫁时带过来的。没有领子，是

典型的清宫衬衣款式，"圆领，大襟右衽，双层阔平袖呈折叠状，袖长及肘，身长掩足，不开裾，直身式袍"（《清宫服饰图典》，紫禁城出版社 2010 年版）。（图 4-9、图 4-10）现代的女袍，袖子加长（或接有马蹄袖）变窄，又加了领子，但花边刺绣和左右无衩的款式，仍然继承了这一传统。（图 4-11）这一款式也用作少女的服装。（图 4-12）后来在变化的过程中，箭襟和下摆出现了窄边和与前襟不一致的现象。但这一款式在总体上并无改变。人们把它们视为新装。（图 4-13~15）

4-9 娜仁穿的新娘袍，是清
宫衬衣的翻版，有可以折叠的
宽袖

4-10 衬衣的正反面，绿色蟒缎面料，黑缎绣宽边，折叠宽袖

4-11 巴拉嘎日玛自制自穿的红缎女袍

4-12 萨仁格日勒自制自穿的少女特尔利格

4-13　阿鲁科尔沁粉红缎姑娘袍

4-14　阿鲁科尔沁水红缎少女袍（乌云嘎穿）

4-15　粉红缎特尔利格，下摆镶边，箭襟不镶边，前襟装饰有点儿类似乌珠穆沁，但左右无衩（其木格穿）

4-16　巴音查干妻子穿的这件粉红缎特尔利格，无论从款式或装饰，都是典型的清宫氅衣风格，多的只是加了一道领子

4-17　蓝缎特尔利格，装饰比清宫的氅衣还要夸张（青春制，孟根其其格穿）

### 2. 氅衣

氅衣与衬衣的最大区别，就是氅衣不但左右开衩，而且衩深及腋，其他几乎一模一样。（图4-16、图4-17）后来，为了适应时代的需要，开衩渐低，花边也更具现代风味，但基本款式仍然保留着氅衣的结构。（图4-18）

### 3. 褂襕式女袍

阿鲁科尔沁有一种装饰类似中老年长坎肩式的女袍，也非常流行。（图4-19）

4-18　红缎特尔利格，开衩降低，周遭用贾萨尔镶宽边（青春自制自穿）

### 4. 短坎肩

阿鲁科尔沁妇女有一种短坎肩，或对襟，或琵琶襟。（图4-20）

### 5. 长坎肩

长坎肩在阿鲁科尔沁又叫温都尔乌吉或乔巴。款式来源于清宫便服的大坎肩（大襟夹褂，褂襕）上面提到银匠女儿穿的新娘服，还有一件就是褂襕，同样是当时配套的衣服。（图4-21）这种款式到今天没变，而且十分流行。（图4-22）如果说有变化，也不在款式上，主要在边饰上，一种是又镶边又绣花，这是最初的；一种是镶边不绣花，把黑色缎料的空间都留下；（图4-23）一种是只有前襟镶

4-19　绿缎特尔利格（丫头穿）

4-20　黑缎对襟短坎肩，前绣牡丹，后绣莲花

4-21　三代人结婚穿过的长坎肩（褂襕）

4-22 巴拉嘎日玛自制自穿的长坎肩

4-23 长坎肩的大面上不绣花（青春制，娜仁其木格穿）

一溜宽边，别处不镶边也不绣花。（图4-24）近年主要在镶边和图案上推陈出新，基本结构完全保留。（图4-25、图4-26）

## 男子服式

比较起来，男子服式除了官服以外，受满族的影响较小。最主要的就是宽边的引进和刺绣的加强。

### 1. 皮袍

皮袍的种类跟别处一样，冬天要配穿毡袜和皮帽。（图4-27）

### 2. 春秋袍

用厚料或人造毛做，大面可做刺绣。（图4-28）

### 3. 特尔利格（夹袍）

特尔利格有完全传统的，有宽边镶嵌的，有宽边加大面刺绣的。（图4-29~31）

### 4. 坎肩

阿鲁科尔沁坎肩有琵琶襟和对襟多种，大小形制也不一样。（图4-32、图4-33）

4-25 长坎肩的大面上，绣有团花和蒙文美术字，还有五畜图案（青春自制自穿）

4-24 绿缎长坎肩，只在前襟上镶边

4-26 黑缎长坎肩，里面是白色长布衫（青春制，其儿媳孟根穿）

蒙古部族服饰图典

4-27　阿鲁科尔沁吊面皮袍与皮坎肩

4-28　旧式新绣八骏图春秋袍（青春制，宝音乌力吉穿）　　4-29　银匠曹德木扎木苏的传统袍

4-30　蓝缎镶宽边蒙古袍（青春制，德木其格扎布穿）

4-31　宽边加刺绣绿缎蒙古袍（青春制，达愣太穿）

4-32　穿青蓝缎对襟坎肩，肩背褡裢，可装全羊，准备参加婚礼（青春制，达愣太穿）

4-33　中年蓝缎男坎肩（青春制，布和巴特尔穿）

# 阿鲁科尔沁靴帽

## 靴子

阿鲁科尔沁靴子种类丰富，刺绣精美，做工细致。

### 1. 高靿冬靴

阿鲁科尔沁冬靴多高靿，内穿毡袜，男女都穿，刺绣不同。（图 4-34~37）

### 2. 全绣布靴

不分帮靿，通体绣花或绕针，男女都穿。（图 4-38~44）

### 3. 半绣布靴

上面纳出，下面绣花，面料黑绿参半。有高靿、中靿、低靿三种，多为女靴，高靿加毡袜可做冬靴。（图 4-45、图 4-46）

### 4. 改良布靴

凡是在前面或后面开口，钉上气眼，缀以带子花朵，或加高跟的男女布靴，都是在传统的基础上稍加改良做成的，脱穿方便，样子新颖，近年来在草原比较流行。（图 4-47~51）

4-34　黑大绒绣花女靴，内衬毡袜，刺绣花样丰富（青春制）

4-35　黑大绒绣花女靴，内衬毡袜，年轻女子穿，绕针贴花（青春制）

4-36　黑大绒绣花女靴，内衬毡袜，多种花样绣制（巴拉嘎日玛制）

4-37　黑大绒绣花女靴，内衬毡袜，库锦镶边（青春制）

4-38　黑大绒绕针绣男靴（青春制）

4-39　黑大绒刻花绣男靴（青春制）

4-40　黑大绒绕针绣男靴

4-41 姑娘结婚时必须穿的尖头绣花布靴（巴拉 嘎日玛制）

4-43 黑大绒绣花女靴（青春制）

4-44 黑大绒绣花尖头女靴，七层麻线纳底，靿子上有丝线绣金钱凤凰，靴头两侧各绣荷花一朵，后跟绣海棠花（秋荣之母所绣）

4-42 黑大绒绣花女靴（青春制）

4-45 半绣冬靴（巴拉嘎日玛制）

4-46　半绣女靴（青春制）　　　　4-47　改良男冬靴（青春制）

4-48　黑大绒绿丝线绕针绣新式男靴（青春制）　　4-49　黑大绒绿丝线绕针绣新式男靴（巴拉嘎日玛制）

4-50　黑大绒绣花新式女靴（巴拉嘎日玛制）　　4-51　黑大绒满堂花库锦边高跟女靴（巴拉嘎日玛制）

4-53　女子圆帽（青春制）

4-52　红缎绣花鞋（青春制）

4-54　男子圆帽（青春制）　　　4-55　女子哈牙玛勒帽（摄于扎嘎斯台苏木达木嘎查）

## 5. 布鞋

阿鲁科尔沁也穿布鞋，尤其夏天。（图4-52）

4-56　男子哈牙玛勒帽（青春制）

## 帽子

除前面图4-27中的狐帽以外，下面几种也比较常见。

### 1. 圆帽

科尔沁的圆帽都指圆檐圆顶帽，男女都戴。（图4-53、图4-54）

### 2. 哈牙玛勒帽

圆檐朝后变成耳扇，加上后披，就成了哈牙玛勒帽，男女都戴。（图4-55~57）

4-57　男子哈牙玛勒帽（青春制）

### 3. 四耳帽

在瓜皮帽的基础上加上四耳，多数是寒冷季节男人戴的帽子。（图 4-58）

### 4. 筒帽

上下一般粗的筒式帽子，有飘带。（图 4-59）

4-58　四耳皮帽（巴拉嘎日玛制）

4-59　女子筒帽（青春制）

# 阿鲁科尔沁绣件绣品

## 各种绣片

阿鲁科尔沁的刺绣生动、艳丽，极富生活情趣，广泛地使用在衣服、靴帽和各种佩饰小件上面。衣服上的刺绣，有的是直接绣上去的，加上里子以后本身就成了衣服的面子。有的先绣在另外的布缎料上，再缝到衣服的上面。

### 1. 扎木恩格尔

就是围绕领子和前襟的这一部分刺绣，好像是围了一个花围脖。卫拉特、乌珠穆沁也有这种情况。（图 4-60、图 4-61）

### 2. 袖箍

已婚女子袖子上有时要上袖箍。（图 4-62）

### 3. 套袖

皮套袖要吊面，两边要镶边。（图 4-63）

### 4. 衣上绣片

衣服和袖子多重镶边的时候，中间的一道往往用绣片。（图 4-64、图 4-65）

### 5. 马蹄袖上的绣片

（图 4-66~68）

### 6. 衩头绣片

袍服的左右衩口为了美观和结实，往往要钉缝绣片。（图 4-69）

4-60　扎木恩格尔（巴拉嘎日玛绣）

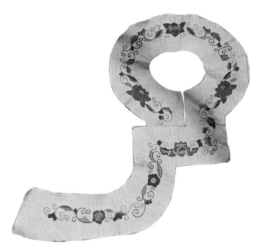

4-61　清代的扎木恩格尔（秋荣藏）

4-62　袖箍（巴拉嘎日玛绣）

4-63　女用套袖（青春绣）

4-64　满式宽袖上的绣片（巴拉嘎日玛绣）

4-65　胸前用的绣片（巴拉嘎日玛绣）

4-68　绣好的马蹄袖（巴拉嘎日玛绣）

4-66　喇嘛长布衫上用的马蹄袖（巴拉嘎日玛绣）

4-69　特尔利格的衩头绣片（秋荣绣）

4-67　特尔利格的马蹄袖绣片（秋荣女儿绣）

### 7. 短坎肩绣片

阿鲁科尔沁妇女除了长坎肩以外，还穿短坎肩。有的短坎肩前后绣花。（图4-70）

### 8. 枕头顶子

科尔沁地区的枕头顶子往往两面都绣，但内容不一定相同。枕头的大小也不尽一致。（图4-71~73）

### 9. 提包

妇女出门拿的手提包，往往自己绣制。（图4-74、图4-75）

4-70　对襟短坎肩前后片上的刺绣（巴拉嘎日玛绣）

4-71　新人的枕头顶子（巴拉嘎日玛绣）　　　　　4-72　枕头顶子（青春绣）

4-73　枕头顶子（巴拉嘎日玛绣）

.

## 绣品

### 1. 烟荷包

阿鲁科尔沁的烟荷包制作精美，有时甚至超出普通实用的范围，挂在墙上作为装饰。（图 4-76~78）

### 2. 鼻烟壶袋

阿鲁科尔沁现在火镰戴的少，有的男子出门，腰带前面一侧戴烟荷包，一侧戴鼻烟壶袋。（图 4-79）

### 3. 狗襻襻

拴在看门狗脖子上的东西，不勒脖子，又脱不下来。上面再拴铁绳。（图 4-80）

4-74　提包绣件（巴拉嘎日玛绣）

4-75　做好的手提包（巴拉嘎日玛绣）

4-76　挂在毡包里的烟荷包（巴拉嘎日玛绣）

4-77　真正使用的烟荷包（曹德木扎木苏藏）

4-79　鼻烟壶袋（秋荣藏）　　　4-80　狗襻襻（青春绣）

4-78　烟荷包（青春绣）

翁牛特部

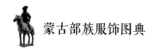

蒙古部族服饰图典

# 翁牛特为哈赤温后裔

蒙古在 1206 年建国前，百分之八九十的贵族属于孛儿只斤一族。其中成吉思汗之裔最众，次为哈撒儿系，再次则为其异母弟之别里古台系，最少为哈赤温之裔，仅内蒙古昭乌达盟翁牛特左右两旗之贵族属之。

翁牛特明译"罔流"，意为"有王的属民"。北元时期，成吉思汗诸弟后裔所属部落统称翁牛特。十六世纪中叶的翁牛特等属"阿鲁蒙古"诸部之一，驻牧于兴安岭北部希拉穆仁河上游以北一带。哈赤温第十九世孙蒙克察罕诺颜长子巴颜岱青洪果尔诺颜占有翁牛特。天聪六年（1632 年），巴颜岱青洪果尔诺颜之孙逊杜棱、其弟栋额尔德尼岱青，率部归顺后金。清崇德元年（1636 年）建翁牛特旗，逊杜棱掌右旗，栋额尔德尼岱青掌左旗。翁牛特分为两旗后，牧地又移到希拉穆仁河南岸。1947 年，敖汉北部五地划归翁牛特左旗，翁牛特左旗易名翁敖联合旗。

1949 年，翁敖联合旗改称翁牛特旗。1956 年，乌丹县撤销，属地并入翁牛特旗。

1983 年，昭乌达盟建制撤销，翁牛特旗归赤峰市管辖至今。

# 翁牛特服饰的特点

清代哈赤温的后代在翁牛特落脚以后，把原住民纳入他的统治。翁牛特建旗之初，跟随哈赤温后代来的除孛儿只斤氏、维穆德氏以外，还有西夏唐古特、花剌子模来的沙陀、兀良哈三卫来的部族，布尔尼叛变以后来的察哈尔等，服饰互相影响。清代巴林公主、敖汉公主、翁牛特右旗公主的下嫁，给蒙古族的服饰带来了更大的冲击，男穿短乌吉（坎肩）、女穿长坎肩，特尔利格的胸部变窄、下摆开衩，后来又受到汉族服饰的影响，在刺绣和装饰方面更加细腻，特别是接受了绣花鞋的工艺，创造了有自己风格的靴鞋。翁

224

牛特年轻妇女服饰以三件套最有代表性，外面套的右衽
长坎肩来源于清宫的褂襕，（图5-1）里面穿的袍服往
往是清宫氅衣的变形：领口用恰勒玛（围绕领口一圈的
镶边），两侧开衩至腋下，周身用几重花边和库锦镶嵌。
只有最里面作为衬衣穿的长布衫是翁牛特传统服饰。（图
5-2、图5-3）翁牛特袍服女的没有袖箍，男的没有马蹄
袖。一到冬天，袖口上都要接吊面刺绣的皮套袖。翁牛
特妇女头饰同样普遍使用五簪，但常用"囍"字簪代替
发筒，人头簪代替托簪。（图5-4）还有只有一对三角
形扁簪的简易头饰，用头络罩起来戴在头上。（图5-5）
翁牛特妇女刺绣需要架子，工艺和手法十分丰富，图案
和花样生动艳丽，堪称奇绝。（图5-6）

5-3　风吹起长坎肩，可以看到里面的夹袍（图自《翁牛特蒙古族服饰》）

5-1　翁牛特妇女长坎肩（斯琴高娃穿）

5-2　翁牛特妇女长布衫（斯琴高娃穿）

5-4　翁牛特妇女的"囍"字簪和人头簪（图自《中国蒙古族服饰》）

5-5　翁牛特妇女简易头饰（金绣藏）

5-6　翁牛特妇女刺绣的情景

# 翁牛特头饰及其上头过程

## 五簪头饰

（1）翁牛特五簪头饰现今发现的有四种，大同小异。第一种五簪头饰部件最全，与上面介绍的科尔沁各部一样。（图5-7、图5-8）

（2）第二种也可以称为五簪，扁方和三角形扁簪一模一样，但发筒变成了一对镂空"囍"字弧形银片，上面有短的簪梃，既能发挥原来发筒的作用，也带有簪的性质。托簪的形式也发生变化，好像是一对双头簪子。（图5-9、图5-10）

（3）第三种五簪，发筒没有变化，托簪

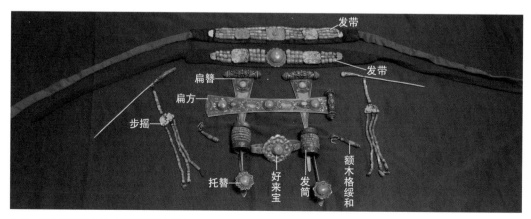

5-7　翁牛特五簪头饰（孟克巴雅尔藏）

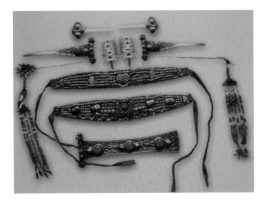

5-11 第三种五簪头饰（图自《翁牛特蒙古族服饰》）

5-8 五簪头饰戴法示意图（图自《翁牛特蒙古族服饰》）

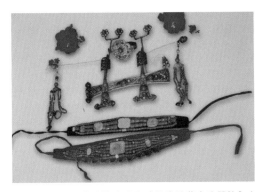

5-9 第二种五簪头饰（图自《翁牛特蒙古族服饰》）

5-10 第二种五簪头饰戴法示意图（图自《翁牛特蒙古族服饰》）

5-12 第三种五簪头饰戴法示意图（图自《翁牛特蒙古族服饰》）

变成了一对人头簪，插在"囍"字银片的里面。人头簪的圆头点缀得像个人头，但身子（簪梃）与托簪相比较短，起的作用与托簪相同。（图5-11）梳戴过程基本一样，用红头绳把辫根扎住的时候，把"囍"字簪也插进发根，再自上而下把三角形扁簪插进发根里，自下而上把人头簪插进发根处。（图5-12）以下顺序跟简易头饰相同。

（4）第四种五簪，扁方、三角形扁簪、发套

227

5-13　第四种五簪头饰（图自《翁牛特蒙古族服饰》）

5-14　简易头饰（乌仁其其格藏）

跟第一种一样，就是托簪变成了人头簪。（图5-13）

## 简易头饰

简易头饰，只有一对三角形扁簪，无扁方，无托簪，无发筒，增加头络，对固定发型很有好处。上头过程基本一样。（图5-14）下面展示一下简易头饰的穿衣和上头过程。

第一步，穿长布衫。（图5-15a）

第二步，把头发从前到后，分成相等的两部分。（图5-15b）

第三步，从右边的部分里，把鬓角上面的头发分出去。（图5-15c）

第四步，把剩下的头发，跟自己平时梳头攒下的假发，用红头绳绑在一起。（图5-15d）这种红头绳很长，把右边的头发顺时针缠好几圈以后，还剩一半绑左边的头发用。

第五步，左边的头发，梳理办法同右边的一样。这样处理以后，红头绳正好用完，两边的头发并列头顶，根部有几圈红头绳，

上面两个凸起是撒阿玛拉。（图5-15e）

第六步，把两只三角形扁簪自上而下，插入红头绳与撒阿玛拉之间的空隙。（图5-15f）

第七步，把一束假发缠补到下面的空当中，使整个头发膨大起来。（图5-15g）

第八步，再在上面加一层假发，用头络子把以上头发罩住。（图5-15h）

第九步，从右边的鬓发开始，把两边的鬓发都拉到后面缠上。（图5-15i）

第十步，把头巾折叠成一长条，顺时针缠到额头上面。（图5-15j）

第十一步，把一条发带压在头巾上面，两端绾在后面。（图5-15k）

第十二步，从右面开始，把两面的步摇横插到头发里。（图5-15l）

第十三步，在靠后的地方，把第二条发带也戴上去。（图5-15m）

第十四步，戴耳坠。（图5-15n）

第十五步，穿特尔利格（七扣）。（图5-15o）

第十六步，穿长坎肩。（图5-15p）

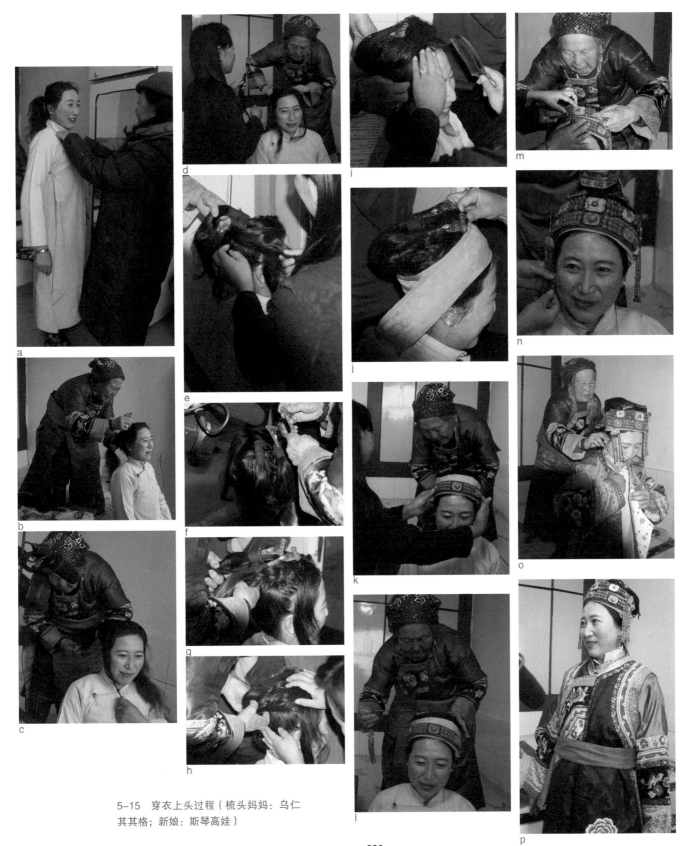

5-15 穿衣上头过程（梳头妈妈：乌仁
其其格；新娘：斯琴高娃）

229

# 翁牛特主要服饰解析

**袍服**

翁牛特人大多穿圆肩、无马蹄袖、无袖箍的蒙古袍。翁牛特更加强调蒙古袍领子的短小和挺括，下面留气口一指左右。翁牛特袍有底襟，但有的底襟较短。翁牛特袍都用单扣单纽襻，配布绾扣或银铜扣。翁牛特袍要么不开衩，要么左右开双衩。翁牛特袍有斜子，满族袍或蟒缎袍不加斜子。

具体来说，大体有四种样式：

第一种是清宫便衣氅衣的沿袭，脖颈上有恰勒玛，（图5-16）两侧开裾很高，用云头做衩盖，周身一圈镶几重边，其中宽边应为刺绣。大身前后都有刺绣，或者没有刺绣。（图5-17、图5-18）

第二种是脱胎于那种光装饰前襟、其余部位几乎不镶边的长坎肩，只不过加了镶边的袖子而已。（图5-19）

第三种是周身镶一圈宽窄两道边，男女都穿。（图5-20、图5-21）

第四种是不镶任何边的男女袍。棉袍、皮袍、吊面皮袍保持传统款式，不事绣饰。老年人的夹袍甚至也不绣边。（图5-22~25）

**坎肩**

**1. 长坎肩**

翁牛特把长坎肩叫乌吉，为了跟坎肩相区别，

5-16　翁牛特袍的恰勒玛（图自《翁牛特蒙古族服饰》）

5-17　来源于氅衣的翁牛特蒙古袍

5-18　氅衣式蒙古袍（帽子不对）（阿拉坦其木格制）

5-19　脱胎于长坎肩的棉袍（乌仁其其格穿，图自《翁牛特蒙古族服饰》）

5-20　周身镶一圈宽窄两道边的男袍（图自《翁牛特蒙古族服饰》）

5-21　周身镶一圈宽窄两道边的女袍（乌仁其其格穿，图自《翁牛特蒙古族服饰》）

231

5-22 不镶边的棉袍（图　5-23 不镶边的皮袍（图　5-24 不镶边的老年妇女夹袍　5-25 不镶边的绵羔皮袍（那
自《翁牛特蒙古族服饰》）自《翁牛特蒙古族服饰》） （那木太苏荣供图） 木太苏荣供图）

有时也叫长乌吉或高乌吉。因为他们一直把坎肩叫短乌吉，从来不叫坎肩，与别处不同，所以长短坎肩一律以乌吉称呼。短乌吉平常穿，长乌吉喜庆节日穿。短乌吉不分婚否，长乌吉只有媳妇能穿。短乌吉左右开小衩，无领。（图5-26）

**2. 简单镶边的长坎肩**

还有一种基本款式与长坎肩一样，但只在前襟一处镶边（有领子的话领子也镶），其他地方无任何边饰。老年妇女多半穿这种坎肩。（图5-27）

**3. 女式短坎肩**

裉里和身子都比较丰满，对襟，应是翁牛特的传统样式的遗留。（图5-28）

**4. 男式短坎肩**

裉里和身子都比较丰满，大襟，不事修饰，应是翁牛特的传统样式的遗留。（图5-29）

**5. 英雄坎肩**

男式，传说里面曾包有铁皮，有十三道纽扣，故名十三太保，可以在马身上穿脱，应是满族的东西。（图5-30）

**6. 紧身**

来自满族宫廷，穿上显得玲珑秀气，突出胸部，多半女性穿着。（图5-31）

**7. 琵琶襟坎肩**

也叫错襟坎肩、缺襟坎肩。右衽，男女都穿。清宫便服里有这种样式，俗称小坎肩。（图5-32）

5-26 长坎肩（阿拉坦其木格制）

5-27 女式长坎肩（图自《中国蒙古族服饰》）

5-28 对襟短坎肩（阿拉坦其木格制）

5-29 翁牛特男式大襟短坎肩（内蒙古博物院藏）

5-32　翁牛特男式琵琶襟右衽坎肩（图自《翁牛特蒙古族服饰》）

5-30　翁牛特英雄坎肩（那木太苏荣供图）

5-31　翁牛特妇女紧身坎肩（庞雷摄）

**腰带**

翁牛特过去已婚妇女不扎腰带，男子和姑娘扎腰带，现在已婚妇女也扎腰带。

翁牛特人扎腰带的时候，不像北方一些地方往上提袍子，所以袍子看去相对长一点儿，穿袍子时看不到靴帮子。

扎腰带的时候，年轻人用绸缎腰带，后面要出穗头；老年人用茧绸腰带，后面不出穗头。

**靴子**

翁牛特布靴分两种，一种是尖头的，（图5-33）一种是平头的。（图5-34）尖头靴子底子七层，姑娘底子（多为绿色的一层），薄了不行，磨靴头。

5-33 翁牛特妇女尖头靴（金绣藏）

5-34 翁牛特妇女平头靴（金绣藏）

尖头靴子男子不用，姑娘出嫁的时候必须穿尖头靴。翁牛特靴后跟往上帮勒相接的地方折叠的程度比较大，勒子比较短，这方面和阿鲁科尔沁有明显区别。

## 长条白巾

翁牛特男子出门赴宴、走亲访友时，腰带上除了悬挂蒙古刀、火镰以外，背后腰带上还要掖一块长条白巾。两端绣有"卍"字纹，象征太阳普照，四季轮回，万物生生不息。不光用来擦手洗脸，春节向亲友拜年问候，新郎拜会岳家长辈，都必须携带着它。（图5-35）

## 烟荷包

男人的烟荷包比女人的大，飘带钉在荷包的口子上面，用两条带子连接。口子下面挂银烟垢钩子，最上面配银挂钩，出门别在腰带上，用贴绣、刻绣、刺绣、镶嵌等方法绣出来，纹样特别注意要适合男性。上了年纪的女性也有吸烟的习惯，烟口袋的飘带缀在开口的下面，纹样要适合女性，走路的时候揣

5-35 翁牛特新郎腰带上别的长条白巾（图自《翁牛特蒙古族服饰》）

235

在怀里。女子往往给心爱的人缝绣烟荷包，出嫁时缝绣大量烟荷包送给男方的兄弟姐妹。烟荷包也可以送给其他人，以示友好。（图5-36）

## 香袋、针线包

香袋又叫荷包，香袋里装麝香或香草，戴在前襟扣子上又揣在怀里。针线包也与香袋的放法一样。翁牛特女子从少女时期就可以戴这两种东西。（图5-37、图5-38）

## 帽子

翁牛特人根据季节，戴圆帽（圆顶圆檐帽）、礼帽、将军帽、笠帽、带檐帽、狐帽、毡帽、马胡子，孩子们还戴虎头帽、猫头帽等极富装饰性的帽子。（图5-39~43）

## 裤子

翁牛特裤子不分前后，高裤腰，肥裤裆，尖裤腿。男女款式一样。

5-38　香袋（图自《翁牛特蒙古族服饰》）

5-36　烟荷包（图自《翁牛特蒙古族服饰》）　　5-37　针线包（图自《翁牛特蒙古族服饰》）

5-39　翁牛特毡帽（图自《中国蒙古族服饰》）

5-40　翁牛特圆帽（图自《中国蒙古族服饰》）

5-41　翁牛特劳布吉帽（图自《翁牛特蒙古族服饰》）

5-42　翁牛特圆帽（图自《翁牛特蒙古族服饰》）

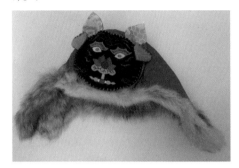

5-43　孩子的虎头帽，鼻子和嘴巴是用莲与藕对出的（那木太苏荣供图）

## 姑娘媳妇的区别

　　女人的服饰里，姑娘和媳妇的区别很大。姑娘梳圆顶头，十二岁扎耳朵眼儿，十三岁在背后梳一条大辫子，有的在头顶单戴一条珊瑚发带。头戴毡子瓜皮帽，用库锦沿边，上面绷貂皮、水獭皮或绵羔皮。前襟扣子上戴圆形绣花荷包，内放香草。可以穿绣花靴子，但上面不能绣石榴和鸳鸯。不能穿长坎肩。过去姑娘扎腰带，媳妇不扎腰带，1949年以后这种区别逐渐缩小。

　　六七十岁的女性，不再上头用簪，梳双辫垂于胸前。

# 丰富多彩的刺绣艺术

　　翁牛特刺绣在服饰上的应用十分广泛：长坎肩和氅衣式袍服前后身的大面积刺绣，（图5-44）短坎肩和紧身前后的刺绣，前襟、领口、袖子镶边中间的宽条，（图5-45）衩

5-44 大坎肩上的刺绣（图自《翁牛特蒙古族服饰》）　　5-45 镶边中间的刺绣（那木太苏荣供图）　　5-46 袄头上的刺绣（那木太苏荣供图）

头上的云头和纹样，（图5-46）头上戴的护耳，（图5-47）脚下穿的布靴，（图5-48）腰里别的长巾，身上戴的鼻烟壶袋，（图5-49、图5-50）烟荷包、香袋、针线包，胳膊上挎的提包，（图5-51）兜里放的手机袋，家里摆的枕头顶子，（图5-52）刺绣可说是无处不在，无时不有，如果把翁牛特服式和佩件上的刺绣挖去，它们就会显得黯淡无光，精气神荡然无存。

翁牛特纹样图案精美而花样繁多，既有草原上传统的四雄、五畜、七珍、八宝、龙凤、松鹤、兰萨、蝙蝠、篆字，也有本地和江南的杏花、荷花、石榴、佛手、牡丹、燕子、鸳鸯、蝴蝶、白鹭。（图5-53）纹样使用的地方有严格要求，如龙凤不能缝在袍服的下摆上，杏花不能缝在袍服的后背上，少女的衣服上不能绣鸳鸯和石榴，等等。

5-47 护耳上的刺绣（那木太苏荣供图）

5-48 布靴上的刺绣（那木太苏荣供图）

5-49　鼻烟壶袋上的刺绣（图自《翁牛特蒙古族　　　5-50　鼻烟壶袋上　5-51　提包上的刺绣（那木太苏荣供图）
服饰》）　　　　　　　　　　　　　　　　　的刺绣（那木太苏
　　　　　　　　　　　　　　　　　　　　　　　荣供图）

5-52　枕头顶子上的刺绣（图自《翁牛特蒙古族服饰》）

　　刺绣的时候多半要在架子上绷展。这跟别的地方把要绣的布料（缎子、倭缎）铺在下面，上面粘上纸样，拿在手里再进行刺绣的方法大不一样。

　　他们手工刺绣的画样看起来美妙、生动、富有立体感。根据最新统计，翁牛特地区有三十三种刺绣技法，这些技法也表现了翁牛特服饰的主要特点。现在介绍常用的几种：

## 刺绣

　　科尔沁传统的整齐绣法、长短针绣法、阶梯绣法、斜针绣法，在这里都使用得十分普遍。（图 5-54~58）翁牛特还有一种盘绣，是专门用来绣动物的眼睛的。刺绣和贴绣里面的蝴蝶或鸟兽的眼睛，如果用盘绣的方法绣出来，就会显得传神和生动。方法是，把绣针从面料上拔出来准备再进针的时候，用

a 佛手石榴

b 鸳鸯莲花

c 鹤莲

d 鱼儿钻莲

e 鹿鹤

f 蝴蝶水仙

g 凤凰牡丹

h 杏花

5-53 翁牛特刺绣纹样举例（图自《翁牛特蒙古族服饰》）

5-54 整齐绣法（图自《翁牛特蒙古族服饰》）

5-56 阶梯绣法（图自《翁牛特蒙古族服饰》）

5-55 长短针绣法（图自《翁牛特蒙古族服饰》）

5-57 斜绣（图自《翁牛特蒙古族服饰》）

5-58 全部刺绣的女靴（斯日吉玛绣）

丝线在针尖上绕几圈，然后再扎下去，出来的效果就很像动物的眼睛。

## 粘贴

用各种各样布缎的下脚料，剪成符合图案要求的花草、果木、鸟兽、云、水、山、火等不同形式的纹样，贴在相应的地方，并将边缘固定，这就是贴绣。它在蒙古服装的缝制中占据重要地位，具有浓郁民族色彩。这种方法学来简单，缝来容易，省下了整料。纹样的色彩跟动植物的形象吻合，看上去富有立体感，翁牛特妇女使用最为普遍。

翁牛特的靴鞋帮勒、枕头顶子、衣服的

边角、帽子护耳、摔跤套裤和坎肩、鼻烟壶袋、针线包等，上面都要用到贴绣。

1. 粘贴流程

第一步，在靴鞋帮勒、鼻烟壶袋、荷包的上面，把要用的纹样画好。

然后留一份备份，作为原始图样，另一份要为剪贴做准备。

第二步，准备各种颜色的布条子、缎片、剪刀、浆糊、针锥子、小木板等，粘贴用的浆糊要用小麦面做成的稀浆糊。

第三步，把图样的各个部分剪出来，贴在各种颜色的布条上面。贴的时候，把浆糊抹在每个部分的正面，贴在相关布条的背面，然后剪下来。剪的时候，布条外面要留出一刀背宽的余头。

第四步，在余头上涮上浆糊，放在小木板上，用针锥子的尖卷回来贴上。卷回来的边缘要整齐一致，否则就和原样大小不一。整个一张纹样都要这样，一步一步，一片叶子一片叶子地贴好。

贴的时候需要注意的是，部分纹样在弥接的时候，先要贴的部分和另一部分中间不需要卷折，就那么接住就行。一片叶子要用两种颜色的布条剪贴的话，其中一半要留出一个布边（不用卷贴），以方便和另一半贴上。

第五步，纹样的各个部分全部剪贴完毕，再按原始纹样，把各个部分拼在一起，成为一个完整的图案。在靴鞋的帮勒或者鼻烟壶袋、荷包的表面剪贴完毕以后，图案要固定下来，纹样的各个组成部分不能错位。

按照上述的步骤把纹样贴完以后，只是

完成了四分之一。如果把靴子勒子和帮子上都贴完的话，同样的纹样需要四份，也就是帮子左右各一份，两只靴子共四份。所以，要在一份的基础上一模一样复制四份，其中两份在纸样上涂上浆糊以后贴在布条上，另外两份在纸样的背面涂上浆糊贴在布条上，这样才能两两合套在一起。往纸样上贴的时候在哪一面涂浆糊应当注意。圆头布靴的帮子上贴两份，但是左右必须对称，不能贴成一顺子。（图5-59）

2. 缝纫技法

贴在靴鞋帮勒上或者鼻烟壶袋、荷包表面的纹样，要缝上去固定好。完成这一步的时候，要让丝线或棉线的颜色跟贴上去的每一部分的颜色互相协调，这一步骤一般用补法、缭法。

补法比较简单，又能使纹样突出。其法是把背面扎出来的针在纹样的边上稍稍挂住一点儿，然后把线全部拉出来，在往下进针的时候，纹样边上卷回的部分随着线的揪紧向下凹进。差不多在原来向上出针的地方向下把线拉紧，用这种办法把纹样一部分一部

5-59 粘贴绣法（图自《翁牛特蒙古族服饰》）

分地缝住。这种缝法，可以把走线的痕迹隐藏起来。缝的时候纹样的边缘要留多宽的边就一直留多宽的边，而且拉线的时候松紧必须一样，如果一松一紧或者进针的地方在边缘上的位置深浅不一，看上去就很不雅观。

缭法比补法要细腻一些，同时缝者的巧拙会明显表现出来。缭法实际上并不是真正的缭法，也是一针向上一针向下来回进出。但是，进针的时候先不从贴物的边上进针，而是从卷回部分的里侧出针，而后把线全部拉出来，再向下进针的时候，才把卷回的部分稍稍挂住一点儿，用这种缝法走线的痕迹可以明显地看到，好像正好从剪贴物的边上缭过来似的，看上去非常整齐，所以称为缭法。使用缭法的时候，各部分线的颜色要协调，同时走线的痕迹要不留空隙，从边上进针的深浅应当一致。缭法用得好，缝出来的纹样就像贴绣的边一样整齐好看。

添线绣法。为了使缝上去的纹样显得更加生动和鲜艳，要用另一种颜色的丝线在贴花上再绣一次，这种方法就叫添线绣法。这种绣法可以使花木的脉络和枝干、鸟雀的羽毛、鱼鳞、鱼鳍更加清晰。用另一种颜色的丝线在上面有关的地方再绣一次，并不会覆盖原来贴上去的，只会使颜色看上去更柔和自然。

## 剜刻

心灵手巧的蒙古族妇女用布匹、缎子、倭缎、大绒、粉皮、粗面皮革等材料剜刻成各种各样的图案纹样，缝在衣服、帽子护耳、靴鞋、马鞍、摔跤坎肩、套裤、荷包、鼻烟壶袋、针线包等上面。

它的方法和步骤如下：

第一步，从倭缎、大绒、布料、缎子、粉皮、粗面皮革等材料中任选一种，做好准备。另外，跟贴绣一样要准备浆糊、剪刀、针锥、木板等材料。

第二步，剪纹样。要一式两份，一份作为标本留着，贴的时候参考，一份准备剪贴的时候使用。刻花的纹样不能像贴绣似的一部分一部分分开来剪，而是把一套纹样一次性完整地刻出来。所以，纸样上的图案都是完整互相连接的，刻的时候也是这样。

第三步，在刻好的纸制纹样表面，普遍涂上一层浆糊，粘在倭缎或大绒背面。粘的时候纹样的边上要留出刀背那么宽的余头。

第四步，折出余头。纹样边上折叠回来的部分（余头），由于各种原因，比纸样刻出来的边留得要窄。

布料上留出的边（余头）要折回来贴上，而且要用针锥子帮忙。

第五步，刻出来的图案贴上去以后，要在空隙的地方把各种颜色的布条贴上去，以便使刻花更加美丽突出。纹样下面垫的布条要和整个图案吻合，可用一种或几种颜色。

第六步，把剜刻好的纹样贴在靴子的帮勒上面，用缭法固定。如果是荷包等软薄之物，直接贴上去就可以了。

纹样下面垫的彩色布条颜色越鲜艳，就会衬得纹样更加突出。男人靴子的帮勒上大多使用蓝色、粉色或绿色的材料做铺垫。荷包、烟口袋、摔跤坎肩套裤、帽子的顶饰等一般都用艳色的布条做铺垫。

倭缎或者大绒做的纹样有的边缘不用卷回，直接按刻好的样子缝上去就行；粗面皮革和粉皮纹样的边缘一般不用卷回，直接刻出就行。

靴子勒子帮子上的纹样，一定要两两成对做成四份贴上去。这样就要把纹样的纸样子刻成四份。贴在倭缎或者大绒上的时候，两两相同的纸样都在正面涂上浆糊，贴在倭缎和大绒的背面。圆头布鞋或者一对枕头顶子、袖口上面等，做的刻花都要按着纸样一式两份刻出来，在纸样正面涂上浆糊，贴在材料背面。（图5-60）

把纹样缝上去的时候，因为和贴绣的情况不同，相应地使用补法、缭法、缉法、绕针等方法。

5-60　剜刻的靴勒（未完工，斯日吉玛供图）

布缎或者倭缎的纹样比较薄，所以大部分就像刻绣似的卷回来贴上去，这种纹样多半用贴绣的补法固定。

大绒或倭缎刻的东西，有的不用卷回，直接刻出来，所以，卷出来的毛边一定要仔细压好。这种刻出来的东西，一般多用刻绣的缭法压边。有时候也把两边对齐，用翻"8"字绕针的办法压边。

粗面皮革和粉皮剜刻的东西，一般又硬又厚，同时没有毛边，一般在边上留线宽的一条，用来缉住即可。缝纫机出现以后，这部分任务一般都让它完成。但是因为纹样的弯曲部分很多，有时候还是要手工完成。

## 绕针

这种技法特别适合各种纹样的缝纫，所以在蒙古人的缝纫中占有重要的地位。绕针缝出来的东西看上去漂亮，穿起来结实，所以广泛使用在靴子的缝纫上面。除了靴子以外，摔跤坎肩、套裤、马鞍上面也用这种方法。

绕针有好几种，比如扁平绕针、藏线绕针、翻"8"字绕针等。

### 1. 扁平绕针

用一根细针、一根粗针。粗针上纫上要绕的线，针头朝下别在前襟上。细针上纫进两股或单股线，从要绣的面料上扎过来的时候，把粗针上的线头用手往紧捻一捻，反时针在细针上绕一圈，用左手拇指的指甲，把那个绕出的线环压住，把细针完全拔出来，挪一下位置再扎进去。当从背面扎过来的时候，再把粗针上的线头捻紧，在它上面绕一圈，用左手拇指的指甲，把那个绕出的线环压住，把细针完全拔出来，再朝背面顺原来的针眼扎过去。如此循环往复，按照缉线的方法，跟着轮廓把纹样全部绣完，注意保持相同的针距。那个粗针所以要别在胸前，是要它不断提供绕针的线，而且使用起来十分顺手，避免纠结缠绕。它并不直接参与刺绣。云纹、单双钩、盘龙、仙人掌、海螺、金钱花、玉玺、团花，都可以用这种针法刺绣。（图 5-61）

### 2. 藏线绕针

这种绕针法，绕的线比扁平绕针粗点儿为好。方法上二者也差不多，不同点是，闭线绕针扎下去的针，不是返回来再扎，而是把绕向左边的线圈压住，把线完全拉出去，如此沿着纹样画下的线反复绣下去。这样绣下的东西不露针脚，仿佛放着一排就要滚动

的珊瑚珠子，好像是用珊瑚珠串把纹样穿出来似的。这种绣法也很结实。

### 3. 翻"8"字绕针

翻"8"字绕针用两条线，两根针，粗针粗线固定在胸前，是往上绕的；细针细线在布上出入，把绕在它上面的线固定在布上。

第一步，细针从背面出来，粗针打个环（"8"的一半），逆时针绕在它上面，用左手指甲压住，右手把线拉到头，揪紧。

第二步，从第一个环儿的旁边进针，在背后把线拉到头，估摸从第二个环儿的中间出针，顺时针把第二个环儿绕上去，从旁边进针，在背面拉紧。

第三步，估摸从第二个"8"字上面的中间出针，粗线逆时针绕在它上面，从旁边进针，从背面拉出揪紧。

第四步，从"8"字下面的环儿出针，逆时针把线绕在它上面，用左手指甲压住，右手把线拉到头，揪紧。

第五步，从"8"字下面环儿的旁边进针，在背后把线拉到头，估摸从第二个环儿的中间出针，从第三个"8"字上面的中间出针，如此循环往复。（图 5-62）

5-61　绕针绣的男布靴（图自《翁牛特蒙古族服饰》）

5-62　翻"8"字绣示意图（斯日吉玛供图）

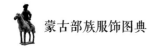

# 翁牛特人穿衣的习俗和禁忌

翁牛特人把衣服看作有生命的东西，帽子是主人头上的生命，衣服是身上的生命，靴鞋是脚上的生命，所以穿衣有许多忌讳。

帽子不能歪戴，不能朝后戴，不能翻过来戴，否则就是跟头开玩笑。不能从别人帽子上跨过，否则就等于从别人头上跨过；不应把帽子放在火上烤，否则就等于把脑袋放在火上烤。给佛爷、死去的老人磕头，可以不戴帽子，给活人叩头一定要戴帽子。不能跟别人换戴帽子，因为不能跟别人换脑袋。帽子不能乱丢乱放，别人丢的帽子不能捡，也不能向别人要帽子戴。不能在帽子上再戴帽子，否则就好比有了老婆再娶老婆。

领子是衣服的首领。不能把领子竖起来放置，不能把领子朝下放置，也不能朝门放置。穿衣时领子不能朝后。不能不扣扣子敞着胸怀走路，不能用嘴咬衣服的扣子、纽襻、襟头、袖口，不能用袖子擦鼻涕。不能践踏领子，不能从挂着的衣服下面钻过去。

一个人一生穿多少衣服是有定数的，所以特别注意不能把衣服穿完，别人做的新衣，衣服的主人不能先穿。

男人不能不扎腰带出门，不能拖着腰带出门，忌讳进别人家时把腰带脱下来。晚上解下的腰带要折成三折，放在枕头底下，或者绾个金刚杵放下。因为腰带就是主人的象征。

靴头是主人的鼻子，别人不能敲打这个地方。

不能坐在枕头上，因为枕头是头枕的地方，屁股不能接触。

龙凤是皇帝皇后的象征，不能做在普通人的衣服上面。忌讳把龙凤做在下摆尤其是后下摆上。龙凤做在后下摆上，等于人坐在龙凤身上。

忌讳把杏花做在衣服的后面，认为把杏木背在背上不吉祥。

死人的衣服不缀扣子纽襻，所以活人不能穿这样的衣服。衣服穿久要扔掉的时候，领子要拆下来，靴子的底子要留下，把其余部分在人看不到的地方扔掉。破旧的帽子、衣服的领子要烧掉。

敖汉部

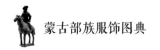

# 敖汉部为达延汗玄孙之后

十六世纪初，俺答汗强大起来，有东渐之势。达赉孙为了避免俺答汗的侵扰，由宣府、大同以北的牧地，东迁至西辽河上游希拉穆仁河流域。敖汉部首领看到局势不妙，于明嘉靖元年（1522年）先行东迁至大凌河、老哈河之间游牧，分占了原喀尔喀部所据的老哈河南北两岸。额森伟征诺颜居地之东北，号其所部为奈曼，岱青杜棱居西南，号其所部为敖汉，意为老大。岱青杜棱是哥哥，额森伟征是弟弟。他们都是巴图孟克达延汗的玄孙，达延汗长子图噜博罗特的重孙，出于"老大"一门，故称敖汉。明万历八年（1580年），岱青杜棱强大起来，掌握了敖汉部实权。但这时北元、后金、明朝之间角逐剧烈，皇太极渐有后来居上之势。后金天聪元年（1627年），岱青杜棱长子索诺木杜棱、次子塞臣卓里克图投附后金。天聪三年（1629年）塞臣卓里克图之子班第娶固伦公主。崇德元年（1636年），授班第为敖汉札萨克多罗郡王。编定敖汉部为五十五佐领，属昭乌达盟。1945年9月，中国共产党在敖汉建新惠县政府，翌年增置新东县。此时新惠、新东与敖汉旗并存，均属热辽地委所辖。

1948年3月新惠县、新东县合并为新惠县，同年6月，敖汉旗、新惠县合并为敖汉旗新惠县联合政府。

1949年3月，取消旗县联合形式，复称敖汉旗，属热河省辖。

1956年1月，敖汉旗划归内蒙古自治区，隶属昭乌达盟。

# 敖汉服饰的特点

敖汉和巴林是同族旗，与翁牛特是联姻旗。服饰上有好多一样的地方。男子棉袍棉袄、单夹袍，胯间开衩，下摆尖峭。不分前后的大裆裤，宽裤腰、尖裤腿。穿平头靴。扎腰带不像乌珠穆沁那样提得高，衣服下摆可以遮住靴勒子。（图6-1）妇女穿棉袍、单夹袍、

白布衫、大襟长坎肩，袍子不开衩。把两条辫子在后面扎起来，戴发带和步摇。穿绕针或绣花尖头靴。敖汉的头饰仍以五簪为主，

6-1　敖汉男女服饰

富家媳妇或加戴脱胎于钿子的额饰。（图 6-2）从二十世纪三十年代开始，由于半农半牧生产方式的影响，青壮年男子的服饰发生了很大变化，他们穿起了适合干农活儿的衣服。夏天戴凉帽、草帽，或者罩白头巾，穿布衫、裤子和布鞋。春秋季节穿有大襟的夹袄、粉皮短坎肩、套裤、靴子。冬天出门或者走阿音(牧区指长途拉运或采买生活用品)的时候，一般不穿老羊皮袍，而穿吊面有大襟的皮袄、皮裤、棉袄，戴貉皮帽子，穿皮靴。只是在婚礼、节庆和正月里仍穿民族服装。妇女在春秋干农活儿或者出门的时候，开始扎腰带。

6-2　敖汉额饰（图自《中国蒙古族服饰》）

# 敖汉妇女头饰

　　五簪与其他地方基本相同，托簪或者相同，或者稍有变异（变为匙形）。因为加了额饰，发带少用一条，所以敖汉妇女的发带只有一条。额饰是敖汉妇女头饰中最有特色的部分，它大概脱胎于钿子上的装饰。上面是火宝和龙凤，下面是"寿"字排列的流苏，通体镂空，

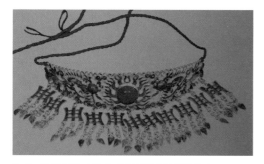

6-3 敖汉额饰（图自《中国蒙古族服饰》）

用铜银做成，两面有带子可以系在头上。（图6-3、图6-4）戴上发带以后，再把额饰戴上去，所有流苏就会从额前垂下来。（图6-5）这种头饰的戴法，与普通科尔沁妇女一样。

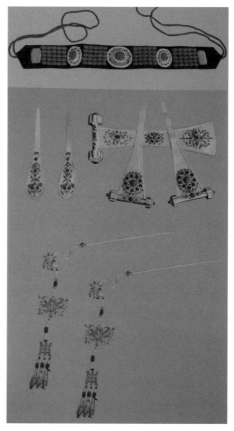

在实际生活中，根据家境和当时的条件，头饰的使用是非常灵活的。我们在敖汉旗敖润苏莫苏木乌兰章古嘎查拍到的上头过程，可以作为一个例证。

第一步，从鼻尖往上正中分开头缝，前后贯通。（图6-6a）

第二步，从颅顶向两侧开缝，把鬓发析出，交给新娘抓住。（图6-6b）

6-4 敖汉头饰（图自《中国蒙古族服饰》）

第三步，把后面头缝右侧的头发梳起来，揪到头顶。把一条足够长的红头绳搭到头顶上，用其中的一半，从发根处把这一部分头发扎起来。（图6-6c）

第四步，用红头绳的另一半，把左侧的头发也从根部扎起来。两面扎出的部分要长短粗细相同。（图6-6d）

第五步，把两枚簪子，从上到下插进红头绳扎紧的发根里。（图6-6e）

第六步，把右侧发根下面的头发，顺时针缠到左侧的发根和簪子下面。再把左侧发根下面的头发，顺时针缠到右侧的发根和簪子下面。这样头顶就出来一个髻子。（图6-6f）

第七步，把左右两边的鬓发，从耳

6-5 敖汉妇女头饰佩戴的情况（图自《中国蒙古族服饰》）

朵背后拧过来，经过后脑勺，塞进刚才盘好的髻子下面。（图6-6g）

第八步，把发带从前往后戴上去。（图6-6h）

第九步，把头巾折叠起来，从前往后在头上扎一圈。（图6-6i）

第十步，戴花。（图6-6j）

第十一步，插簪。

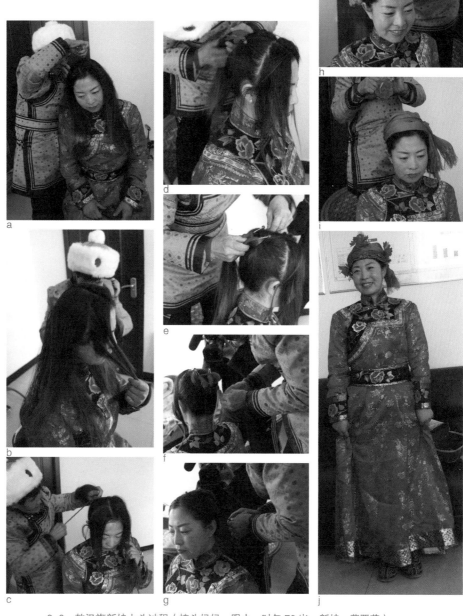

6-6 敖汉旗新娘上头过程（梳头妈妈：跟小，时年70岁；新娘：蔡亚荣）

# 敖汉穿衣四季歌

敖汉男子春秋戴黑绵羔皮或倭缎缝的圆帽或礼帽，穿薄棉袍、夹袍、扎腰带。干活儿时多半穿夹汗褟子、夹裤、粉皮袄（山羊或黄羊皮）、粉皮袍、粉皮裤，外套套裤，扎腰带，穿绕针缉的靴子。夏天戴可以开合的带檐圆帽、笠帽，罩羊肚子手巾，穿蓝袍、白布衫或单汗褟子，单裤、单鞋，骑马穿靴子。（图6-7）冬天穿老羊皮袍、吊面皮袍、大襟皮袄、皮裤，戴狐皮帽、貉皮帽、毡帽。穿带毡袜的皮靴、布靴。

青壮年男子在正月和喜庆宴会上，穿自带团花的蓝缎吊面跑羔皮袍、二茬皮袍，扎绸缎腰带，后面打两个结，外套黑缎子马褂，（图6-8）头顶算盘疙瘩圆帽、狐皮帽。脚蹬绿丝线绕针绣的倭缎靴子，或脚尖、后跟刻着开放或封闭图案的倭缎靴子，里面套穿毡袜，毡袜上缘镶着黑边。右胯上别着木鞘银柄

蒙古刀，左胯上别着带银链挂件的火镰。抽烟的腰带后面别着丝线刺绣、五个飘带的烟荷包和玉嘴烟袋。

上年纪的人衣着朴素，无论皮袍、棉袍、夹袍，从不用艳色面料挂面，（图6-9）扎的茧绸腰带，也不在后面出结。头戴圆帽，或绵羔皮沿边的毡帽。脚蹬黑色丝线绕针的布靴，或者纯倭缎布靴，上面什么也不绣。抽烟的老人腰带上戴鼻烟壶袋，后面别不绣花倭缎烟口袋，或者倭缎刻花的粉皮烟口袋，烟袋有时也直接别在后面。

婆姨们春秋穿蓝色或绿色褡裢布薄棉袍，（图6-10）或前襟、袖口钉绦子的夹袍，黑布或蓝绸子做的右衽长坎肩，（图6-11）各种颜色的丝线绕针绣的布靴，（图6-12）头罩绿色头巾。夏天穿青绿色特尔利格，（图6-13）或白布长衫、黑色长坎肩。冬天穿沿黑边的皮袍，或者吊面皮袍、棉袍，穿白色汗褟子、褡裢布裤子，戴护耳或耳套，穿带

6-7 男子夏装（图自《中国蒙古族服饰》）

6-8 青壮年男子黑缎子马褂（图自《中国蒙古族服饰》）

6-9　中老年男袍　　　　　6-11　妇女长坎肩　　　　　6-13　特尔利格

6-10　妇女薄棉袍（图自《中国蒙古族服饰》）

6-12　绕针绣女靴

毡袜的靴子。一年四季穿袍子但不扎腰带。敖汉妇女虽然也穿布鞋，但是穿袍子的习惯没有放弃，平时头顶上扎两条辫子，用头巾罩住，耳朵上戴绥和，但是不戴其他首饰。中老年妇女穿蓝色、灰色的棉袍，也穿前襟袖口上镶库锦缎的特尔利格。

喜庆宴会、春节期间，女子里面穿领口、前襟、袖子压绦子的棉袍，外套右衽、左右开衩、绦子和库锦装饰的长坎肩，或者在白长衫的外面套不开衩的绿绸子绵羔皮袍、二茬皮袍。脚蹬五颜六色的丝线绕针或刺绣的布靴、满堂花的布鞋。

年轻媳妇贴身穿白长衫，外套蟒缎特尔利格，再套领弯、肩头、裉里、下摆和衩上用库锦镶嵌的黑缎长坎肩。（图6-14）或者在红袍子外面穿前后绣满鲜花、库锦镶边的右衽水摆、左右开衩的长坎肩，脚蹬绣花布靴。如果穿领口、前襟、箭襟、袖口、下摆用库锦缘或者黑缎绣花的宽边卷袖蟒缎皮袍，还要加一截库锦缎挂面、绵羔皮做里子的套袖，保护手指不受冻。头顶盘发插珊瑚和松石镶嵌的银扁簪，戴嵌有松石、玉石的珊瑚发带，头插珍珠、珊瑚珠串的步摇，耳朵上戴穿缀松石、珊瑚或金银的绥和。冷天为了保护耳朵，戴黑缎挂面，狐皮做芯，上面绣满花朵的护耳。腕上戴着镶嵌或者纯银的手镯，手上戴着红宝石金银戒指。

敖汉的姑娘九岁扎耳朵眼儿，如果姐妹较多，按"六四"的规律轮换。即姐姐扎六个耳朵眼儿，妹妹就扎四个耳朵眼儿，伤好以后戴金银耳环，姑娘在出嫁以前不能戴绥和。十二岁以前梳圆顶头，如果梳两条辫子，十三岁的时候必须梳封发头，这种辫子垂在后面，先用红头绳或绒线（或者用穿了小珊瑚珠的丝线）在辫根上密密缠三指左右，下面分成三股辫起来，辫梢上留一握的散头。散头上面的地方，用红头绳或绒线缠紧，或者用二指宽的红绸子绾个蝴蝶结系住。头上戴用库锦做顶饰，上面钉白绵羔皮的呼路布其帽。或者用四四方方的粉头巾罩头，后面打个结子。姑娘穿戴跟年轻媳妇一样，但是发式不同，同时要扎腰带。姑娘长到十五六岁的时候，成衣绣花已经相当熟练。自己用天蓝、草绿、粉红绸缎布匹做成不开衩的夹袍或皮袍，在领口、前襟和下摆上做精致的镶嵌和绣花。（图6-15）或者穿白色长衫，扎红绿缎子的腰带，脚蹬自己绣的满堂花的靴子或布鞋。

6-14 黑缎长坎肩　　　　6-15 姑娘紧身（图自《中国蒙古族服饰》）

# 奈曼部

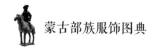

# 奈曼部同为达延汗玄孙之后

奈曼也称乃蛮，原是蒙古高原的突厥部族。1204 年被成吉思汗攻灭，大量乃蛮人融入蒙古部族，成为蒙古民族共同体的成员。十五世纪中叶奈曼以察哈尔万户一鄂托克见诸史册。十六世纪初，达赉孙为了避免俺答汗的侵扰，由宣府、大同以北的牧地，东迁至西辽河上游希拉穆仁河流域。敖汉部首领先行东迁至大凌河、老哈河之间游牧，分占了原喀尔喀部所据的老哈河南北两岸。巴图

孟克达延汗玄孙额森伟征诺颜居地之东北，号其所部为奈曼。后金天聪元年（1627 年），额森伟征之子衮楚克巴图鲁投附后金。次年因随后金征讨察哈尔有功，被赐予达尔汉称号。崇德元年（1636 年），授衮楚克巴图鲁札萨克多罗达尔汉郡王，把所属二十四鄂托克编为一旗由其管理。1945 年 8 月，抗战胜利后，奈曼旗隶属哲里木盟管辖。

# 奈曼服饰的特点

女袍以前无肩，富者绣花，贫者无花。女袍气口二指，男袍气口三指。女袍无袖箍，袖口绣如襟。为骑马双开衩，在膝上一拃，无斜子。男袍前襟上有中缝，亦无斜子。男女袍都有兜，缝在底襟上。

坎肩叫乌吉，女式两侧圆形，清代多琵琶襟。

特尔利格里面穿袷木袷，即衬衣，夏天穿在外面的，有简易纹样，女式亦可有纹样。白色袷木袷的外面是特尔利格，特尔利格的外面是乌吉（长坎肩）。或者袷木袷外套棉袍再穿长坎肩，或者袷木袷外套绵羔皮袍再穿长坎肩。（图 7-1）绵羔皮袍都吊面，女子穿着。跑羔皮袍、二茬皮袍男子穿着，都有面子。放牲畜时穿白茬老羊皮袍，白板不吊面。

7-1　奈曼长坎肩和蒙古袍（内蒙古博物院藏）

# 奈曼妇女头饰

奈曼头饰同属科尔沁的五簪体系。发带多用一条，宽约5厘米，长约33厘米，材料和构造与别处相似。（图7-2）扁方长约16厘米。三角形发簪每副两个，头上有齿轮和镶嵌。发筒每副两个，多在5.5厘米左右。这些部件是一样的。（图7-3）差别主要在托簪上。奈曼的托簪自成一格，头上是委角三角形，

7-2　奈曼的发带、扁方和三角形扁簪（图自《中国蒙古族服饰》）

7-6 凤鸟步摇（图自《中国蒙古族服饰》）

7-7 蝉头钗（图自《中国蒙古族服饰》）

7-8 奈曼的绥和（盛丽摄）

7-3 奈曼的发带、扁方和三角形托簪（图自《中国蒙古族服饰》）

7-4 奈曼的三角形托簪（盛丽摄）

7-5 扁簪上的道家暗八仙，圆头簪上的蝙蝠和"寿"字（图自《中国蒙古族服饰》）

或有镂空，无任何镶嵌。（图 7-4）五簪多用烧蓝和錾花造出，工艺相当精湛。每副都经过精心设计，内部风格统一。（图 7-5）奈曼的步摇、发簪吸收了钿花的工艺，立体设计，动感很强。（图 7-6、图 7-7）绥和也相当别致。（图 7-8）

# 奈曼男女服式

## 女服

### 1. 长坎肩

科尔沁最普遍的褂襕。（图7-9）奈曼旗王府博物馆收藏的第一件服饰，就是长坎肩。长坎肩有年龄的区别，少女是不准穿长坎肩的，而老年妇女的长坎肩比较朴素。（图7-10~12）

### 2. 长布衫

即裕木裕，贴身穿的单蒙古袍，一般套在特尔利格里面。夏天单穿在外面的，有简易纹样，女式亦可有纹样。

7-10　年轻媳妇长坎肩（奈曼乌兰牧骑供图）

7-11　老年妇女长坎肩（奈曼乌兰牧骑供图）

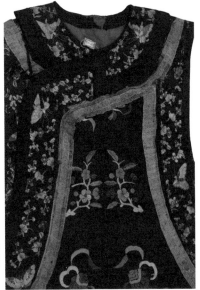

7-9　清代长坎肩（奈曼旗王府博物馆藏）

7-12　少女是不准穿长坎肩的（奈曼乌兰牧骑供图）

7-13 由氅衣脱胎而来的奈曼女袍（图自《中国蒙古族服饰》） 7-14 女袍（吴高娃制）

### 3. 女袍

由氅衣脱胎而来，（图7-13）吴高娃制作的女袍大体上也是这种类型。（图7-14）也有衬衣脱胎而来的。（图7-15）

### 4. 女坎肩

奈曼旗王府博物馆收藏的第二件清代服式，就是女坎肩。（图7-16）

### 5. 女夹衫

奈曼旗王府博物馆收藏的第三件清代服式，就是女夹衫。（图7-17）

## 男服

### 1. 男袍

传统男袍比较朴素，近年装饰华丽。品种不

7-15 脱胎于衬衣的奈曼女袍（图自《中国蒙古族服饰》）

7-17 清代女夹衫（奈曼旗王府博物馆藏）

如女袍丰富。（图 7-18、图 7-19）

2. 马褂

马褂是男子讲究的衣服，套穿在袍服外面。

（图 7-20）

3. 坎肩

奈曼部男子坎肩做工细致，穿戴普遍。多
为琵琶襟。（图 7-21~23）

7-16 清代女坎肩（奈曼旗王府博物馆藏）

261

7-20 男子马褂，（内蒙古博物院藏，图自《中国蒙古族服饰》）

7-18 传统男袍（春英制）

7-21 男式坎肩（吴高娃制）

7-19 当代男袍（吴高娃制）

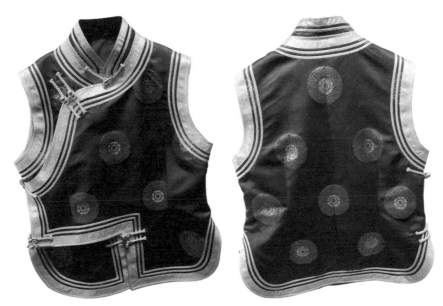

7-22　男式坎肩（吴高娃制）

7-23　男式坎肩（春英制）

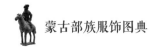

# 奈曼男女靴帽

奈曼的绣花靴子同样出名，女靴开始简单朴素，后来争奇斗艳。（图7-24）男靴以绕针为主，年轻人用绿色丝线，老年人用黑色丝线。（图7-25）帽子有瓜皮帽、王爷帽、四耳帽（尖顶，有疙瘩）、圆帽、护耳。

7-25　男靴（吴高娃制）

7-24　女靴

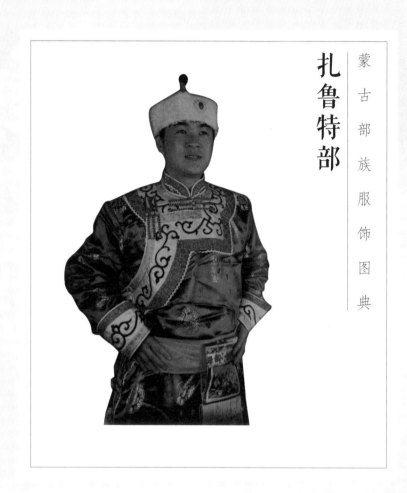

扎鲁特部

蒙古部族服饰图典

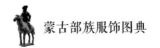

# 扎鲁特为达延汗五子后裔

扎鲁特部为达延汗第五子阿勒楚博罗特后裔，北元后期系喀尔喀万户左翼——内喀尔喀五部之一。十六世纪中叶，由喀尔喀河流域南迁，驻牧于辽河河套（三岔河）一带。明嘉靖三十九年（1560年），乌巴什继承其父和尔朔齐哈萨尔（阿勒楚博罗特子）之位，号卫征诺颜，称所部为扎鲁特，扎鲁特部从此见诸史籍。天聪二年（1628年）归后金，内齐、色本等台吉因随后金征战明朝有功，崇德元年（1636年）赴盛京参加漠南十六部四十九王拥戴皇太极称帝大会。顺治五年（1648年）清政府授内齐之子尚嘉布札萨克多罗贝勒，掌扎鲁特左翼，领扎鲁特原有牧地和部众；授色本之子桑噶尔札萨克达尔罕贝勒，掌扎鲁特右翼，从扎鲁特划出部分牧地和部众令其管辖，皆世袭罔替。扎鲁特旗治系由此而来。原属昭乌达盟。1924年，热河都统（后改为省）成立鲁北设治局（鲁北县，今鲁北镇所在），扎鲁特左右二旗出现蒙汉分治局面。1935年，伪满洲国下令扎鲁特二旗合并为一旗，取消分治建制。1946年解放，成立扎鲁特民主政府。1947年划归辽吉省哲里木盟。1949年4月，随哲里木盟划归内蒙古自治区至今。1999年改为通辽市。

# 扎鲁特服饰的特点

扎鲁特地区为典型的大陆性气候，高寒酷热。艳阳天穿汗褡子、袷木袷。汗褡子和袷木袷俱为单层，均可外穿（汗褡子为人妇后一般不可）。汗褡子为短衫，袷木袷为长袍，通常袷木袷穿在汗褡子外面。袷木袷左右开高衩，图其凉快。（图8-1）按理扎鲁特属刺绣之帮，应该刺绣镶边，尤其是女性的袷木袷，但偏偏没有，只把面子缅回来缝上。（图8-2）到了严冬，牧区都有的那套皮衣穿在身上的时候，左右一律不开衩，天不饶人也。

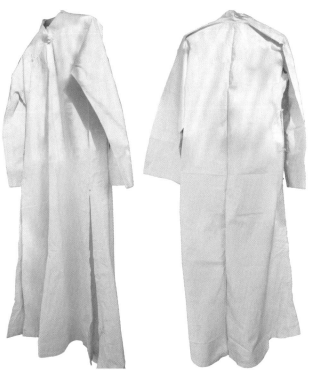

8-1　女子裕木裕，五扣高衩（斯日吉玛供图）

8-2　裕木裕不镶边（斯日吉玛供图）

扎鲁特妇女擅长刺绣，袍服、坎肩、护耳、靴鞋、荷包、香袋、针线包、烟口袋无不刺绣，无不有祖传的成套纸样。甚至一个地方有一个地方的纹样，看纹样就能知道家住哪里。长坎肩又叫乌金乔巴，整个前襟和下摆绣满花朵。长坎肩里面套穿的特尔利格（夹袍），袖子上都有四五层库锦和绦子镶边。因为被前面的长坎肩遮挡，夹袍的前襟尤其下摆不绣。（图8-3、图8-4）摇篮的袋子，别处都用皮条，她们却用绸缎，上面绣着花草、蝙蝠等物。靴靿上踝骨与镫绳接触的地方，容易磨破，便另加一块厚料，叫作哈希。哈希一般比靴帮上的料厚实，也要刺绣出来，兼有美

8-3　贴绣长坎肩（吴英嘎制）　　8-4　长坎肩里面的夹袍（吴英嘎制）

267

观和保护靴子的作用。（图8-5）鼻烟壶袋的刺绣，有一种普通的，有一种工艺的。（图8-6）普通的使用库锦和绦子装饰，工艺的上面还必须绣花。扎鲁特妇女把绣花的叫作有面子的，可见对绣花比较看重。（图8-7）还有许多靴子，绣得五花八门，不知男女。只有懂行的人才能告诉你，男靴绣线是单色的，绕针为主，分全绕针、绕刻结合、全刻几种，一般不用贴绣。虽有花纹，一般也是回纹、犄纹之类几何纹样，鸳鸯蝴蝶之类绝少。（图8-8）女靴刻绣、刺绣、贴绣和各种针法都有，各色丝线全能用上，纹样图案也应有尽有，年轻女性的尤为亮丽。（图8-9）所以男靴女

靴还是有区别的。因为看重刺绣，便以绣品作为礼物送人，小到荷包、烟口袋，大到绣花绕针靴子。马亥是扎鲁特特有的足服品种，跟鄂尔多斯的马亥不同，没有靿子，应是鞋子一类。有夹的和絮棉花的两种，以后者为主，为冬天日常穿用的足服。（图8-10）

8-7 有面子的鼻烟壶袋（图自《扎鲁特蒙古族服饰刺绣工艺》）

8-5 男靴上哈希的刺绣图案（图自《扎鲁特蒙古族服饰刺绣工艺》）

8-6 普通的鼻烟壶袋

8-8 刻绣绕针男靴（斯日吉玛制）

8-9　全绣女靴（吴英嘎制）　　　　　8-10　马亥

# 扎鲁特头饰

扎鲁特妇女头饰，也是五簪，两发带，有网格的发带戴在前面，与别的科尔沁部族没有什么区别。（图8-11）梳戴过程大体如下：

第一步，从正中开头缝，把头发一分为二。（图8-12a）

第二步，从右半边开始，用红头绳把头发从发根处扎住（用一根或两根长头绳均可）。（图8-12b）

第三步，把两半边的头发都辫成三股辫子。（图8-12c）

第四步，把辫子装入发筒（先左后右）。（图8-12d）

第五步，把两个三角形扁簪，从上往下

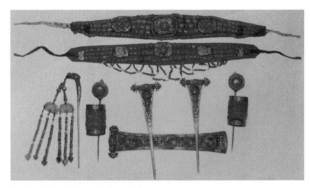

8-11　扎鲁特头饰（庞雷摄）

插入发筒。（图8-12e）

第六步，把扁方横卡到两个三角形扁簪的里面。（图8-12f）

第七步，把两个托簪从下往上，插到发筒里面，有花的那面朝外。（图8-12g）

第八步，把留在发筒外面的头发，左面的向右缠，右面的向左缠，都缠到五簪下面。（图8-12h）

第九步，从前往后，用绿头巾把头发包

起来，只把五簪露在外面。（图 8-12i）

第十步，戴下面的发带。（图 8-12j）

第十一步，戴上面的发带，再先后戴右边和左边的步摇。左面一般还会再戴一支簪子。（图 8-12k）

第十二步，戴护耳。（图 8-12l）

a

b

c

d

e

f

g

h

i

j

k

l

8-12　梳戴过程

# 扎鲁特男女穿着概况

男人头上戴圆帽、瓜皮帽、礼帽、马胡子（劳布吉），（图8-13）身穿特尔利格、坎肩、马褂、棉袍、粉皮袍、粉皮裤、套裤（不是摔跤穿的）、跑羔皮袍、吊面皮袍、二茬皮袍、老羊皮袍、达赫等。脚穿靴鞋、马亥等。

特尔利格是蒙古族的主要服式。男式的大多用自带团花的黑、蓝色缎子或天蓝、月白、杏黄色缎子制作，钉金银扣和布绾的扣子。特尔利格又分有马蹄袖和无马蹄袖两种。遇上喜事，扎鲁特男子身穿特尔利格，扎上长长的腰带，外套镶嵌漂亮的缎子马褂，头戴圆帽或礼帽，脚蹬倭缎绕针刻花布靴，腰别漂亮的烟口袋，也是风景一道。（图8-14）扎鲁特人很看重绸缎做的衣服，缎袍一般都要挂里子，当地也叫作缎夹子。扎鲁特人的袍子都要镶边。男人和老人的袍子，一般多用深色缎子缝成，用库锦镶边。中青年男人的袍子也用刻绣镶边，使用山、水、云、火、

马、兽、龙等纹样。

扎鲁特人讲究面料和镶边颜色的协调。袍子的面料是白色或黄色的话，镶边应该是黑色、绿色、青色或者红色，或者用上面有金线的黄色绦子。袍子如果是红色的话，镶边应是绿色、黑色、青色、白色或者金黄色等。袍子的面料如果是咖啡色或灰色的话，用黑色、绿色、金色、银白色沿边。袍子的颜色如果是蓝色或天蓝色的话，用红色、绿色、深黄色、粉红色镶边。扎鲁特蒙古人喜欢用

8-13　男子马胡子帽（图自《扎鲁特蒙古族服饰刺绣工艺》）

8-14　蓝绿缎自带花面料、库锦刻花镶边的特尔利格（图自《扎鲁特蒙古族服饰刺绣工艺》）

对比色，它们衣服的纹样里往往能看到几种相反相成的颜色。

男子的衣服里还有英雄坎肩，穿在特尔利格外面。用各种各样的倭缎、大绒或缎子制作，周围刻成云头、吉祥结、高哈（犄纹）、玉玺纹缝上去，再用库锦沿边。英雄坎肩最大的特点是前后两片是分开的，穿时用纽扣连接。来源于战争年代的甲衣。（图8-15）

马褂也叫夹袄。注重用黑缎子做面，不镶边或镶边，镶边有镶单边或二三道边的。同时一定用几色库锦镶边，钉含金线的布绺扣子、银扣和珊瑚扣子。马褂穿在男子裕木裕或夹袍外面，扎上纺绸茧绸腰带以后，再套马褂。马褂除了给胸腹保暖，还显得尊贵大气。

男子的靴料一般都是黑色倭缎。平素或干活儿穿的靴子，一般多用蓝、黑布料挂面，用纳、缉、透针、钩针等普通针法缝成，但也配玉玺、回纹、单钩或双钩、云纹、灵芝、兰萨等简单的纹样。（图8-16）靴子里配穿毡袜、棉袜，袜子的上边（奥木格），用库锦缎子、倭缎、大绒等刻花装饰，袜底上还绣鱼、蝶、花、草等纹样。（图8-17）

蒙古靴适合在深草中跋涉、骑马、打猎、转场。皮靴里包括香牛皮靴、白特格、生牛皮靴、软底皮靴等。靴材还有皮革、毡子等。有牛皮、驴皮、马皮、驼皮、羊皮等。制作

8-15　英雄坎肩（图自《扎鲁特蒙古族服饰刺绣工艺》）

8-16　男靴，上边刻绣吉祥结，下面绕针绣云头（图自《扎鲁特蒙古族服饰刺绣工艺》）

毡靴的时候，要用羊绒、羊毛、驼绒、驼毛等材料。

蒙古靴从它的样式来看，有翘头靴、平头靴、软靴等，又分男靴、女靴、童靴和老人靴，这些都在样式、图案和颜色上有所区别。男靴绕针多半用棉线，如果说要点儿颜色的话，

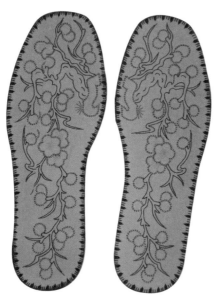

8-17　刺绣鞋垫（图自《扎鲁特蒙古族服饰刺绣工艺》）

8-18　翘头男靴，刻绣绕针（吴英嘎供图）

可以用蓝色或绿色的线，一般不用彩色丝线。翘头靴子的底子上翘，靴头较尖，帮子较窄，靿子高，这种形式便于骑马和在草地行走。（图8-18）现在的旅游鞋上面的翘头很可能也是这个道理。平头靴子的底子平，有点儿后座。男人和老人多穿这种样式的靴子，这种靴子靿子和帮子大小差不多，穿在脚上很舒服。靴头一般不翘，所以很少磨洞，比较结实。老人们的靴子多半用黑蓝色的棉线，用缉线、钩针、绕针等方法缝纫，同时也有刻绣。但是不用颜色鲜艳的布条。不仅靴子，整个袍服都比较暗淡。同时，老人们为了方便，靴子都用短靿。这种靿子一般只有普通靴子的一半。

此外，与靴子配套的袜子有毡袜、布袜或者光脚穿的几种，这要看天气变化，带毡袜的靴子，不仅帮子靿子装饰漂亮，而且在毡袜上面离靴靿两寸高的地方有红色布镶嵌或者刻花装饰。

男人也穿圆口布鞋，圆口布鞋中有比较结实的劳动鞋，也有比较漂亮的工艺鞋。劳动鞋的帮子遍纳出来或者用缉线、钩针等办法缝制。男人穿的工艺鞋用布料或者倭缎、大绒做面料粘成，用彩色丝线绕针绣出佛手、双钩、玉玺、云纹、金钱、蝙蝠等纹样，同时在粉色布做的帮子上用黑色棉线刺绣金鱼、蝙蝠、花草等图案，也用各种各样的刻花纹样装饰。

除此之外，扎鲁特男子还有许多身上佩戴的东西，比如玉嘴银头的烟袋，烟口袋，用松石或珊瑚做盖子的玛瑙或玉石鼻烟壶，图海，火镰，鼻烟壶袋等。不过戴这些东西的时候都有特定的规矩，比如烟口袋要用缎子或倭缎做面，上面用贴绣、刺绣、刻绣等方法，做出各种各样的蝴蝶、花草、鸟兽、

虫鱼、山水，缀上三、四、六、八条飘带，配银子、松石、珊瑚的挂件佩戴。（图8-19）烟口袋戴在右胯后面的腰带上。右胯前面的腰带上，通过银图海戴蒙古刀。

清朝开始，男人们把鼻烟壶作为一种装饰，放入鼻烟壶袋，套进左胯前面的腰带上以后，再把面子上下错开戴上。鼻烟壶袋的面子上，也用刺绣、贴绣、刻绣、绕针等法，做出各式各样的纹样，底子上用库锦缎镶边，垂下丝线穗子。（图8-20）鼻烟壶用玛瑙、玉石、琉璃、瓷等材料做成，顶上镶嵌松石、珊瑚，鼻烟壶上刻有龙、凤、鱼、鸟、花卉。当时鼻烟壶曾经作为社会上层的交际工具，受到人们的青睐。

此外，男子汉的拇指上还戴扳指，中指上戴金银戒指，手腕上戴手镯。

夏天扎鲁特男子在野外草树中间行走的时候，圆头布鞋里面也穿白布袜子，或者干脆光脚丫子穿布鞋。春秋凉季，袼木袼外面也套穿坎肩或马褂。冬季穿二茬皮袍、跑羔皮袍、吊面皮袍、达赫。头戴狐皮帽，脚蹬内套皮袜、毡袜的靴子。为了保暖，皮袍、二茬皮袍、老羊皮袍都不开衩，同时底襟很长。穿上这样的皮袍，不穿棉裤或皮裤也能将就，在单裤外面套穿棉套裤或夹套裤即可。

扎鲁特的老羊皮袍不吊面子，这种袍子毛很厚，非常暖和。为了使这种光板老羊皮袍好看一点儿，要用黑大绒、倭缎或者布条镶一指宽的边，或者再在里面加一道黑色窄边，在下摆上简单做一些花纹。跑羔皮袍就是用半大羊羔皮做的袍子，这种皮袍轻巧暖和，看上去漂亮。（图8-21）跑羔皮做成帽

8-19 绣花烟口袋

8-20 斯日吉玛母亲留下的鼻烟壶袋

8-21 男子跑羔皮袍（图自《扎鲁特蒙古族服饰刺绣工艺》）

子护耳，也很漂亮。它们都是扎鲁特的礼服，一般都要用绸缎布匹挂面，女人的跑羔皮袍用刺绣和贴绣库锦镶边。男人穿的跑羔皮袍，一般用贴花和库锦镶边。

扎鲁特单裤多用黑色或深蓝色布做裤腰，用白花布做料，因为白花布软和，扎上裤腰带也不显臃肿，也可能跟当时生活贫困有关系，白花布比较便宜。棉裤当时都是黑色、蓝色，用白花布做裤腰。

劳布吉是扎鲁特男子在严冬季节戴的暖帽。能把脖颈、耳朵、额头、脸和下巴都包上。在那能把三岁公牛的脑袋冻破的三九季节，戴上劳布吉帽、穿上老羊皮袍、毡袜暖靴，在野外走路不会挨冻。

扎鲁特妇女服式的种类繁多，具有浓郁的民族色彩。夏穿袷木袷、汗褡子，脚蹬平头鞋，上面有刺绣和贴绣的花草鱼蝶，头罩薄纱或纺绸头巾。特别热的时候也穿单衫单裤，到二十世纪六十年代，出嫁的女子忌穿短衫。秋凉的时候，在蓝、黑袷木袷里面，套穿白色袷木袷，或者在外面套穿乌金乔巴（长坎肩）或短坎肩。妇女多数不扎腰带，冬天穿皮袍、吊面皮袍或棉袍（多不开衩），一般不穿棉裤，在单裤外面套穿棉套裤或夹套裤，脚穿靴子，头戴护耳和尖顶帽。

扎鲁特妇女的礼服做得很漂亮，女人的特尔利格用颜色鲜艳的绸缎缝成，用库锦镶边，用五色绦子压条，或者用贴花装饰，使用各种各样的纹样点缀，看去非常亮丽。缎子特尔利格周遭用刺绣、贴绣、绕针、刻花镶边，或者用几重库锦、几道绦子镶边。这种衣服望去像百花盛开一样。特尔利格大多用蓝、天蓝、绿、粉、黄、白色缎料制作。（图8-22）乌金乔巴是扎鲁特妇女传统服饰之一，全用黑缎做料，套穿在夹袍和吊面皮袍外面。乌金乔巴左右开衩很高。大襟、高立领（近年有翻领），下摆肥大，裉里宽松。（图8-23）乌金乔巴也叫长坎肩、大坎肩。姑娘不穿，嫁娘穿。前襟、怀里、衩口和下摆，要绣花，沿几条绦子和库锦。（图8-24、图8-25）有七珍、八宝、蝙蝠、回纹、普斯和（玉玺纹）、山水纹、莲花、牡丹、杏花等。现在有人做成翻领。扎鲁特妇女参加宴会的时候，常常在棉袄、跑羔皮袍、缎夹袍外面套穿乌金乔巴。（图8-26~28）喜欢在棉袄或跑羔皮袍袖边上加花纹图案。一般前襟加一宽条"厂"字绣

8-22　女式贴绣缎袍（图自《扎鲁特蒙古族服饰刺绣工艺》）

8-23　前后绣花的长坎肩（斯日吉玛制）

8-24　有大襟的这面，要扣扣子，裆子可以短点儿（斯日吉玛制）

8-25　左面的裆子不能偷工减料（斯日吉玛制）

8-26　古式长坎肩（萨仁其其格藏）

8-27　这个长坎肩的底襟很小（萨仁其其格藏）

8-28　长坎肩前后绣花（萨仁其其格藏）

花，以便与整个前襟吻合。下摆有时也要出云头和吉祥结。衩口工艺精细：衩头用如意，两边用绦子、库锦压条，中间绣花。各种绣法齐全。冬天参加婚礼穿的吊面皮袍、棉袍，前襟、袖口用黑缎绣边，用库锦绦子压边。扎鲁特皮袍不接马蹄袖，而用套袖。套袖面子上绣花，宽约一拃有余。

扎鲁特妇女穿的靴子有平头靴和尖头、底子后座的靴子两种。（图8-29、图8-30）礼仪场合穿的靴子多半用倭缎或缎子挂面，

上面用刺绣、贴绣和绕针做出各种花卉、鸟兽、山水图案。靴子的靿子一般分两种颜色，各绘纹样，这种靴子全用三根夹条，底子做得很厚，里面配毡袜或棉袜，袜子的上边要绣花草。平常穿的布靴大多用倭缎和布料挂面，帮子靿子上缉线或绕针绣佛手、灵芝、半锁、玉玺、回纹、花果等纹样，有的为了结实，把帮子靿子用股子皮纳出来，或用四针、九针纳出来。双脸鞋是扎鲁特妇女传统的鞋子样式。帮子大多用红粉、玉青、天蓝、黄绿色缎子粘出，鞋口用二指宽的库锦缎沿出来，鞋脸用绿色或黑色股子皮，贴绣、刺绣、刻绣、缉线和钩针都可以用上，底子粘得很厚、很漂亮。鞋子绱好底子以后，前面鞋口跟前要缀一撮红缨。红缨用新鲜的丝线绾出。双脸鞋穿在脚上舒服，样子看上去好看，一般比圆头布鞋更受欢迎。（图8-31）

圆头鞋是扎鲁特人春夏秋三季穿的主要

8-29　尖头靴（吴英嘎母亲制）

8-30　平头靴（吴英嘎母亲制）

8-31　双脸鞋（扎鲁特旗博物馆藏）

足服。扎鲁特老人、男人、妇女的圆头布鞋颜色和做法都不同，另外，干活穿的和场合上穿的也不相同。

妇女的圆头布鞋多数用颜色鲜艳的布子、缎子、倭缎、大绒等缝制。但是干活儿穿的布鞋为了结实，就用布子或倭缎、条绒等做面子，鞋帮要纳出来或者用缉绣、钩针、绕针等方法缝出，这样比较结实。工艺鞋用缎子或倭缎做面，鞋帮上绣着各种各样的草木、花卉、蝴蝶、鸟兽，用贴绣、刺绣、刻绣等办法装饰，颜色五彩夺目。这种圆口布鞋不粘姑娘底子，只用中底和下底组成，因而比较薄。

老人的圆口布鞋大多绕针绣出，纹样的颜色比较浅淡，用钩针或缉线缝出玉玺、单钩、云纹、佛手、瓜、金钱、蝙蝠等纹样。

劳动穿的圆口布鞋，底子不分男女，为了结实都要加缝姑娘底子，鞋底粘得较厚。

扎鲁特妇女在春秋天凉以后穿马亥。马亥的帮子比鞋宽，靴头长，很适合凉季。马亥的面料一般都是黑色倭缎或布，帮子做出漂亮的纹样。也有用倭缎刻出纹样，下面托以新鲜的库锦缎。为了保护马亥上靴头、包跟这些容易磨破的地方，要多粘一层布子或倭缎，并且在上面做出纹样，在其边上用翻"8"字绕针、锯齿绣装饰固定。马亥男人、女人、老人、孩子都能穿，但是颜色和缝法不同：女人的马亥用倭缎、缎子、布匹和条绒粘面子，帮子上绣花、刻花或贴花；老人的马亥底子用布料、倭缎、条绒粘成，缝的时候条绒从中间缝，倭缎要纳得稀一些，或者用绕针的

办法缝纫；女人和孩子的马亥大多在帮子上装饰花纹，用钩针、缉针、空绣、刻绣等办法。

扎鲁特妇女的护耳也是一件传统饰件。跟头饰在一起使用，护耳能让头饰露出，同时能把额头、脸蛋、下巴、脖子、耳朵苫住，免受风寒之苦。护耳为了能与头饰般配，也要绣花做纹样，面料多用黑缎，上面绣出或贴出花鸟、蝴蝶、山水，边上用库锦镶出来，额头和下巴上缀带子，用宽长的飘带垂在耳朵两边，飘带上面也绣纹样，飘带多用绸、缎、纺绸等做料。护耳的里面要绷狐皮或绵羔皮，分别叫作狐皮护耳或羔皮护耳。护耳是女人们戴的，也可以罩上头巾以后再戴护耳，也可以只戴护耳不罩头巾。（图8-32）

扎鲁特妇女还有针线包、荷包、烟口袋、

8-32 护耳（斯日吉玛供图）

香袋等饰件，这些大多戴在前襟扣子上。扎鲁特妇女的香袋有多种样式，巧妙地做成桃形、云头形、杏花或石榴的样式，还有三角形、四边形，里面装上香草。荷包是放顶针、戒指、耳环、项链、手镯的小包。

从穿戴来看，老年人不穿颜色鲜亮的衣服，喜欢朴素宽大，穿起来舒服。连他们用的烟口袋、鼻烟壶袋，都用黄羊皮或普通黑、蓝布制作，烟口袋只钉两条飘带。少年儿童不穿马褂坎肩。姑娘忌穿乌金乔巴和双脸鞋。

# 靴鞋马亥的缝制

科尔沁的绣花靴、双脸鞋和马亥在蒙古族各部落中比较突出，工艺独特，尤其是扎鲁特的缝制很有代表性，现在简述如下。

## 绣花靴

缝制绣花靴比较麻烦琐细，做工要求很高，是考验妇女巧拙的一大关口。各种针法、绣法要求要熟练应用，一针也不能扎歪，每针的松紧度都要求一样，缝制时需要始终保持精神高度集中的状态。（图 8-33）

### 1. 制作袼褙

制作靴子首先要制作袼褙，把过去的烂布条子、开了缝的线都洗干净，晒干。把荞面煮成的面糊糊涂在那些破布条上，一层一层地贴起来，帮子和靿子一般要贴五六层，底子一般要贴四层。贴好以后，要把它们贴在墙上，或者压在板子下面，让

8-33　绕针刻花靴（内蒙古博物院藏）

它们慢慢干透。

2. 制作纸样

缝靴子的时候，要根据脚的大小，把帮子、勒子和底子都做成纸样裁剪出来。其中，平头靴子底子的前面部分要宽大一点儿，底子和帮子大小适中。尖头靴子的帮子比底子大，底子的前面是尖的。用纸剪出来的帮子、勒子、底子，要作为靴子的纸样保存起来。

3. 帮勒和底子的剪裁

帮子、勒子和底子，要从干透的袼褙上剪出来，裁剪的时候要把纸样放在袼褙上，用线粗略绷上。帮子、勒子要仔细裁割四份。裁剪底子是考验妇女巧拙的关键。（图8-34）因为五六层干透的袼褙要用白布幔出来，几层底子要像裁刀裁切的一样整齐，如果偏斜了，底子的样子就很难看。姑娘底子的袼褙，要比下面几层底子周围多留出一刀背宽的地方，因为蒙古靴子绱在一起的时候，要从姑娘底子（叫作呼哼乌拉，在最上面一层，"乌

8-34 绕针靴帮（斯日吉玛供图）

拉"是"底子"的意思）和哈德勒嘎底子进针，哈德勒嘎是钉的意思，绱靴子的时候要把这部分和帮子钉在一起，所以叫作哈德勒嘎底子。

4. 给帮勒上面子

给勒子帮子贴面子，就是在把勒子帮子从袼褙上剪出来以后，再用好布在上面贴上几层，而后用倭缎或者布、缎在帮子勒子上面幔一层，这就叫给勒子帮子上面子。勒子帮子的面子边缘也要在周围留下刀背宽的地方，而后把它们压在重物下面，使它们干透。干透的勒子帮子周围缭住，这样可以防止勒子帮子张开。

5. 在帮勒上画纹样

为了使帮勒上的纹样大小适中，要先把纹样画在纸上。再把画粉或粉笔的粉末在水里搅成糊糊，把纹样复制到靴帮上，干透以后，把这只鞋帮弄湿，和另一只靴帮合在一起压住，让靴帮上的纹样印到另一只靴帮上面。用粉笔沿着印迹再描一次，把纹样完全复制到另一只靴帮的上面。粉笔画的痕迹很容易擦掉，如果用白糖水跟着再描一次，那么画出来的痕迹就不容易磨掉。在这种帮子勒子上面，可以用绕针、钩针、缉缝、刺绣技法做出各种花样。如果用贴绣、刻绣的话，就要另外准备贴刻的图样，再拿来贴在帮勒相应的地方。（图8-35）技艺纯熟的扎鲁特妇女可以直接把图案画在帮勒上，这种画笔用竹子或山羊绵羊的肋骨、白铜等做成，留出一拃长、一指宽的斜刃子。用这种斜刃子在鞋帮、鞋勒上描绘的纹样会更加清晰。然

8-35 刻绣的靴帮、靴勒（图自《扎鲁特蒙古族服饰刺绣工艺》）

后跟着斜刀子画下的线缝纫。只是这种纹样多半是几何图形，包括半锁纹、回纹、玉玺纹等直来直去的图形。如果曲线多一点儿，比如云纹、勾纹，还得用画粉来画。

### 6. 缝帮子勒子

### 7. 粘底子

靴底子由姑娘底子、哈德勒嘎乌拉、中底、下底等组成。粘底子的时候先粘姑娘底子。姑娘底子由四层褙褙组成，每两层粘在一起，把边沿好就可以了。姑娘底子多半用蓝色、黑色的布，然后逆着布纹裁下来，再粘住沿出来，或者用绿色、粉色的倭缎、大绒或者布子、塔斯玛做沿条就可以。青年小伙儿和妇女靴子的姑娘底子都用青绿色的材料沿边。

姑娘底子沿出来以后，把指头宽的白布条斜纹剪下来，沿在姑娘底子的边上，中间再压一层白布。粘好以后，沿着姑娘底子的上边再粘几层布子（中间的用赖布子也可以），这几层就叫哈德勒嘎乌拉。哈德勒嘎乌拉粘好以后，再做中底。中底一般都由三层四层组成，也是用斜纹裁好的白布条顺着边缘沿一指宽的边，把这四五层都沿好，再粘在一起。

最后做下底，用白布普遍幔一层，然后向里边卷回来，再粘在中底上面。这样底子就全部粘完了。

### 8. 纳底子

粘好的底子要放在砖头或者重物下面压到微干，但不能干透。要趁干透以前把粘好的底子边缘修理整齐，用大针脚绷在一起。也就是把麻搓成绳子纫进针里，用针锥子把边缘修理好，再用针锥子扎窟窿眼儿，用麻绳把几层绷起来。绷的时候麻绳一定要揪紧，绷好的底子也要拿到重物下面平整地压好，干透以后就可以用麻绳纳底子了。

### 9. 把靴子的帮勒缝在一起

这一步蒙古语叫作包玛拉呼，即用塔斯玛把靴子的帮子勒子缝在一起。所谓塔斯玛，是把熟好的皮子染成黑色或绿色，裁成一指宽的皮条，长短根据需要自取。在这一指宽的皮条中间要把麻绳或者绒线夹进去，然后把两边卷回来缝在一起，如果帮子和勒子之间上三根夹条，就用三根塔斯玛。（图8-36）

帮子和勒子之间把夹条三根三根地夹进去，然后缝在一起。缝的时候要用针锥子把塔斯玛中间的麻绳或绒线一一扎透，然后用针缝好。三根塔斯玛要一样长短粗细，如果粗细不一就会非常难看。

在物质匮乏的时代，塔斯玛不容易找到，人们就用质量好的布子代替塔斯玛做靴子。这种情况一般只用一二根塔斯玛。（图8-37）

### 10. 上夹条

上夹条指把勒子帮子两只合起来，中间把塔斯玛夹进去然后缝好。作为夹条的塔斯

8-36　前后左右都是三根夹条的传统女靴（图自《扎鲁特蒙古族服饰刺绣工艺》）

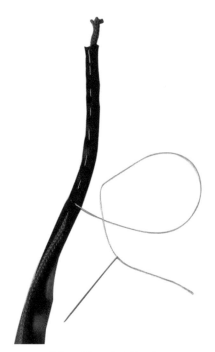

8-37　塔斯玛（斯日吉玛供图）

玛，首先也要卷起来缝好，缝夹条的时候不用透针，而是要用绱底子的缝法。

一般上三根夹条的靴子就是很讲究的靴子。靴头的部分必须要三根夹条，帮勒之间和包跟的地方也可以用一到两根。靴子各部分都上三根夹条才是上乘靴子。给靴子上夹条，是决定靴子漂亮与否的关键，一针也不能扎歪，必须十分小心。

给靴子上完夹条以后，要把靴子翻过来，沿着上夹条的地方浇一点儿温水，否则这个地方容易绽开。靴子翻过来以后，还要沿着上夹条的地方用斧子或锤子均匀地用力敲打，这样一来，这种又硬又厚的东西才不会硌脚。

### 11. 绱底子

所谓给靴子绱底子，是指用麻绳把底子和帮子从里向外缝在一起。

绱底子的时候，不是把那么厚的底子全缝在一起，而是把姑娘底子和哈德勒嘎乌拉与帮子缝在一起，而且要用锥子把针眼引开。绱底子这一活计看起来粗笨，实际很麻烦也很费劲，靴底靴帮必须吻合，一针也不能扎歪。每次都要把麻绳揪紧，而且松紧程度要一样。

### 12. 定形

绱好的靴子，要顺着沿夹条的地方浇点儿温水，然后在里面灌上细沙。细沙不用灌满，灌上一多半就可以了，这样就可以给靴子定形。

定形的时候有一种专门的木头，形状大体上像一截象牙，放在靴子前面，使靴头尖翘。

靴子撑展并完全干透以后，才能把里边的沙子倒掉，拿去穿用。

给靴子定形以后，穿起来舒服，看着顺眼，所以也是一项技术活儿。

## 双脸鞋

缝制双脸鞋的时候遵循下面的步骤:(图8-38)

粘好袼褙,剪出底子帮子。

把底子帮子粘好几层,碎布条和帮子的面子都要准备充分。

根据脚的大小把底子帮子剪成纸样,注意帮子和底子一定要合套合适。把帮子和底子对在一起以后,帮子的边要比底子多放出三指。

把底子帮子照纸样裁下来。圆头鞋的帮子只用两份,双脸布鞋的帮子一定要用四份,同时两个帮子和鞋头要缝在一起,中间要用一指宽的布条,这部分也叫鞋的鼻子,又叫"脸儿",双脸鞋就是有两道鼻子的鞋子。双脸鞋底子的样子跟妇女穿的圆头靴子一样,鞋头像烙铁是尖的,同时姑娘底子、哈德勒嘎乌拉、中底和下底都要齐全,中底一般要用三到四层。

底子帮子剪好以后,帮子要用质量好的

8-38 双脸鞋(图自《扎鲁特蒙古族服饰刺绣工艺》)

布再粘三到四层,然后再粘帮子的面,粘好以后放在热炕头上,用重物在上面均匀压住。然后再粘底子。鼻子中间连接的布条要用跟帮子一样的颜色来粘,同时都要干透。

趁底子有潮气的时候用麻绳把不整齐的地方修好,放在重物下面压住,让它干透,再开始纳底子。

帮子干透以后把纹样画上去。缝双脸鞋的帮子时,针脚要比缝圆头鞋的帮子时小,纹样用贴绣或者绕针的办法绣出。这道工序做完以后开始加夹条。

双脸鞋加夹条的方法和靴子不同,先把帮子的后跟夹进去。即用布子或倭缎夹进筷子宽的一条,缝的时候要用搓的细麻绳,用短针脚透缝。后跟的夹条缝完以后,用温水泼湿一点儿,用斧头加以敲打,使后跟座好。再在鞋头上加夹条。双脸鞋的夹条不像靴子要夹进去塔斯玛,而是把外凸的鼻子和连接的布条用细麻绳透针缝好,再把连接的布条和帮子的鞋头缝在一起,把两道外挺的鼻梁用黑色或者青蓝色的塔斯玛包住缝好。包塔斯玛的时候要用透针缝法,因为双鼻梁的样子全在这里体现。扎鲁特的妇女在双脸鞋的两个鼻梁之间要留一指宽的地方,而且要用花纹装饰起来。

两个鼻梁缝好以后要沿鞋口。沿鞋口一般要用青蓝色或天蓝色的好布。双脸鞋的鞋口不用像圆布鞋那样细致沿边,而是缝好两指宽的沿条,然后在里面的边上缉一条线,放出筷子宽的地方,再缉一道线,沿着缉好的线再缉出三个三角图案,就可以了。如果

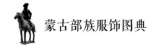

是绿色的沿条就要用红色或粉色的缉线，如果是黑色的沿条就要用红色或绿色、天蓝色的缉线。

双脸鞋沿条的颜色要跟整个鞋的颜色相对照。如果鞋帮色是黑色，沿边的颜色就用绿色或天蓝色；鞋帮的颜色如果是绿色，沿边的颜色就是黑色或红色、黄色；鞋帮的颜色如果是红色，沿边的颜色就是黑色、绿色、天蓝色。总之它们要互相对照醒目。

鞋口沿好以后，鞋口上还要钉绒球，就是用各种颜色的丝线做成像酒杯那么大的线团，然后正对双脸鞋的两个鼻梁，在离鞋口1厘米的地方钉上去。绒球的颜色也要跟鞋帮的颜色形成强烈的对比。而后给鞋帮子上里子。

绱鞋底的时候也要搓麻绳，跟绱靴底子一样，要把姑娘底子、哈德勒嘎乌拉缝在一起。绱鞋的针脚要不远不近整齐干净，同时麻绳的松紧要一致，如果绱的时候深一针浅一针，绱出的鞋样子就很难看。

底子绱好以后，把它周围的针脚和包跟、鞋头上夹条的地方泼湿，在鞋里面灌满沙子让它定形。干透以后才把沙子倒掉。这样一来鞋帮上的褶皱才会舒展，鞋子成形美观。

## 马亥

马亥是当地特有的服式品种，跟鄂尔多斯的马亥不同，倒像是内蒙古西部地区汉族老乡冬天穿的大头棉靴。不过当地的马亥据说也有夹的，但主要是冬天穿的棉鞋，比当地鞋的帮子要宽。

马亥缝制的时候首先也要粘袼褙。粘好的袼褙压平干透以后，按照纸样把帮子底子仔细剪出来。从前马亥的底子也有姑娘底子、哈德勒嘎乌拉，从近些年开始不要姑娘底子和哈德勒嘎乌拉，底子薄些粘起来就行。

剪下来的鞋帮要用质量好的布条在上面粘三到四层，然后再上面子。

马亥的底子用圆头鞋底子或者靴底子的粘法粘出来，修理好压平干透，再用麻绳纳出来。

马亥的帮子缝完以后，首先把包跟的夹条上好，再把黑色或绿色、天蓝色的布斜纹剪下一指左右宽的布条，用来沿鞋口。

鞋口沿好以后，要把鞋头加进夹条。马亥的鞋头一般都用一根夹条，可以用塔斯玛，也可以用倭缎卷成的夹条。夹条用绱底子的缝法缝好以后，一般不容易开绽。

夹条缝完以后开始给帮子上里子。上里子的时候要絮进适量的棉花，并且适当地引出来，以防止棉花移位，底子上里子的时候也要絮些棉花。最后把底子帮子绱在一起。

近年以来，人们开始模仿商店里卖的棉马亥，分左右底子、后跟和鞋头分别裁剪，然后再缝合起来。按原来的缝法，马亥的帮子两两分别缝出来，合起来正好是一对，一双鞋需要这样四对。现在分左右底的马亥，靴头是两部分，后跟是四部分，一共要剪六部分，然后缝合在一起。但是女人穿的那种棉布鞋同样也要贴绣或刺绣，这种样子的棉鞋扎鲁特人也学汉语叫作马亥。

马亥也可以用粗面皮革、粉皮来做。

# 扎鲁特几件佩饰的缝制

## 烟口袋

烟口袋过去蒙古人使用得很广泛。它不仅仅用来抽烟，也是一种不可缺少的装饰，甚至是交际用品。烟口袋也叫烟荷包、烟呼袋、烟小袋、小袋等，是用来装烟叶的。烟口袋用各种颜色的布匹、绸缎、倭缎、大绒制作，有时候也用粉皮制作。形状与装饰不分男女，男人戴在腰带右胯后面，女人戴在前襟扣门上。

粉皮烟口袋上面，多用倭缎、大绒刻绣的图案装饰。用布缎做的烟口袋一般分为两类：一类用库锦镶边，绦子压条，不加刺绣。（图8-39）另一类专门刺绣，面料要浆洗，绣上争奇斗艳的海棠、莲花等各色花卉，蝴蝶翩翩，花鹿嬉戏。（图8-40）或者用刻绣、贴绣等装饰，通常不用绕针。（图8-41）扎鲁特蒙古族妇女对做烟口袋颇有兴趣，做出来的烟口袋让人叹服。

缝烟口袋的时候，要遵循以下步骤：

第一步，选择做烟口袋的材料。年轻人用的烟口袋，大多用倭缎、大绒、绸缎来做，老年人的烟口袋用粉皮或布子来做。

第二步，选6寸宽、9寸长的布，下面逐渐收缩成瓶底的样子，然后粘起来，配上合适的纹样，确定纹样的位置。这是烟口袋的面子。

第三步，烟口袋面子的纹样，要用粉笔或画粉画上去，画好以后根据纹样刺绣。如果是贴绣和刻绣装饰的话，首先要把纹样刻出来或粘出来，然后在烟口袋表面相应的地方粘上去缝好。

第四步，纹样缝好以后，要把烟口袋的底子用金

8-39 没面子的烟口袋（图自《扎鲁特蒙古族服饰刺绣工艺》）

8-40 刺绣烟口袋，其中一个飘带上也有刺绣（图自《扎鲁特蒙古族服饰刺绣工艺》）

8-41　贴绣烟口袋（图自《扎鲁
特蒙古族服饰刺绣工艺》）　　　

8-42　六条飘带的烟口袋（图自《扎鲁特蒙古族服饰刺绣
工艺》）

线绣出边来加以装饰，不装饰也可以。

　　第五步，烟口袋装饰完毕以后，开始缝里子（里面的小袋），这叫封闭烟口袋。烟口袋封闭以后，它的底边要做成四个直角或者四个委角。

　　第六步，缝完四个角以后开始收口子。把口子的部分从里边等距离收回来，缝成三个褶子，用烙铁加以定形，再拴上带子。烟口袋收口子的时候，里面要装满糜米，这样收出来的口子才好看。

　　第七步，收完口子以后开始缀飘带。飘带用绸缎或纺绸，做成上面窄下面宽，下面

有宝剑头的形状。还有的在宝剑头的地方，用丝线编成穗子绣上去。更有甚者，在飘带上绣花鸟、图案或者粘贴某些纹样。像这种精细制作的烟口袋，不比靴子省劲多少。

　　烟口袋飘带的数量不等，最少的只有两条飘带，最多的有六到八条飘带。飘带缀在烟口袋口子上面的边上，然后缀上带子，或者在烟口袋背面口子下面把飘带钉上去。各种五彩缤纷的飘带给烟口袋增色不少。（图8-42）扎鲁特烟口袋漂亮珍贵，特别注重装饰。烟口袋中间的带子上吊着成串的珊瑚、珍珠、松石。在有飘带的这一面还要同时挂上剔牙

棍、挖耳勺、银锁等。口子上的带子还要挂上玛瑙、珊瑚、松石、树根刻的垂吊物，它们可以把烟口袋别在腰带上卡住，防止丢失，同时也是一种装饰。

扎鲁特人把烟口袋看成一种礼物，好多场合都可以赠送烟口袋。

准备出嫁的姑娘，必须给未婚夫做烟口袋，并且在结婚这天给他带上。这种烟口袋做得更加细致漂亮，人们通过它来评价新娘的手艺。

烟口袋还可以作为新媳妇送给婆家长辈的见面礼，叫作新娘叩头的烟口袋。

老人到本命年的时候，晚辈也把烟口袋作为礼物奉送。这种烟口袋上面除了花草之外，也绣着祝福长寿健康的蒙文篆字。

从前人们还把烟口袋送给教孩子读书认字的老师、治愈疾病的医生、给姑娘扎耳朵眼儿的老妪，正月给亲戚拜年的时候，或者在宴会上也互相赠送烟口袋。

## 荷包

扎鲁特妇女善做荷包、针线包，经常戴在身上作为装饰，或者送给亲朋好友作为礼物。妇女日常用的顶针和缝纫用具，还有粉盒、耳环、戒指等，一般都放在荷包里。（图8-43）荷包也要粘袼褙。袼褙用两到三层碎布条粘成，比较薄。而后开始缝合荷包。扎鲁特妇女在荷包上面，要装饰各种各样的花纹。女式的装饰各种各样的花草、蝴蝶、飞鸟。男式的装饰鹿、犴子、老虎、狮子、龙凤、山水、

8-43　绕针荷包（图自《扎鲁特蒙古族服饰刺绣工艺》）

云火等花纹，用刺绣和贴绣、刻绣的办法完成。（图8-44）花纹缝绣完以后，开始镶边压绦子。镶边一定要和荷包、针线包的颜色相协调。

荷包镶边的时候，可以各处分别镶边，也可以合成一次镶边。如果荷包折叠的地方比较多，就用各处分别镶边的办法；如果没有折叠就可以一并镶边。从各处分别镶边以后，还要进行缝合。但是要注意镶边的颜色和缝合线颜色互相协调。（图8-45）扎鲁特妇女还把麝香缝在荷包里挂在前襟上。香包有的形状像烟口袋，一寸多长。或者把荷包、针线包的样子缩小做香包。这些东西虽然不大，但是做的时候一定不能掉以轻心，做工

要精巧，花样要丰富，颜色要协调。（图8-46）有一种圆形荷包，男女都用。男人不把鼻烟壶放在鼻烟壶袋里，而是放在山羊蛋包子似的荷包里，装在兜子里带在身上。女人把这种袋子变成香袋，里面装香草等芳香类物质。女人的荷包不限于这种，有方形、卵圆形、葫芦形、钟形等多种样式，用缎、倭缎等细料制作。准备手掌大的两片缎料，因为缎料的上面要留抽抽口子，这部分要留得宽一些，方正一些。下面的两个角要剪成圆的，里子要比面子稍稍留得窄小一些，把表面做成袼褙，绣上花，边缘用细丝线或绦子压出，或者用纹样绕出。这样把做好的两个面仔细对好，针脚近一点儿缝在一起，把抽抽口子折叠出来，用搓成的线穿起来，线头上穿以珊瑚、松石珠子，绾出疙瘩，缀以穗子。

8-44　刺绣荷包（图自《扎鲁特蒙古族服饰刺绣工艺》）

8-45　贴绣饰品（图自《扎鲁特蒙古族服饰刺绣工艺》）

8-46　贴绣香包（图自《扎鲁特蒙古族服饰刺绣工艺》）

## 针线包

　　针线包（针插子、针扎）是插针用的。有葫芦形、吊钟形、桃形、石榴形、口袋形多种。戴在身上作为装饰物。男人把它挂在腰带的左边，女人把它挂在前襟的扣子上面。用倭缎、大绒、布缎等材料做成。（图 8-47）

　　做荷包、烟口袋的那些刺绣手段都可以派上用场。把做成袼褙的大布裁成长 2.5 寸、宽 2 寸的方片，或者裁成石榴形的一对，用缎子把外面裹出来，把花样画上去绣出来，用金线把边压出来，或者用绕针法把边绣出来。针线包的底边用黑丝线绣出。三面都用锯齿或其他针法封闭，下面留散口的准备放芯，上面中间留筷子粗的口。芯由大布袼褙裁成，贴絮一薄层棉花，用缎子幔

8-47　针线包（图自《扎鲁特蒙古族服饰刺绣工艺》）

出来。或者用毡子剪出，用一指宽的布做边缉出来，作为别针的地方。芯上钉上几寸长的花线，从上面的口子里纫出去的时候，一揪就可以把芯揪进针线包里头。芯下边的中间，缀上穿有松石、珊瑚珠的丝线，留出穗子，饰以飘带。（图 8-48）

　　针线包的袋子上穿上顶针，挂在前襟的扣子上。有的还同时挂有三件牙签子。用针的时候，从下面把丝线一揪，芯就可以从下面拉出来。有的针线包里面装着麝香和各种香草。

## 鼻烟壶袋

　　放鼻烟壶的袋子叫钱褡子，也有叫褡裢日、袋拉尔、褡裢等。系由褡裢一词而来，指两个口的袋子，大小不等，可背可驮可戴。鼻烟壶褡裢专指腰带左侧前面戴的小袋子，通称鼻烟壶袋。鼻烟壶袋不仅是男人的交际工具，同时也是服饰的组成部分。钱褡子戴在腰带前面的左侧，两个绣花的面互相错开。靠身体的这面，从腰带上面垂下来的多，外面的那部分从腰带上垂下

8-48　针线包（图自《扎鲁特蒙古族服饰刺绣工艺》）

来的少。鼻烟壶袋也有普通款和工艺款之分。普通鼻烟壶袋用单色库锦装饰，用绦子压边，或者用有花纹的香牛皮缝制，这种鼻烟壶袋叫作没有面子的鼻烟壶袋。

普通鼻烟壶袋缝制的时候比较简单，把要用的材料选好粘起来干透就行，而后开始裁剪，裁剪的时候要注意里子和面子搭配。外面的镶边绦子缝完以后开始封闭。把里子和面子缝在一起的时候，面子要稍微松一些，里子要稍微紧一些，在长边上串缝一条直线，在线靠里三四毫米的地方折回来，向面子方向压倒，用熨斗熨平，再把里子向面子方向折回来，面子就会比里子长出几毫米。把两个边的面子对在一起捉住，从里面把它们一条直线缭在一起。从两端开始缝向中间的口子，这就叫缝合钱褡子的中缝。把中缝缝完以后，再从里面把外面用同样的办法缭住。

跟中间隔一段距离，就是两个底子，把它们用同样的方法封闭以后，钱褡子就算缝好了。

工艺鼻烟壶袋用蟒缎和库绵制作最好，这种鼻烟壶袋曾经是扎鲁特王公贵族、喇嘛上人的专用品。（图8-49）缝工艺鼻烟壶袋的时候，首先把面子打成袼褙粘好，压平干透以后开始在上面刺绣。刺绣可以用贴绣、刻绣、绕针等多种办法，绣出云、火、山、水、叶子、花朵、鸟、兽、龙凤、牛马等纹样图案。纹样图案绣完以后开始镶边压绦子，同时给它配上里子。（图8-50）里面的袋子跟普通鼻烟壶袋一样缝合在一起，然后再钉上面子。钉面子的时候，在有袋口的一侧钉上，在没有袋口的一侧缭住，这样钉上面子以后，挂在腰带上就是阶梯式的，所有有刺绣的地方都暴露给大家看。把鼻烟壶袋的图案、镶边缝好以后，还要把丝线和布条、珊瑚、珍珠、

8-49　贴绣鼻烟壶袋（图自《扎鲁特蒙古族服饰刺绣工艺》）

8-50　绣花鼻烟壶袋（图自《扎鲁特蒙古族服饰刺绣工艺》）

缨穗很整齐地吊在鼻烟壶的底子上面。

鼻烟壶袋通常 3 寸宽、1.2 尺长，根据鼻烟壶的大小，可以略作调整。但因为它搭在腰带上，把绣花的那面展示给人，所以一般长宽的比例应为四比一。绣花的那面选择的时候，应当按照总长的四分之一裁剪两块缎面，在上面用丝线绣出菊花、牡丹等花草，用一指宽的黑缎子镶出边来，里缘饰以金银线。鼻烟壶袋一般用自带纹样或团花的蓝、绿、灰色缎子做面料，用薄软的布做里子。鼻烟壶袋缝合的时候，中间大约留出二分之一的地方不缝合，留一道长口子。两边缝合的时候，主线应当放在背面，长口子两侧用一指宽的库锦绦镶出来，然后把绣花的两片钉在鼻烟壶袋的两端。但是把鼻烟壶袋塞进腰带、再把两面绣花的部分上下对齐放下来的时候，两面有花的部分必须朝外。考虑到这一点，所以一片钉在开口子的地方，一片钉在整的那面。边跟边对齐，用狗牙锁上，留出口子。

中老年和喇嘛人的鼻烟壶袋，选自带团花和纹样的蓝、黄、紫色绸缎做面料，口子的两边用黑料镶出来，两端用二指宽的库锦镶出边来，四个角上钉上合角纹样或半个吉祥结。或者不加任何镶嵌均可。

# 烂漫山花采不尽

扎鲁特到底有多少种衣服纹样，谁也说不清。当地文化人斯日吉玛编了厚厚一本书，也不敢肯定是否全部录入。因为它是游牧土壤上长出的山花野草，只要这种生活存在，甚至是消失以后很长的一段时间内，草原上的女子仍会不断传承和创新。一出门就是大草原，飞的跑的都是鸟兽和牲畜，漫山遍野都是知名和不知名的花草。当然，还有祖辈传下来的宗教信仰和生活习俗。这些都变成了衣服鞋帽和生活用品上形形色色的图案。

蒙古族是个喜欢装饰生活的民族，即使简单的一盒火柴，也要把它包装出来。在装饰技艺漫长的发展过程中，流传下来的现成纸样多得数不清。它们的色彩、形式、浓郁的民族特点，都在长期的发展过程中固定下来，成为传统。这些纸样也有地域的特点，一看靴鞋的纹样和状貌，一般就能判断他们是扎鲁特哪一部分的人。再说游牧生活，许多时候显得比较悠闲，有的是时间传授、琢磨、提炼这一门技艺。传下来的样子自然很多，心灵手巧的妇女还在不断创造。看到一个好的东西，先画下来或者剪出来，也不问是什么花，什么鸟，或者当地有个土名，就以土名呼之，根本与动植物学对不上号。或者自己高兴，一时兴起，就创造了一种枝叶茂盛的花树，管它花朵和叶子人间有没有。（图8-51）直到今天，这种无法命名的花样还大量存在，你不得不承认它是一种心灵的艺术。

针法和刺绣样式跟纹样一结合，万花筒就出现了。就其中的一种靴子来说，如果不是当地的民族，你连男靴女靴都分不清，只能直观地说，绣花的是女靴，绕针的是男靴。但这种说法只能大体成立，有许多靴子，男女用的纹样完全相同，区别只在于绣线的不同，如下图8-52的石榴花，看样子肯定是绣在女人鞋帮上的，其实不然，男人同样可以用它。区别只不过在于：男人只能绕针，女人则可以绣花，也可以绕针，只不过女人的绕针是彩色的，男人只有一种颜色而已。（图8-52）下面这幅无名花，是缝在鞋头上的，男女都可以用，刺绣、贴绣、绕针都可以用，但男人只限于用黑色、蓝色、绿色线绕针，女子可以用各种颜色的线刺绣、贴绣、绕针。（图8-53）靴帮上的双钩纹样，女靴上可以用各种彩色丝线绕针，如果用绿色、浅蓝色丝线绕针，它就成了男子工艺靴的靴帮。这就是说，绣线的颜色还有区别男女的意义。只此一例，就能看出当地绣法的繁复和细致。

纹样的研究是一门大学问，有许多值得专业美术工作者借鉴的地方。当然装饰性是纹样最大的特点，但这里面有好多详细的名堂。民间纹样有的非常具体，你一眼就能看出是什么东西，就像写真一样，但是许多都抽象变形很厉害，比如传统的龙凤图案，有的龙凤你就很难辨认。有的只有一个头，两只翅膀，就代表一个凤凰。（图8-54）还有的鱼和莲花纹样，浮萍、莲花、鱼儿一层一层往上排，根本不在一个水平面上。（图8-55）就是鱼本身的纹样，造型也各不相同，有的用曲线画鱼鳞，（图

8-51　扎鲁特乌力吉沐沦地区南乌嘎勒金一带人家烟口袋上缝的无名花（图自《扎鲁特蒙古族服饰刺绣工艺》）

8-52　扎鲁特乌力吉沐沦地区的石榴花纹样（图自《扎鲁特蒙古族服饰刺绣工艺》）

8-53　扎鲁特男女通用的鞋头纹样（图自《扎鲁特蒙古族服饰刺绣工艺》）

8-56）有的用直线交叉的办法，（图8-57）有的鱼非
常丰满肥硕，（图8-58）有的只是瘦骨嶙峋的骨架。
（图8-59）某一种抽象纹样的变化，也可以花样翻新，
层出不穷。比如吉祥结（盘长）图案，就有数不清的
变体。

8-56　曲线画的鱼鳞（图自《扎鲁特蒙古
族服饰刺绣工艺》）

8-57　直线交叉画的鱼鳞（图自《扎鲁特蒙古族服饰刺绣工艺》）

8-54　凤纹样

8-58　丰满肥硕的鱼（图自《扎
鲁特蒙古族服饰刺绣工艺》）

8-59　瘦骨嶙峋的鱼（图自《扎鲁
特蒙古族服饰刺绣工艺》）

8-55　莲花和鱼纹样（图自《扎鲁特蒙古
族服饰刺绣工艺》）

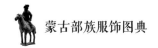

扎鲁特衣用纹样、用途及象征（例图引自《扎鲁特蒙古族服饰刺绣工艺》）

| 名称 | 用途 | 象征 | 例图 |
|---|---|---|---|
| 龙 | （1）男子靴帮<br>（2）衣襟、哈纳装饰、门窗帘子<br>（3）王公袍服、寺庙拉乌利（装饰用的长布条）、经袍、经卷封皮 | 蒙古族崇拜物。福禄 | |
| 凤 | （1）配牡丹，用于荷包、哈纳、壁画<br>（2）荷包、烟口袋的飘带、寺庙拉乌利、帽子、经袍 | 源于寺庙，崇拜物之一。富贵吉祥 | |
| 宝迪古列斯 | 荷包、鼻烟壶袋、袍子、帽子 | 源于宗教，吉兽。吉祥 | |
| 灵芝 | （1）配佛手、水、鱼，用于靴靿<br>（2）配寿桃，用于荷包、针线包、孩子兜肚 | 富贵，多福多寿 | |
| 佛手 | （1）男子靴帮<br>（2）男子衬肩<br>（3）荷包或针线包 | 富贵多子 | |
| 吉祥结（盘长） | （1）靴鞋饰边<br>（2）男子棉袍、夹袍、跑羔皮袍前襟镶边<br>（3）哈纳挂饰 | 吉祥如意 | |
| 如意宝 | 长坎肩衩头 | 吉祥如意 | |

| 名称 | 用途 | 象征 | 例图 |
|---|---|---|---|
| 金钱花 | （1）鞋帮<br>（2）靴鞋帮勒或纳毡垫<br>（3）配蝙蝠、杏花、佛手，饰马蹄袖 | 辟邪，富贵多福 | |
| 佛家八宝 | 寺庙帘子、圣水瓶衣、经袍、经卷封皮、烟口袋、枕头顶子、帽子、腰带 | 法轮常转，生生不息，辟邪驱魔 | |
| 暗八仙 | 寺庙、佛桌 | 八仙崇拜（用八仙手拿的道具代表八仙） | |
| 回纹 | 靴鞋帮勒、衣帽边上 | 永恒 | |
| 单钩（犄纹） | 男子袖口 | | |
| 双钩（犄纹） | （1）靴鞋帮子<br>（2）袍子、跑羔皮袍前襟<br>（3）荷包、针线包 | | |
| 水纹 | 配鱼儿花草，用于荷包、针线包、护耳、烟口袋 | | |
| 火纹 | 饰帽子 | 拜火 | |
| 云纹 | （1）饰边<br>（2）蒙古袍袖口 | 在天佑人，在地护地 | |
| 半锁纹 | 衣边、帮勒 | | |
| 普斯和（玉玺纹） | 荷包、针线包、枕头顶子、靴鞋帮子 | 连续，永恒 | |

| 名称 | 用途 | 象征 | 例图 |
|---|---|---|---|
| 灯笼纹 | （1）抽象灯笼<br>（2）配梅花，用于门窗帘子、被单、哈纳挂件、孩子兜肚、枕头顶子 | 紫气东来，迎春接福 | |
| 鞋印 | 靴鞋帮勒、毡垫 | | |
| 窗棂纹 | 靴鞋帮勒、毡垫 | | |
| 合角纹 | 原为哈纳挂饰，后也用于沙发、坐垫、长条褥垫 | | |
| 海水江崖 | 长袍、大坎肩下摆 | 福寿如意，江山万古 | |
| "卍"字 | 与多种纹样结合，用于枕头顶子 | 生生不息，回环无尽（图们纳斯） | |
| 兰萨 | 布袜底上，夹袜磨得厉害的地方 | 福寿如意，"寿"字 | |
| 篆字 | 配"寿"字莲花，用于帽子、荷包的飘带，荷包、针线包 | | |
| "囍"字 | 配钩纹，用于布袜等 | 喜庆吉祥 | |
| 鱼 | （1）袍子护耳<br>（2）与蝴蝶、莲花、浮萍配用 | 生殖，爱情，多子多福 | |
| 蝴蝶 | （1）配牡丹，用于女子袍服前襟<br>（2）源于荷包，用于长袍、长坎肩、马甲的衩上<br>（3）鞋帮、袍襟 | 福寿如意，富贵尊严 | |

| 名称 | 用途 | 象征 | 例图 |
|---|---|---|---|
| 蝙蝠 | 配吉祥结、兰萨，用于荷包或哈纳挂件 | 吉祥幸福 | |
| 偷油婆 | 配鲜花，用于哈纳饰件 | | |
| 花草 | （1）女靴帮子<br>（2）女子夹袍、大坎肩前襟 | | |
| 杏花 | （1）袜底<br>（2）配鸟，用于女式缎袍、夹袍、长坎肩的前襟镶边 | | |
| 马蹄莲 | 孩子兜肚、门窗帘子、哈纳挂件 | | |
| 山丹花 | 烟口袋、靴鞋帮子 | | |
| 萨日盖花 | 衣襟、哈纳装饰、孩子兜肚 | | |
| 满堂花 | 哈纳装饰、门窗帘子、鼻烟壶袋、孩子兜肚 | 富贵满堂 | |
| 梅花 | （1）女式缎袍、夹袍、大坎肩的前襟镶边<br>（2）配蝙蝠、吉祥结，服饰、寺庙拉乌利、经袍、经卷封皮、孩子兜肚、枕头顶子 | 配蝙蝠辟邪、吉祥，梅花报春 | |

| 名称 | 用途 | 象征 | 例图 |
|---|---|---|---|
| 莲花 | （1）女靴帮子<br>（2）女子袍服前襟<br>（3）配蝴蝶，用于荷包、针线包 | 纯洁爱情 | |
| 牡丹 | （1）女子袍服前襟<br>（2）靴勒、乌吉、坎肩前襟、孩子兜肚 | 富贵尊严 | |
| 江什赖花 | （1）袍服袖口、前襟镶边、孩子摇篮布<br>（2）烟口袋、鼻烟壶袋、乌吉、坎肩、袍衣 | | |
| 水仙花 | 哈纳装饰、门帘等 | | |
| 菊花 | （1）女服前襟<br>（2）配佛手，用于门窗帘子、哈纳挂件、被单、坐垫、枕头顶子 | | |
| 鸡冠花 | 女子圆口鞋帮 | | |
| 马兰花 | 荷包、针线包、烟口袋、枕头顶子、鼻烟壶袋 | | |
| 喇叭花 | 女子圆口鞋帮 | | |
| 铃铛花 | 用彩线绣在红缎上 | | |
| 苇蒲 | 飘带上 | | |

| 名称 | 用途 | 象征 | 例图 |
|---|---|---|---|
| 石榴 | （1）配桃花、杏花、佛手、蝴蝶，用于袜底<br>（2）哈纳绣画、孩子兜肚、摇篮帘子 | 多福多子 | |
| 葡萄 | 女子夹袍、大坎肩前襟 | 丰收 | |
| 西瓜 | 女靴帮子 | | |
| 桃子 | 配蝴蝶、佛手，用于男靴勒 | 幸福美满 | |
| 葫芦 | 荷包、针线包 | | |
| 鸟 | 配杏花、蝴蝶，用于女式缎棉袍、夹袍、大坎肩的前襟镶边 | | |
| 喜鹊 | 配梅花、蝴蝶，用于鼻烟壶袋、烟口袋、荷包、针线包等 | 报春 | |
| 燕子 | 桃形荷包 | 姑娘送给爱人的礼物、迎春 | |
| 鹈鹕 | 荷包 | | |
| 大雁 | 哈纳装饰、门窗帘子、被单 | | |

| 名称 | 用途 | 象征 | 例图 |
|---|---|---|---|
| 鸳鸯 | 烟口袋、枕头顶子 | 爱情忠贞 | |
| 鹤 | 哈纳装饰、门窗帘子 | 高尚纯洁 | |
| 翠鸟 | 烟口袋、护耳飘带、帽子 | | |
| 鹦鹉 | 配杏花，用于袍襟、烟口袋、枕头顶子、乌吉、坎肩 | | |
| 狮子 | 荷包飘带、松香袋 | | |
| 老虎 | 枕头顶子、哈纳装饰 | | |
| 猫 | 猫与蝶，用于茶袋、枕头顶子、门帘 | | |
| 马 | 烟口袋、靴靿 | 飞黄腾达 | |
| 羊 | 原为哈纳挂饰，也用于荷包、针线包 | 五畜兴旺 | |
| 牛 | （1）原为哈纳挂饰，也用于荷包、针线包<br>（2）哈纳装饰 | 五畜兴旺 | |
| 鹿 | 原为哈纳挂饰，也用于荷包、针线包 | | |
| 兔 | 哈纳挂件、门帘、被单 | | |

# 扎鲁特服俗

## 过去缝衣规矩多

扎鲁特做新衣或某一针线活计开始的时候，一定要看日子。尤其在一年开始的时候，选好日子，整个一年都会顺利。习惯上认为最好在马日、羊日、猪日，配上甲乙庚辛戊己六个天干，开始裁衣或纳底子。忌讳在鼠日、鸡日动手做针线。因为据说这些是火日，下摆、袖口容易着火，怕引发火灾。又说在龙、蛇之日开始做针线，营生容易拖拉，一再延误日期。如果在牛日开始，做起来就会像牛车一样缓慢。择好日子以后，要选择太阳出来的时候，或一大早就动手。

也有绱底子看日子的，最好在一天把一对都绱好。如果确实完成不了，也要把底子、帮子、靴头、包跟大体连缀在一起，跟那只上好的靴子摆在一块儿，嘴里说一声："一对都绱好了。"第二天一定要全部完成。绱靴子绱到靴头的时候，不能说话，否则靴头就会绱歪。有的人怕忘了这条规矩，绱到这里的时候，嘴里要含一口水防止说话，因为这部分确实需要认真对待。

扎鲁特妇女绱靴子的时候提倡用一条线，认为这样才不会给生活带来麻烦，所以在搓绳子的时候，一定要搓得足够长。

靴鞋绱完的时候，剩下的两个线头，其中一条一定要顺着锥子扎下的窟窿眼儿里，再从靴底子上扎过去，同时一定要朝它唾一口，这样你出门的时候就不会遇到灾祸。

给男靴底子、帮子做袼褙的时候，一般忌用裤子上的布，更不能用女人内裤和裤子上的布做袼褙，因为男人在走阿音的时候，有时要把靴子当枕头。

做帽子袼褙的时候，要用汗褟子和袷木袷的干净布子来做。帽子是口朝下的东西，扎鲁特人缝一顶帽子的时候，要同时缝一个烟口袋，因为烟口袋的口子是向上的。

缝寿衣的时候，忌讳针倒退回来缝纫，否则死者到另一个世界就会遇到险阻。缝寿衣的时候，一律不钉纽扣，用带子代替。

## 衣服裁缝有顺序

扎鲁特妇女缝衣服和靴子的时候，从哪里开始，到哪里结束，都有严格的顺序。比如缝袷木袷，裁剪的时候先裁袷木袷的大身，再裁前襟，再裁袖口上接的部分。剩下的布条裁领子、托肩，而后再裁袖口和衩口的沿条（这些沿条叫作袷木袷的海德格，海德格不同于袍子的沿边，它要被缅到袍子的里子上然后缝住）。最后把剩的布条子戗纹子裁成一指宽的小条，用来襻扣子和扣门子。缝合的过程，先把裕木裕的前后片用线绷住，把袖子的多出部分也绷上去，而后把衩口的四片和袖子的边缝住，再把托肩缝上去，再把裉煞住，最后把下摆的边从里面缝上去，把领子钉上、纽扣钉上，裕木裕缝合才算完成。

关于靴鞋和马亥，上面已经详细介绍，它们的裁剪缝纫顺序都是非常严格的，那都是千百年来的实践中自然形成的程式。不管用哪一种针法和纹样，缝帮子的时候，都要先从靴头上开始，在包跟上结束。勒子要先缝下面的部分，最后在勒子的上缘（奥木格）上结束。缝靴鞋底子的时候，先沿着底子的边缘缝一两行，这叫沿边。沿完边缝中间的时候，先从靴头上开始，缝到中间以后，再从后跟开始，缝到中间结束。

最后给靴子绱底子，靴子绱底子从后跟开始，转一圈到后跟结束。底子绱好以后，定形晾干，才能付诸使用。扎鲁特的平头靴子合脚耐用，尖头靴子样子好看。

## 婴儿做衣趣事多

扎鲁特把婴儿服叫作巴仁特格，选择吉祥的日子做好，满月这天给孩子正式穿戴。

巴仁特格是一种奇特的衣服，又有许多奇特的规矩。尤其是儿女少的人家更是如此。养不住孩子的人家，要从百家讨来碎布条做巴仁特格，错襟裁剪，还要做成错襟左衽的。普遍不用密实的针脚缝，粗略地绷住即可，否则对孩子的发育不利。小孩子的巴仁特格不上立领，到了五岁才给缝立领衣服穿。挖

下的领口不随便丢弃，而是跟狼踝骨、铜钱、贝壳一起吊在背后（狼踝骨要用红布包起来），保证孩子健康长寿。巴仁特格从里面镶边，再把镶边从外面翻出来，跟巴仁特格的边一起绷住。翻到外面的镶边边缘不用折回来，就那么垂着，同时剪些一指宽的豁子。这种镶边方法对孩子来说很适合，看去很顺眼。同时巴仁特格的镶边不能用库锦，而要用薄软的布、纱或缎子。巴仁特格上面不钉纽扣，钉个带子代替。

婴儿没有正式的枕头，缝一个口袋，把它的两个角合回来绷住，成为一个长方体的东西，合角的地方用红布裁个圆坨顶子，里面装进带皮的糜米。这点儿糜米春天要种进地里，称为"孩子的庄稼"，庄稼如果长势良好，说明这孩子将来命好。孩子一周岁会走的时候，开始给孩子做鞋穿，孩子的鞋应当薄软。为了好看，做成虎头、猫头形状。孩子到了五六岁才穿软皮靴，同时上面要做出纹样。这些都是爱护孩子的表现，或是在身体上对他的成长好，或是在观念上对他的造化好。

为了给孩子腹部保暖，要做兜肚裹起来，兜肚用红、蓝、黄缎做面，上面绣吉祥结、蝙蝠、兰萨、灵芝、鹿等图案，这些东西都有象征意义。兜肚冬天做成棉的或绵羔皮的，夏天做成单的或夹的。扎鲁特孩子摇篮上的绳子不用皮条，代之以漂亮的缎子，上面绣着花草、蝴蝶、鸟、玉玺、吉祥结、蝙蝠，这可以算得上是它的一个特点。

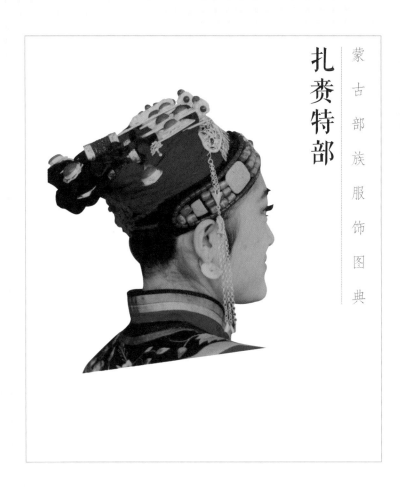

扎赉特部

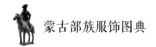
# 扎赉特部亦系哈撒儿后裔

扎赉特部是哈布图·哈撒儿第十六世孙阿敏的后裔。史籍一般写作"札剌亦儿",复数为"扎赉特"。明万历年间,成吉思汗胞弟哈布图·哈撒儿第十五世孙博第达喇将科尔沁部以河划界,分给自己的儿子们做牧地。其九子阿敏分得嫩江以西的绰尔河流域,始号扎赉特部。天命九年(1624年)阿敏之子蒙衮随科尔沁台吉奥巴降后金,赐号达尔罕和硕齐,徙牧于嫩江西岸。清代隶属内蒙古哲里木盟,属科尔沁右翼。顺治五年(1648年),改扎赉特部为扎赉特旗建制。今内蒙古兴安盟有扎赉特旗,黑龙江齐齐哈尔市泰来县曾经是原扎赉特旗王府所在地。

# 扎赉特服饰的特点

扎赉特头饰多为科尔沁盘发五簪式,有的尚有额饰。(图9-1、图9-2)女袍脱胎于清宫中的常服氅衣,但它两面开衩较低,袖子上另接上挽的白色袖口,其上绣鲜红的牡丹花。镶边从恰勒玛开始至衩口,除里外缘用双道库锦外,中间都是五指宽的黑料,上面手工刺绣杏花、芍药、牡丹等花卉。(图9-3、图9-4)另一种款式基本相同,但装饰朴素,周身用单色宽边沿边,里侧加一道水线。(图9-5)有长坎肩即褂襕,大贴大绣,但中心不绣花。(图9-6)其余服式与别处无异。

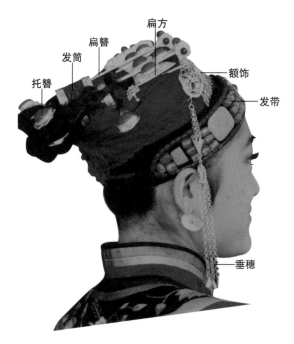

9-1 扎赉特五簪头饰（图自《中国蒙古族服饰》）

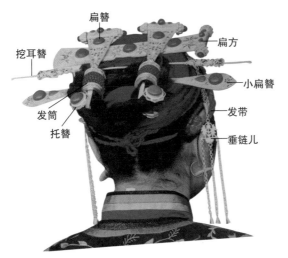

扁簪

扁方

挖耳簪

小扁簪

发筒

发带

托簪

垂链儿

9-2　扎赉特五簪头饰（图自《中国蒙古族服饰》）

9-4　妇女夹袍的绣花和镶边

9-3　扎赉特妇女夹袍　　　　　　9-5　扎赉特妇女普通夹袍　9-6　扎赉特妇女长坎肩

# 扎赉特头饰及男女服式

扎赉特妇女的烧蓝头饰很精致。其发带、额饰、（图9-7）扁方、（图9-8）扁簪、（图9-9）发筒、托簪、（图9-10）小扁簪、（图9-11）步摇、（图9-12）钗等的设计，一律都是烧蓝风格或含有烧蓝风格的饰件，给人的感觉很协调、美观、统一。下面三副头饰供赏。（图9-13~16）

扎赉特妇女服式有单袍、夹袍、棉袍、吊面皮袍等。尚有坎肩、长坎肩（褡襜）等。夹袍是扎赉特具有代表性的服饰，两种主要款式上面已经介绍。女式坎肩的裉里挖得较

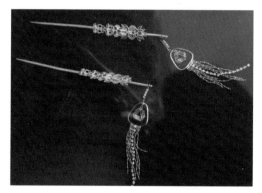

9-12　步摇

9-7　额饰

9-8　扁方

9-13　扎赉特头饰一（图自《中国蒙古族服饰》）

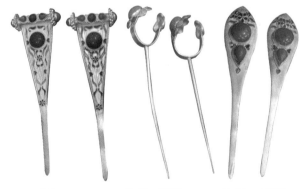

9-9　扁簪　　　9-10　托簪　　　9-11　小扁簪

9-14　扎赉特头饰二（图自《中国蒙古族服饰》）

深，大襟为主，一般装有立领，款式有四开衩和两开衩两种。（图 9-17、图 9-18）长坎肩无领无袖或有领无袖，一种是作为礼仪服饰的乌吉（褂襕），另一种是普通长坎肩，只有前襟中心线右侧至腋下刺绣花边。

男子服式种类与女子基本相同，唯比女子多白茬皮袍。灾袍类似妇女第二款的普通式，没有大绣大贴的氅衣式结构。（图 9-19）没有长坎肩（褂襕），但有短坎肩，多为对襟五扣前后左右四开衩，裉里挖得较浅，面料亦朴素。（图 9-20）男子另有马褂，用团花缎子做面料，全衬里。袖身宽大，套穿在袍服外面，属礼仪服装。（图 9-21）

9-17 女式大襟四开衩短坎肩（图自《中国蒙古族服饰》）

9-15 扎赉特头饰三（图自《中国蒙古族服饰》）

9-18 女式大襟两开衩短坎肩（图自《中国蒙古族服饰》）

9-16 扎赉特头饰上的各种簪子（图自《中国蒙古族服饰》）

9-20 男式对襟四开衩短坎肩（图自《中国蒙古族服饰》）　9-19 扎赉特男式夹袍

9-21　男子马褂（图自《中国蒙古族服饰》）

# 扎赉特男女靴帽和佩饰

9-22　月牙刀，右面一件含月牙刀、锥子、
解锥（黄羊角）（图自《中国蒙古族服饰》）

　　扎赉特男女有圆顶圆檐帽、风
雪帽、护耳、耳套等。靴子有皮靴、
布靴，高靿、低靿，圆头、尖头等，
鞋子有圆口、方口，单脸鞋、双脸鞋，
刺绣方法和工艺与科尔沁其他地方
一样。

　　男子佩饰有火镰、蒙古刀、鼻
烟壶袋、烟袋、烟口袋、月牙刀等。
月牙刀一般用周岁的狍角做刀鞘，
是牧民常用的简易小刀。女子佩饰
有针线包、香囊、牙签子等。（图
9-22~24）

9-23　四件牙签子（图自《中国
蒙古族服饰》）

9-24　五件牙签子
（图自《中国蒙古
族服饰》）

蒙古贞部

蒙古部族服饰图典

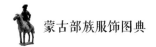

# 蒙古勒津与东土默特

蒙古贞是个古老的部落名称,《蒙古秘史》译作"忙豁勒真",明代汉籍译作"满官嗔",清代又译为"蒙郭勒津",都是一个蒙语名称的不同译法。本书第一卷提到,兀良哈的东面,大体相当于现在辽宁朝阳、阜新一带,还有一支土默特(满官嗔),这就是俺答汗长子僧格的封地。据说因为当时父子俩性格不合,就把他封到了大东边很远的地方。僧格的公主嫁给兀良哈的领主,兀良哈的女子又嫁给僧格做福晋,她们给僧格生了六个儿子。这样他们就形成了一种诺颜(土默特)—

塔布囊(兀良哈)的关系。俺答汗死后,按照陈规,僧格去西土默特和三娘子成婚,并继承汗位,这里的地盘留给了他的儿子嘎勒图和诸弟。天聪三年(1629年),林丹汗大举进攻东土默特,鄂木布归顺天聪汗。崇德二年(1637年)东土默特分为左右翼,由鄂木布(嘎勒图子)和善巴(东土默特首领之一)掌之。同归清卓索图盟管辖。因善巴的左旗以原满官嗔人为中心,俗称蒙古贞旗。即今辽宁省阜新蒙古族自治县的前身。

# 蒙古贞服饰的特点

蒙古贞服饰,既受到满族的影响,又受到农耕文明的冲击。蒙古长袍有向普通长袍、短褐发展的趋势,靴子有向鞋子发展的倾向。腰带虽说还在,甚至男女都有,但长短和功能已经有所减弱,不过仍然佩戴火镰、蒙古刀和鼻烟壶袋。妇女们一爱刺绣,二爱戴花。

只要丈夫健在,七八十的老太头上也要戴花。穿鞋必绣,只有在服丧期间才穿素鞋。各种小件刺绣都很精美,妇女典型的发式是"疙瘩鬏",扁方、簪钗、步摇之类比较精致和丰富。

# 蒙古贞女子发式

　　女孩长到五六岁，留圈头。所谓圈头，就是留下以头顶为中心的一圈头发，把周遭的头发剃去，像个盖子一样，当时男女都留这样的头发。女孩由于头发长，从四周垂落下来，不像男孩那样齐棱齐角的难看。有的在头顶留两个小鬏鬏。到十三四岁的时候，穿耳孔留辫子。有一根辫的，有两根辫的。一根辫的垂在后面，两根辫的垂在前面。辫梢用红绿绸子扎上，红绿绸子也可以扎在头上。辫子上可以饰以珊瑚和银簪。姑娘不剃黄毛，结婚开脸的时候把黄毛剃掉，把头发散开，跟丈夫在一起梳几下，再梳成疙瘩鬏，戴上绢花，少女时代便结束了。姑娘不留尜头（指披散着头发），留尜头是1949年以后才出现的事情。

　　疙瘩鬏是蒙古贞妇女最具代表性的发式。把头发洗净以后，盘在当顶靠后的位置，用黑绒绳或丝线捆住，成为"疙瘩鬏"。用专门的头络把疙瘩鬏罩起来，用头络本身的绳子从底部捆住。再把银簪从一面或两面插进疙瘩鬏里面，把疙瘩鬏固定。还要插上各种假花和真花。再在两耳上戴上珊瑚或松石耳环。扎疙瘩鬏的头绳非常讲究，多用红或粉色绒线，也用红粉色的缎条或丝线。（图10-1）

　　如果有的年轻女了头发短，拢不起疙瘩鬏，要在脑后靠下的位置拢个扁鬏，使头发梢向上露出，用两个大发卡一上一下别住。大发卡有银子的，有白铜的，外面一般少有装饰，里面有枚别针似的东西，可以把头发扣上。价格也不亚于银簪。同样也能戴绢花，能戴发带。

　　还有的媳妇把头顶与后脑勺的头发都扎在头顶上，再用筷子粗的线从根上扎住。下面再用宽簪别住，宽簪下面把长头发从左到右缠住。顶上的头发从正中间一分为二，绕在头顶。有的不在正中分头缝，而在头顶左侧或右侧一处分开头缝。（图10-2）上岁数的女人梳头比较简单，全部头发盘起来，不太用簪子之类，头绳多用深色。

　　发带是另加的一种头饰，在逢年过节时加戴。它是从发箍上垂下来的许多珍珠、珊瑚珠串，把它戴在头上以后，这些珠串就从额头和两边的面颊垂下来，面颊处的长一些，额头

10-1　疙瘩鬏

处的短一些，两道眉毛中间似乎又长一些，平添许多美感。珊瑚发带（发箍）的样式也有很多，珊瑚两行或四行并列，中间有松石穿的吉祥结，两端有松石做的小元宝等多种样式。也有银子巧制的发带。随着时代的发展，垂坠慢慢消失，发带渐趋简化。（图 10-3）在冬春季节，有的妇女还戴图莎（汉语头纱的意思），把一条二指宽的单层黑布，从额头绑到脑后头发下面。再用红或绿缎子把疙瘩鬏包上，但要把额头部分的图莎露出来。这时不戴绢花。如果银簪上面用珊瑚镶嵌，疙瘩鬏就不用红绿缎子包扎。

固定疙瘩鬏的银簪头圆尾尖，长约一拃，侧面看略带弓形。多数银质，上面有錾花工

艺，也有景泰蓝工艺的，也有个别是金子做的。可以从右往左插，也可以从左往右插。（图 10-4）有用两个银簪的，可以左右同时插。（图 10-5）此外，还有两三个发卡，铁质，黑色，无花，配合银簪插在疙瘩鬏上面。凡是丈夫健在的妇女，头上右侧都要插一朵绢花。

宽簪有五寸长，中间窄，两头宽，略带弓形。横插在疙瘩鬏的下面，在两端的下面缠头发。戴的花也有几种，除红绿绢花这种普遍样式外，珊瑚叉子、卧式银花、立式银花、蝴蝶花、松石、珊瑚、玉石、银子做的龙头、蝴蝶、鸟雀或花草植物的垂饰或花饰都有。

10-4　中间的大簪子是固定疙瘩鬏的

10-2　盘发也可以不用头络（盛丽摄）

10-5　珊瑚簪、松石簪、银耳勺簪

10-3　发带

妇女戴耳环，左右对称。也戴镯子，左右对称。左手无名指和中指上可以戴戒指。没有大耳坠（绥和）。

小耳坠有珊瑚耳坠、松石耳坠、耳环等。珊瑚耳坠是用二到四个珊瑚珠子穿起来的。新娘一个耳朵上戴一到二个耳坠。老太太多戴玉或松石做的耳环。（图10-6）

耳环有圆耳环、钩子耳环。多为银子的，也有金子做的。

手镯多为银子制作，有二、四、六、八两银子之分。也有玉和金子做的。

戒指、扳指同别处。

有的妇女戴香囊。套在脖子上，戴在衣服里面，外面看不到。香囊里面装香草或麝香。贵妇人还有戴披肩的。披肩很大，毯子似的，有自家织的，有买的，有有花的，有无花的，红白黄色都有，春秋时节披在身上。（图10-7）

做媳妇的人出门头上要罩巾，名为头巾。头巾多为红绿团花缎料，长三尺多，上了年岁的女人用蓝色、古铜色头巾罩头。姑娘不用头巾，用围脖。冬天戴皮帽或护耳。

10-6　耳坠（盛丽摄）

10-7　戴披肩的妇女
（阜新蒙古族自治县
宣传部资料图片）

# 蒙古贞男女服式

蒙古贞在建旗前后，由于人口稀少，草原肥沃，地域辽阔，牲畜众多，人们的生活比较富裕。那时汉区的旅蒙商经常运来布匹绸缎交换牲畜。蒙民还把牲畜赶到广宁、益州、锦州等地，进行买卖交易。年年都用几头牲畜换回几匹布或绸缎。这样做几件蒙古袍或其他衣服并不困难。那时的布都是直纹布，全是市布。绸缎的种类较多，有洋绸、宫绸、蟒缎等。清末民初，由于封建上层和军阀的敲诈勒索，土匪蜂起，加上人口剧增，以农为主，蒙古人的牲畜锐减，生活走向拮据。贫富分化严重，富人穿绸摆缎，平民穿布，穷人连皮毛也穿不上。日寇打进来以后，出现了斜纹布。偶尔汉人也织一些粗糙的土布，俗称家做布。布的撇幅很窄。蒙古人靠卖粮或用粮食换取布匹，偶尔也有家中捻线织布的。由于环境的改变，蒙古人服饰的款式、颜色都发生了较大变化。

妇女多穿长袍，如穿短袍出门，就会被人笑话，视为无教养。袍子的面料多为红、粉、绿、蓝等色的布匹绸缎，强调漂亮。特别是新娘爱穿花缎袍子，那时讲究在结婚以前，一定要准备几件缎袍、几件棉袍。因此新娘起码也有二三件像样的新袍子，富人家的媳妇就更不用说了。年轻女子都穿花靴，不穿视为不吉利。那时蒙古贞的妇女到了十岁即习针指，学绣各种花卉和针法。到十八岁结婚以前，针道已经学精，花靴也做下几十双。还有枕头顶子、烟荷包也绣花做好备用。所以蒙古贞妇女的手艺都是从小练出来的。（图10-8）这里需要说明的一点，如果家里老人去世，百天之内或一年之内妇女们不能穿花袍花靴。

## 蒙古袍

起初，蒙古贞不分男女老少，都穿长袍。

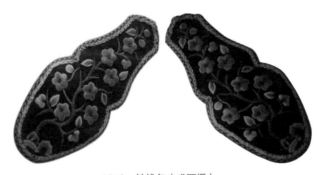

10-8　针线包（盛丽摄）

老人们穿的袍子颜色深而肥大，年轻小伙子的袍子又宽又长，妇女的袍子紧身而短小。年轻妇女穿红的绿的，四十岁以后被视为老年，穿黑的紫的。

领子和大襟上大多镶三道边。纽扣数与镶边配套，即镶一道边的单排扣，镶两道边的双排扣，镶三道边的三排扣。老年人也镶一二道边。穿袍子一定要扎腰带。腰带大多用绸子做成，长二丈左右。腰带的颜色要与袍子形成鲜明对照。妇女任何时候不扎腰带，但无论冬夏，必扎腿带。

## 普通长袍

穿长袍的习俗，妇女们坚持到解放以前，乡村的老妇，到现在也穿长袍。但是这种长袍，已经不是那么大红大绿、颜色鲜艳了，也不镶边和扎腰带，所以叫作普通长袍。普通长袍保持了蒙古袍的特性，是蒙古族区别于其他民族的重要标志。（图10-9）普通长袍比一般的蒙古袍要短，男袍多数蓝色，以前忌讳穿黑色，后来也不怎么忌讳了，但不穿白色，不做白色长袍。年轻媳妇的普通长袍，用红、绿、粉、蓝、灰等缎子做成。普通长袍左右开衩，多缀五道扣子：领子上一道，肩头一道，裉里一道，贴衩二道。年轻人的纽扣用自己绾的桃疙瘩，老年人多用买回来的铜扣。普通长袍以其质料和单夹的变化适应四季。

子脖颈上一道，肩头一道，裉里一道，下摆二三道。不留边，不绣边，下摆不加斜子，所以不多。逢年过节穿一种大花缎子的夹袍，这种缎子本身带花，不是绣上去的。颜色多样，但很少有黄的。

## 裕木裕（布衫）

蒙古贞的布衫，指的是布或缎子做的单层长袍。夏天穿，布要薄，色要亮。妇女的这种布衫白色，较短，袖口特宽，不绣边，大襟，四道扣子，自己盘的。还有一种长布衫叫温都尔裕木裕，六道扣子，也是自己盘的，春秋在里面穿。

## 兜肚

夏天有的地方，男子布衫里面穿兜肚，不绣，单层，大体呈菱形，顶背心用。因为如果外面穿对襟布衫，敞开以后肚子容易受凉。

## 长短乌吉

棉袍外面可以套单袍，单袍外面可以套乌吉（坎肩）。蒙古贞有单乌吉、夹乌吉、棉乌吉、皮乌吉等。有对襟、大襟两种。老年人大多穿大襟乌吉。蒙古贞地区还有一种长乌吉，指没有袖子的长袍（温都尔乌吉）。年轻媳妇在长袍外面套穿长坎肩。长坎肩沿大边，四开衩，夹的，缎子面料，上面也不

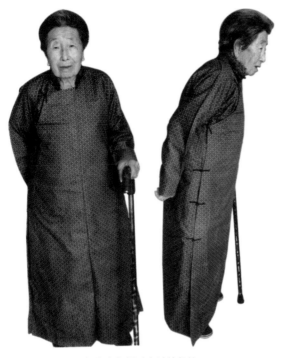

10-9　八旬老人年轻时穿过的长袍

## 短袍

蒙古贞由游牧民族慢慢变成农耕民族以后，为了适应农业生产的需要，由过去的长袍变为短袍。尤其是青年男子，充当农活儿的主力，穿短袍行动方便。短袍便应运而生。

## 夹袍

用两层布做的短袍叫作夹袄（夹袍），春秋穿着。也有对襟和大襟两种。男女都穿。

妇女的夹袍用阴丹士林布做成，蓝色，小立领（个别高领，能遮半个耳朵，但不外翻），不留气口，从领下直接过来，在肩头打折以后，斜向进入裉里。没有肩缝。扣

绣花。长坎肩不贴身，但卡腰。穿长坎肩时不穿短坎肩，穿短坎肩时不穿长坎肩。短坎肩对襟，紧身，短小，一般是缎的或布的。

## 马褂

马褂，穿在袍子外面，对襟、大襟都有。没有领子，自己盘扣子。有吊面羔皮马褂、山羊皮马褂等。多为男服。（图10-10）

## 奥格其日（长棉袍）

絮棉花的长袍蒙古贞叫奥格其日，冬天穿。过去不分男女老少，冬天一律穿奥格其日，后来多数青年男子冬天不穿奥格其日，老人和妇女冬天还穿，尤其是妇女，不分老少，冬天一律穿奥格其日。1949年以后，有些妇女已不穿奥格其日，但老年妇女一直坚持下来。奥格其日的样式与布衫或夹袍差不多，因为絮棉花和冬天穿，自然要比布衫和夹袍肥大臃肿。奥格其日的面子多用厚实而颜色深的布料做成，里子用亮色而薄的布料做成。

## 老羊皮袍

老羊皮袍指用大山羊皮或大绵羊皮做的长袍，挂面的叫呐嘿得嘞，不挂面的叫白茬皮袍。挂面皮袍多数跟长棉袍一样有大襟。白茬皮袍有的没大襟，做成对襟模样。用绵羔皮做的皮袍叫绵羔皮袍，有的富人或官人也做狐皮皮袍。

## 套袖

衣袍外附加的皮筒子，用狐皮、羊皮、狗皮做成，毛朝里，外面多半吊面，但不刺绣。冷天把两手插进去，置于胸前。有的做两个，分别套在左右手上，起手套的作用。

## 裤子

男女四季都穿长裤。长裤年轻人多蓝色，老人多黑色，裤腰白色，裤带是布的。裤子分单裤、夹裤、棉裤、皮裤等。过去的单裤、棉裤都很肥大，裤腰从左向右叠回来以后才扎裤带。老人和女子一年四季裤脚上要绑腿带。起初长大成人的姑娘冬天也不穿棉裤、

10-10　马褂（阜新蒙古族自治县宣传部资料图片）　　10-11　男女老少都扎腿带（阜新蒙古族自治县宣传部资料图片）

皮裤，冷得不行就在夹裤外面套套裤。套裤没裆没裤腰，只是两截裤腿，超过膝盖，上部有带子，绾在裤带上面。小姑娘穿有裆的裤子。

## 腿带

扎腿带是蒙古贞的又一个习俗。一年四季、男女老少都扎腿带，连很小的孩子也不例外。只有年轻小伙子夏天可以不扎腿带。女人时刻扎着腿带被看作是一种有教养的表现。男人的腿带略宽一些，多为黑色，女人的腿带稍窄一些，同时有绿、粉等多种颜色，两端带有穗头，多用布料做成。后来多买现成或自织。（图 10-11）

# 蒙古贞男女帽类

## 春秋帽

### 1. 瓜皮帽

春秋男人戴瓜皮帽。瓜皮帽一般有布子和缎子两种材质。瓜皮帽像半颗瓜的瓜皮，没有帽檐，顶子上有个自己编的疙瘩。缎子瓜皮帽参加宴会才戴。

还有毡子瓜皮帽，用绵羊毛做成，劳动的时候常戴。

### 2. 礼帽

礼帽流行较早，伪满时期礼帽时兴，生活过得去的人家，春秋都戴这种帽子。一般都有帽盒，帽盒也有彩绘的。

## 夏帽

### 1. 苇帘头

男子夏帽，斗笠形，用草与芦苇条双层编成，里面有帽圈，蒙古人叫苇帘头。可以遮风挡雨防日晒。买现成的，一直戴到二十世纪七十年代。三四毛钱到一块钱一顶。（图 10-12）

### 2. 草帽

另一种夏帽，顶子是用草编的，因其形状与礼帽相似，又称草礼帽。是从南方来的，不如前一种适用，一般的农民不戴，有钱人或不干农活的人才戴。

## 冬帽

### 1. 狗腿帽

皮帽，圆形，尖顶。两侧耳朵三角形，无迎风，额头处往上卷一点儿。因其两耳样子很像狗腿，因而取了这个名字。前后、两侧、里头和耳朵的里子上都钉皮子，皮子有山羊皮、狗皮、兔皮等。下端缀有两根带子。天冷的时候，用两根带子把帽耳朵系在下巴上，这样就不冻下巴了。好天的时候，把帽耳朵挽到上面，把前面的帽檐往上卷一卷，就显得凉快多了。

抗日战争时期时兴一种皮帽子：前有尖迎风，两帽耳近矩形，后面与两耳可以向上翻出来拴住。现在冬天戴平顶皮帽。

### 2. 狐帽

男子冬帽。前面迎风较低，两耳上绷狐皮，可以放下卷起。如现在边防军戴的帽子。

### 3. 鼠头毡帽

俗称毡帽头。从赤峰吴丹买来。两层，外层两半，上面可绷狐皮，护住双耳，进家把双耳塞进帽里，即变为瓜皮帽，只是前面或前后绷有鼠头（松鼠头），热天可去掉狐皮。

### 4. 耳包

戴在两个耳朵上面的毛皮，不大，刚好把耳朵包上，也可吊面。用一条带子穿起来戴在头上。也叫耳套。（图10-13）

## 新郎帽

新姑爷戴的帽子，帽顶和帽圈都是圆的，前面无帽准。后面缀有两条飘带，但不分叉。

## 女帽

### 1. 筒帽

妇女冬帽。筒形，上面捏回去，下面翻出来。翻出来的部分绷皮子。有水獭皮、狐狸皮、狗猫皮等皮子。

### 2. 黑大绒帽

二十世纪五十年代流行的一种帽子，与筒帽大致相近，但下面不翻出来，上面不钉皮子。

10-12 莩帘头

10-13 耳套（盛丽摄）

# 蒙古贞男女靴鞋

蒙古贞的靴子独具特色，种类繁多，样式美观，做工精细。靴帮上绣着各种花样和图案。从靴子上就可以认出蒙古贞人。过去蒙古贞从事牧业的时候，也曾穿过高靿皮靴，这种皮靴很适合骑马放牧。到后来从事农业，高靿皮靴渐渐让人感到不便，便产生了适合田间作业的几种鞋子。（图10-14）

10-14　绣花单脸靴

## 马亥

马亥为家做布靴，是在高靿皮靴基础上为适应农耕生产的需要产生的变体。双口，靿子比高靿皮靴短，底子帮子靿子全用布做。帮子、靿子单独剪裁，靴头前面有夹条。单鼻或双鼻尖头上翘前探。帮子上绣有各种花样，后来的花样多系纳出。马亥主要在春秋穿，这两个季节天凉，春天种地的时候不往靴里灌沙子，秋天割庄稼的时候，茬子和镰刀不扎脚不割脚。（图10-15）

马亥也用缎子或大绒做，这就变成了工艺马亥，做工考究，上三道夹条。参加宴会时穿。

10-15　马亥

## 棉靴

棉鞋加靿，前面有单鼻双鼻的，与棉鞋一样，后面开有一寸多长的衩，穿起来方便。靴靿、靴帮中间也有夹条。区分男女，有黑红等缎子面料。

棉靴的帮子也用各种图案纳出。后跟与前面都有夹条，多数是一条两条，也有三条的。（图10-16）

还有一种棉靴，靿子较高，靴头长，夹条只有一道但是很宽，老年人穿。（图10-17）

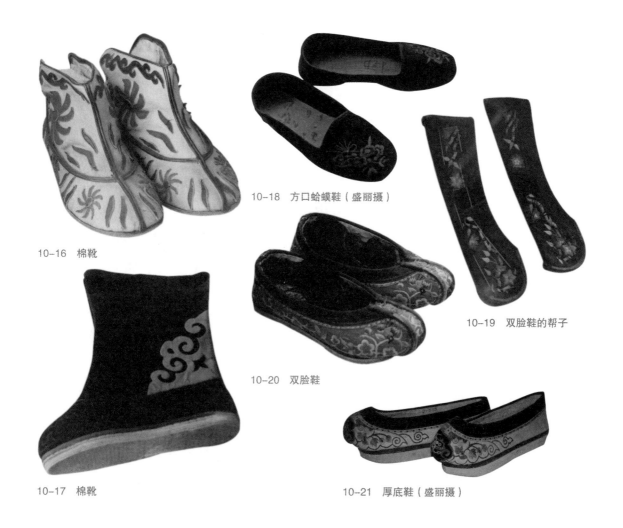

10-16　棉靴

10-18　方口蛤蟆鞋（盛丽摄）

10-19　双脸鞋的帮子

10-20　双脸鞋

10-17　棉靴

10-21　厚底鞋（盛丽摄）

## 鞋类

　　蒙古贞的鞋类比较发达。鞋都没有靿子，由两片鞋帮和底子缝在一起组成。根据做工和材料不同，可以有多种分法：底子较小，底子帮子从里面绱住，帮子撑出来，与底子不在一个平面上，这叫小底鞋。底子较大，底子帮子从外面绱住，帮子比底子靠里，这叫大底鞋。两片鞋帮裁成整的，跟后跟一起缝起来，鞋头扁圆光滑，没有接缝，这叫蛤

蟆鞋。（图10-18）鞋头上有夹条，叫牛鼻子鞋。鞋头上开两道，夹进两道夹条，夹条间距离为一指，（图10-19）靴头向前探出好多，年轻女性穿着，俗称双脸鞋。（图10-20）妇女有一种牛鼻鼻鞋，秃头前探，底子很厚，用一层层的纸粘成，缎子挂面，帮子绣花，鞋底用麻绳纳出。（图10-21）还有一种厚底靴，底子有一寸厚，帮子低，靴头往前探出很多，富人官人的太太小姐穿。

　　一般的鞋叫单鞋，打好衬子，里外粘布

子纳出来的叫单鞋。里面絮棉花，外面绣云纹，里子面子全用布做，这叫棉鞋。根据鞋帮开口情况，又有圆口鞋和方口鞋。棉鞋冬天穿，单鞋夏天穿。妇女不穿普通布鞋，都穿绣花鞋，丈夫去世以后才穿素鞋。另外还有一种简易的皮鞋，叫作"踏踏马"。

# 蒙古贞男子装束的变化

男孩与女孩一样，从小就留辫子。男孩的辫子有几种样式，多数头顶上留月牙形或圆形的一片头发，俗称马鬃。有的还在头顶两侧各留一小撮头发，形成三搭头。有的孩子怕伙伴揪头顶两侧的头发，坚决要求大人将这两部分剃去，就剩了马鬃。宠爱的孩子还在后颈窝也留一绺头发，俗称舅舅毛，舅舅有钱的赏给驼羔马驹，没钱的赏给羊羔，长大以后才把这一绺头发剃掉。还有的一生下来不剪发，到三岁选一吉日才剪掉，留一小辫儿。十五岁以后都留圈头，转一圈把周遭头发剃去，留下以头顶为中心的一圈头发，齐棱齐角的，像个盖子一样，当时以为美。以后圈头就辫成三股辫子，垂于脑后，干活儿时盘在头顶上用帽子盖住。男人的辫子辫根辫梢用黑头绳扎住。过去老年男子留辫子，比青少年的圈头小些，梳成辫子，盘在头上，不往下拖。有的男人把清朝留辫子的习惯保持到1949年前后。

蒙古贞牧人变成农民以后，男人开始不穿蒙古袍。但即使穿上普通长袍和短袍，扎腰带的习惯仍然保持下来。不过把扎腰带说成系带子。带子不像腰带那么宽那么长，六七尺长，布子做的几寸宽，也有用毛线或棉线自己织的。男人除了夏季，一般都系带子。腰带左侧是鼻烟壶袋、（图10-22、图10-23）毛巾，右侧是蒙古刀、火镰、烟口袋。蒙古刀往前探着，不往后甩。穿踏踏马的，刀放在踏踏马里头。（图10-24）有人把钱也

10-22　鼻烟壶袋（盛丽摄）

放在里面。后期除胡子（东北称胡匪为"胡子"）外，蒙古刀与鼻烟壶都不戴了。大襟布衫的底襟上也有个口袋，里面也可以装东西。除布衫、马褂外，别的衣袍都带大襟。男子的衣服里面有护身佛或符，秘不示人，戴到老死。必须指出，男人们用的各种佩件都是很好的工艺品，从造型、刺绣、民族特点来看都是拔尖的。

早年蒙古人都穿布袜子，用两层布缝成，多为白布或蓝布。袜底做工精细，用几层布粘成，纳出花样。日寇占领中国东北以后，纺织的"洋袜子"开始流行。当时开始种棉花，

有人用棉花捻线，求人做袜子。也有人用纺锤把羊毛捻成线，自己织成毛袜子，冬天穿。富人官人的太太小姐参加宴会的时候穿白丝袜子炫耀。有人冬天用狗皮做成袜子穿，叫作狗皮白特格。也有狍皮做的，冬天穿上打猎，不冻脚，声音小，便于接近野兽。（图10-25）

10-25　白特格

10-23　鼻烟壶袋

10-24　别致的图海

郭尔罗斯部

蒙古部族服饰图典

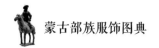

# 郭尔罗斯简史

　　一只蒙古靴子，走在三原（东北平原、松嫩平原、科尔沁草原）重叠、三江（第一松花江、第二松花江、嫩江）交汇、三山（长白山、小兴安岭、大兴安岭）环抱的地方，这就是现在的前郭尔罗斯县。郭尔罗斯《蒙古秘史》作"豁尔剌思"，为"一般蒙古"之一部。明朝在洪武二十二年（1389 年）设置朵颜、福余、泰宁三卫，郭尔罗斯属泰宁管辖。明正统年间，瓦剌也先太师率部攻打明朝，朵颜、泰宁投降也先，福余卫奎孟克塔斯哈喇（哈布图·哈撒儿十四世孙）率部避走嫩江，号称嫩科尔沁，简称科尔沁。明嘉靖年间，科尔沁分为科尔沁、右翼扎赉特、杜尔伯特、左翼郭尔罗斯四部，郭尔罗斯部分给奎孟克塔斯哈喇之孙乌巴什，辖二旗，故把乌巴什称为郭尔罗斯的始祖。清崇德元年（1636 年），乌巴什之孙固穆，因从征有功，参加皇太极称帝大典，被封为"札萨克辅国公"。顺治五年（1648 年），固穆从兄布木巴被封为"札萨克镇国公"，郭尔罗斯二旗以松花江划界，分为前后二旗，固穆掌前旗，即现在所称的前郭旗，俗称南公；布木巴掌后旗，俗称北公，即后来所称的后郭旗，现为黑龙江肇源县管辖。前后郭旗同杜尔伯特、扎赉特及科尔沁六旗同属哲里木盟管辖，世称哲里木十旗。前郭旗 1945 年解放，1946 年 2 月成立旗政府。

# 郭尔罗斯服饰的特点

　　与科尔沁其他地方一样，郭尔罗斯头饰也用盘发银簪发带组合式，

　　有的地方把发带缠在后脑勺上，把发鬏总拢在一起。（图 11-1）过去郭尔罗斯女袍与科尔沁相仿，一种类似清宫的氅衣，只是加长袖子，加了领子而已。（图 11-2）一种是双袖长袍，用宽窄两袖装饰，形成上下错层。（图 11-3）一种是以领下中线为中心，只在

弓襟和箭襟一侧（缀扣处）装饰，下摆则无任何修饰。（图
11-4）后来发展的结果，变成了我们以下要介绍的种种。
民间的刺绣工艺同样发达，尤其在佩饰和小件上比较精
湛。（图 11-5、图 11-6）东北的三种特殊靴类，也放在
这里一并介绍。

11-3　双袖式女袍（盛丽摄）

11-1　发带箍在后脑勺（盛丽摄）

11-2　氅衣式女袍（盛丽摄）

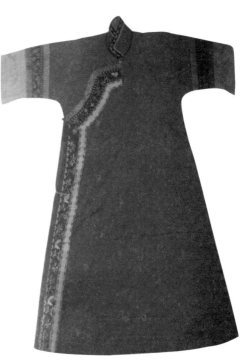

11-4　弓襟箭襟镶边的女袍（盛丽摄）

325

11-5　几种童帽（盛丽摄）

11-6　香包和佩饰（盛丽摄）

# 郭尔罗斯头饰

**头饰主要部件**

1. 发带

发带用银子或铜装饰，二指多宽，紧贴发际从脑门戴到脑后，两端有带子可以系在发鬏的下面。发带周遭有花朵装饰，花朵中间镶嵌着珊瑚。前面额头和面颊的地方原来都有珠串垂挂，可以加强面部的美感，后来垂坠渐渐消失。（图11-7）

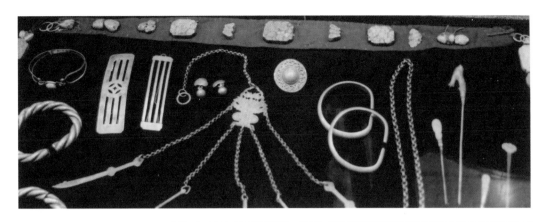

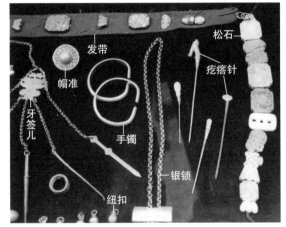

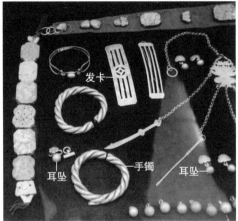

11-7  发带和其他银器

## 2. 宽扁簪

银子或铜制成。长七八寸，宽二指左右，宽扁而长，中部向里弯曲，上有錾花装饰。盘发时可以挡住头发，以免头发下滑。（图11-8）

## 3. 小扁簪

银或铜制成，上宽下窄的扁片，三四寸长，宽处也不过一指。上有錾花。左右各用一支，从上到下插入发根。（图11-9）

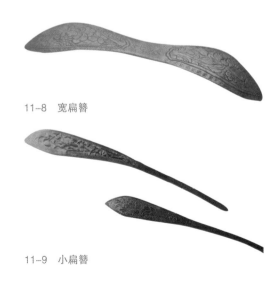

11-8  宽扁簪

11-9  小扁簪

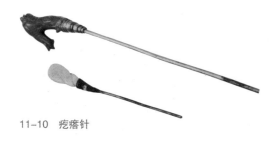

11-10 疙瘩针

**4. 疙瘩针**

柄端带有珊瑚或松石疙瘩的针形铜银制品，用两枚。（图 11-10）

**5. 绢花**

一种浆过的绸缎做成的花儿，比较挺括。

**6. 孔雀**

用银子做的立体造型孔雀，有柄戴在头上，稍一活动它就摇摆，类古代步摇冠的职能。

## 新娘上头

新娘跟新郎在一起拜过天、火、佛以后，在铜盆里用兑了圣水的水洗脸洗手，让梳头妈妈剃掉脸上的黄毛（开脸），把头发散开，从中一分为二，在后脑勺的地方分别拢起来，用一根长头绳扎紧（每边须扎一寸多宽，否则小扁簪不好固定），变成两束长发。把两个小扁簪从上到下，从头绳扎紧的地方分别插进这两束长发根部。再把那个宽扁簪，横着搭到那两个小扁簪上面，搭成一个"廿"

形的架子。把两边的长发分别辫成两个大辫子，左边的往右缠，右边的往左缠，都缠到上面这个架子后面，把架子与后脑勺之间的空隙填满了，一个椭圆形的髻子也盘好了。用两枚疙瘩针，从最后缠的地方插住，这一部分的梳妆就算完成。然后戴上发带。在头顶前面两侧的地方，右面戴上孔雀，左面插上绢花。如果没有孔雀，把绢花插在右侧，左侧空起来。疙瘩针主要在结婚和新婚期使用。过了这个时期，一般用卡子代替。（图 11-11）

过去，许多姑娘的耳朵上穿三个孔（两侧共六个），分别戴有耳坠、耳环，手上戴戒指，腕上戴手镯。这些各地都是一样的。

11-11 郭尔罗斯头饰（盛丽摄）

# 郭尔罗斯男女衣袍

## 贴身衣

相当于现在的背心，单层，妇女通常用红、粉、蓝色布料做成，忌用白黑二色，不用绸缎。无领无袖，左边缝上，右边钉扣。（图11-12）

## 汗褐儿

贴身衣外面穿汗褐儿。汗褐儿单层，布料，妇女不用白黑二色。小立领，没肩缝，不留气口，大襟，五道自己盘的扣子。沿边二指宽，什么颜色的料做面，就用什么颜色的料沿边，但下摆不沿。夏天年轻小伙子干农活儿穿的这类衣服也叫汗褐儿，其他季节也可以穿在长袍里头。汗褐儿多用白布做成，也有用浅蓝布做的。有对襟和大襟两种。年轻人都穿对襟的，老年人和妇女多数穿大襟。（图11-13）

## 单长袍

夏天汗褐儿外面穿单长袍。用缎子做成，多为红绿色，长可埋鞋。沿边的做法和范围同汗褐儿。左右开小衩，长齐膝盖，不似后来的旗袍，越开越长。

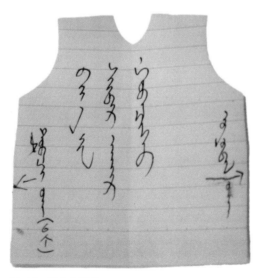

11-12　贴身衣纸样

11-13　汗褐儿纸样

## 长夹袍

夹的长袍叫帕姆，样式同单长袍，只是厚些，但不沿边。秋天汗褡儿外面穿长夹袍。长夹袍底襟或左侧手够着的地方有暗兜（在两层中间），开衩同单长袍。

## 长棉袍

样式同单长袍，只是更厚点儿，不沿边，开衩也同单长袍，兜同长夹袍。

## 棉袄

样式同汗褡儿，但有小立领，中间絮棉花，没气口，大襟，五扣，不沿边，左右开更小的衩子。跟汉人的棉袄近似，不长，但用缎料。冬天穿着。

## 乌吉（坎肩）

前郭没有长乌吉，他们的乌吉就是坎肩。男用堪布缎，黑色为好，也有蓝的。女用普通缎，粉、红、绿均可，不用白色。有夹、棉、皮数种，全不沿边，在不同季节穿着。小立领，对襟，自己盘的苏木疙瘩（桃疙瘩）扣五道。（图11-14）

## 护耳

盘发插簪的妇女都用护耳。（图11-15）

11-14　坎肩（盛丽摄）

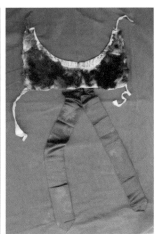

11-15　护耳及其戴法

# 东北三靴

## 靰鞡

靰鞡据说是满语"靴子"的意思,是东北三省民族的一种特殊足服。

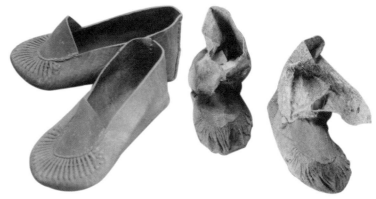

11-16 靰鞡    11-17 姑姑牛

靰鞡是牛皮(也用马皮和猪皮)熟好去毛以后,熏成黄色,底子和帮子在一起用模子压出来做成的。靴口处折回来许多褶子,从后跟处缝在一起。靴口前面有皮舌头,保护脚趾头与脚面。两侧有许多熟皮子做的半圆形皮片儿,用来穿缀皮条,以便把靰鞡绑到脚脖子上。多由皮匠制作,可以根据脚的大小定做。皮板朝里,去毛的那面朝外。一般底子前面打掌子,后跟钉两道圆钉。圆钉的尖头用拐砧从里面顶住扎入靴底。靰鞡的帮子高低与鞋差不多,外面可以套毡袜穿。

如果有钱,去掉皮舌头,上面加一截熟牛皮,就变成姑姑牛。接一截熟马皮,就变成踏踏马。(图11-16~18)过去索伦部也喜欢穿踏踏马、姑姑牛。他们的踏踏马前面有褶子,姑姑牛前面没有褶子。里外两层都是毛,里面毛朝里,外面毛朝外。牛皮、马皮的都有。勒子大半截高。打包脚布套毡袜穿的。靰鞡变成踏踏马、姑姑牛以后,带子都到了后面,跟现在的马靴一样。

这玩意儿看着笨重,穿起来非常轻巧,过去胡子常穿踏踏马或姑姑牛。靰鞡、姑姑牛、踏踏马都是买

11-18 带皮条的靰鞡

的，一律红色，光可鉴人，一双靰鞡可穿五年。
当地谚云：踏踏马，姑姑牛，啥也不赶靰鞡底。
说明靰鞡草是最暖和的。靰鞡草是东北特产，
用手可以揉软，垫在靴里，五六天就要放在
热炕头烘干一次，烘干二三次就得换新的。
传说靰鞡草是一个苦命的女孩子变成的。这
个女孩受到后母虐待，大冬天冻死在旷野里，
就变成靰鞡草，把温暖送给穷人。当地人言
靰鞡草比皮毛都暖和，故有关东三宝之说。

穿靰鞡时要扎腿绷。腿绷用棉线自织，
比腿带厚实，宽也是其两倍，高达半小腿，
靰鞡的带子直接绑到其上。二十世纪六十年
代以后靰鞡绝迹。

## 温歹

也是冬天穿的，多为皮匠制作。熟牛皮
底，熟马皮或熟羊皮帮，帮子勒子连在一起。
高勒或半高勒。脚脖处有一截皮条，穿上以
后扣在外侧，以便把皮靴抽紧。马皮帮光面（皮
板）朝外，涩面朝里，用厚布或毡子挂里子。
有的温歹三层，外面一层不去毛，毛朝外，
中间一层是毡子，里面一层毛朝里。比踏踏
马还暖和、轻便。温歹底子如果破了，可以
自己换。

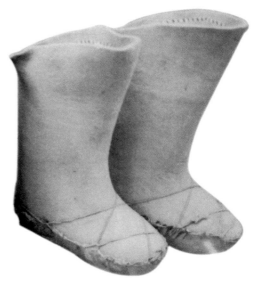

11-19 毡靴，为了结实钉了皮底

## 趿蹬

趿蹬即汉人说的毡疙瘩，有高勒低勒两
种。高勒的冬天赶车人穿。低勒的老年人在
家里穿，妇女们冬天外面干活儿也穿。一般
都是买现成的，里面根据情况，可套布袜或
毡袜。为了坚固，可自己加皮底。高勒毡靴
有人也叫毡马亥，比家做的布马亥大。（图
11-19）

以上三种靴子，除趿蹬外，都比较轻巧。
它们适合东北林区穿，底上不沾雪，但是相
对头大，伸不进马镫里，不如蒙古靴和马靴。

蒙 古 部 族 服 饰 图 典

# 杜尔伯特部

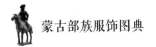

# 杜尔伯特为嫩科尔沁嫡系

　　明嘉靖二十五年（1546年），科尔沁部长奎孟克塔斯哈喇，从呼伦贝尔徙牧于大兴安岭以东地区，自称嫩科尔沁。分为四部十旗，左右两翼。四部为科尔沁部、扎赉特部、杜尔伯特部、郭尔罗斯部。十旗为科右前、中、后旗、右翼扎赉特旗、右翼杜尔伯特旗；科左前、中、后旗、左翼郭尔罗斯前旗、左翼郭尔罗斯后旗。前五旗为左翼，后五旗为右翼。当时杜尔伯特驻牧于嫩江中游左畔之地，与扎赉特部隔江相望。奎孟克塔斯哈喇之孙爱那嘎为杜尔伯特部首领。顺治五年（1648年）清廷封杜尔伯特首领色棱为杜尔伯特旗札萨克固山贝子，此为杜尔伯特部建旗之始。

# 杜尔伯特服饰特点

　　杜尔伯特头饰为科尔沁五簪盘发式，由扁方、扁簪、托簪、发筒、发卡等组成。袍服受清宫影响明显，一种是氅衣，双袖或平袖，云头深衩，大贴大绣。（图12-1）一种是领下右侧和袖口大绣，箭褾和开衩处相对简单。（图12-2）长坎肩如同清宫褂襕。（图12-3）佩饰、小件的刺绣精美。靴子分皮靴、布靴、毡靴。布靴男女不一样，女的绣花。棉靴有一个梁（鼻子）的和两个梁的。（图12-4、图12-5）布靴也叫马亥，男女老少都穿。

12-1　杜尔伯特氅衣式长袍（盛丽摄）

334

男子腰带系在右边扎住，往下夺拉一截。鼻烟壶袋戴在左侧。蒙古刀、火镰都戴在右侧。烟袋、烟口袋掖在身后腰带上。身上不带哈达。男子的脖子上戴佛盒。（图 12-6）

12-4　杜尔伯特平头靴

12-5　杜尔伯特翘头靴（多为男子穿）

12-2　杜尔伯特第二种袍　12-3　杜尔伯特长坎肩（盛丽摄）
服（盛丽摄）

12-6　佛盒及其外套

# 杜尔伯特妇女头饰

　　杜尔伯特妇女头饰分为三个阶段。

　　新娘的头饰最为繁复富丽。把长发从中一分为二，用红头绳在后脑勺发根处分别扎紧，一般要扎寸半到二寸宽。把两个较细的银簪，从扎紧的地方竖着插入，再用一个较宽的银簪，横着把这两个发根插住。这就形成一个稳固的"廿"形支架，前面额头与头顶中间还要横加一个较宽的"工"字形银簪，把后脑勺的两束头发略加归拢，分别盘到这个"廿"形支架和前面银簪上（"工"字形是为了卡住头发不致外滑），把发带从发际压过来在脑后拴紧，再把疙瘩针或孔雀、绢花插在上面，姑娘就这样变成了媳妇。发带是在黑缎底上用珊瑚和松石配起来做成的，一般不用在银子上镶嵌松石的那种。有的年轻媳妇，头顶上再横加一个银簪，真发上再接假发，看去巍峨壮观。（图12-7、图12-8）

到了中年以后，银簪大为减少。已不分头缝，把头发整个拢起来，盘在后脑勺上，最后一束发梢朝前，用一二个簪子插住，上面用头络子罩上就可以了。到了老年，只在脑后盘一个圆形的疙瘩鬏，用簪子插上，用头络子罩住就可以了。这是妇女发型变化的三部曲。

妇女戴香包，多为桃形，戴在脖子上，闻起来方便。

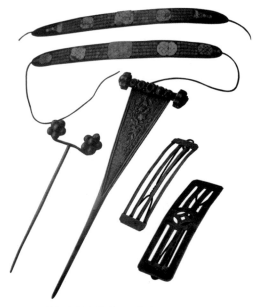

12-7 杜尔伯特头饰（盛丽摄）

12-8 杜尔伯特发盒

# 杜尔伯特冠巾披肩

## 固姑冠

据学者何学娟考察，明末在杜尔伯特妇女中盛行一种帽子，一直延续到民国初年。圆筒形，上窄下阔，高尺五到二尺，用竹木或铁丝做帽架，外面裹以绫罗，缀以朱玉，帽顶插一枝条，上用翠花、金帛、孔雀翎、雉鸡尾装饰。

## 头巾

头巾冬天不用。男子多用蓝白二色。女子有红绿蓝白多种颜色。布制，暖季缠巾耳朵露在外面，冷季缠巾耳朵包在里面。清中期以前扎巾不留穗、不打结。后期为了美观，男右女左，耳后垂穗。民国以后，受中原影响，改为男左女右。姑娘和小孩儿缠巾不封顶，与阿巴嘎旗一样。杜尔伯特男性夏天缠头多，

有防晒、遮阳、擦汗多种功能。

## 披肩

据何学娟介绍，披肩是贵族妇女用的一种装饰。大体呈椭圆三角形，背部下垂呈椭圆形，两端从肩上挂在胸前呈三角形，用以护背和两肩，同时起美化作用。披肩里面挂绵羔皮，外用绸缎面，绣有各种图案，并用彩绸镶边。披肩并不是简单披在肩上的，要把三角形的两个尖端在胸前打结或扣上。

# 杜尔伯特男女服式

## 汗褡儿

汗褡儿为贴身穿的衣服，如同现在的背心。无领有袖，单层，白土布。男女都不镶边。女的多为大襟，男的也有对襟。扣子多为五道。

## 布衫（裕木裕）

布衫多是单的，偶尔也有夹的。男女皆在夏天穿着，但颜色不一样，男的多穿蓝色土布，女的多穿白色土布。样式跟袍子差不多，有长短两款，左右开衩。短布衫也是长袖，

没有现在半截袖的。因不开衩，上马不易，骑马时穿短的，长的平常穿。布衫男女都不镶边。棉布透气，吸汗。所以多做贴身衣服。长袍都是夹的，外面用缎料，因为缎料好看，但缎料不透气，穿在里面往身上贴，所以不做内衣。有些穷苦人家也用布料做长袍。

## 长袍

右衽大襟，小立领，领尖处是秃的。没有气口，大襟直接转弯。男袍袖口、前襟、

---

12-9　杜尔伯特女袍

12-10　杜尔伯特男女服式

大襟都不镶边。女袍在这些地方镶一道边，用与面料不一样的料镶，宽一指半左右，看上去对比强烈。（图12-9）没有马蹄袖，左右开衩，没有肩缝。没有肩缝的衣服，褃里肥大，套马和干活儿都很方便。后面也没接缝。扣子五或六道。袍长及靴勒，所谓长袍，至少两层，没有单层的。多用缎子挂面，没有皮子的。男人配腰带，腰带在右侧掖住后垂下来一截。穿长袍骑马时要提起来，或把大襟撩起来，掖在腰带上，这样上马方便。（图12-10）

## 棉袍

棉袍样式与夹袍基本一样。絮棉花时，包一层纱布，把纱布和里子绗在一起。没纱布的，棉花直接与里子绗在一起，外面看不到针脚。绗线都是竖道子，没有横的。也有明线绗的，针脚间距离七八分到一寸，绗线间距离一根火柴棍儿长。男袍不镶边，女袍镶边同夹袍。过去穷人棉袍里面直接穿单裤，怕人看见寒碜，左右都不开衩，但这不能作为通例。

## 棉袄

样式同汗褡儿，但有小立领，中间絮棉花，没气口，大襟，五扣，不沿边，左右开更小的衩子。多为黑色、蓝色。同汉人棉袄似的，不长，但用缎料，冬天穿着。

338

## 乌吉

当地的乌吉，实指坎肩。有夹、绵、皮数种。无领无袖，全系对襟。扣子五或七枚，必须是单数。分长短两种，长的同长袍差不多，可达靴勒，短的与现在的普通褂子差不多。长乌吉左右开衩，短的不开。面料多为黑色，缎子或布料。夹乌吉里子是白的，布料，棉的镶边，皮的不镶边。女的很少穿皮乌吉。皮衣类的扣子为铜质，圆形，买的。夹棉类多为布扣，自己盘的，也买扁扣、角质扣。清代的乌吉较短，套在长袍外面，无领无袖，三折线右大襟。有钱人穿。形制与现在略有区别。（图 12-11）

12-11　杜尔伯特坎肩〔盛丽摄〕

## 皮袍

当地皮袍，多用老羊皮或绵羔皮，不用山羊皮。因为山羊皮不暖和，山羊养的也少。老羊皮多为白茬，绵羔皮多为吊面。左右开衩，男女都不镶边。

## 皮大氅

跟长袍一样长，用五张大绵羊皮，白茬，不镶边，皮板朝外。过去每家至少一领。

## 绵羔皮袍

样式同列宁服，当时很时兴，大翻领，挂面，多用华达呢。不镶边，不开衩。长同现在的半大衣。对襟，钉大衣扣，双排，并排五道，但有一排不扣，完全是装饰。

## 皮袄

皮袄短的叫敖伦岱，长及裤裆。多为白茬。男女都不镶边。

## 裤子

蒙古人以前不太讲究裤子的样式，不论外面穿得如何华贵，裤子一律夏白秋蓝。款式肥大，裤腰长，大裆，前不开口，裤腿扎带子。

## 套裤

　　这里所谓套裤，实际上是两条单独的裤腿，上面有带子可以系在裤带上。里面多絮棉花，套在大腿上以后前高后低，兜不住屁股。

　　幸好里面有单裤，外面有棉袍，可以抵挡风寒。

　　穿着顺序，最里面汗褐儿，外面夏天长布衫，冬天棉袍或皮袍。夏天长布衫外面是夹乌吉，冬天棉袍外面是棉乌吉。棉乌吉外面再没有东西了。

# 杜尔伯特帽类

## 四耳帽

　　冬帽，布制。面子黑色，里子自选，中间絮棉花。平顶上有自盘的疙瘩。其帽有四耳，前后两耳较小，大小相同。左右两耳较大，大小也相同。四耳上都钉老羊皮或绵羔皮，天冷时把左右两耳放下来，用带子系在下巴上，天暖可以翻出来系在头顶。前后两耳也可卷起或垂下。

## 长耳帽

　　也是里外三层，中间絮棉花，外面多为黑色。尖顶，两耳硕大，和脖颈连在一起，上面绷着狗皮或狐皮，放下以后，可以盖住两耳和脖颈。大冷时可用下面的带子系紧在下巴上。前面也有较窄的一圈皮毛或大迎风。女的一般不戴。（图12-12）

12-12　长耳帽（盛丽摄）

## 四喜帽

用细毡子做成，黑色或紫色，妇女戴得多。它拉开以后，像个空心的大皮球。把一半压回去合到另一半上，就成了一个双层的半圆，实际上就成了一顶瓜皮帽。把瓜皮帽的里层从中割开，把里子翻出来，根据家庭条件，钉上狐、貉、羊羔或猫皮，就成了两个半圆形的毛耳朵，天冷时戴在头上，把两个毛耳朵放下来，可以防止冻坏耳朵。前面和后面或仅在前面还有一个小半圆，上面钉上与毛耳朵同样的毛皮，可以同时起到保护额头和装饰的作用。这就是所谓四喜帽。四喜帽的毛耳朵仅仅能苫住耳朵，天大冷时要加围脖或其他东西保暖。

## 京帽

京帽类瓜皮帽，但当顶有个疙瘩，蓝缎做面。帽檐卷起一圈，上面绷水獭或貂皮。前面有珊瑚或琉璃帽准。这一圈皮边可以放下来抵挡风寒，但实际上很少这样做，因为容易破坏帽子的造型。带有礼帽的性质，多为贵族装束。

## 虎头帽

童帽，形似虎头，脑门上绣或绷有"王"字，两侧靠上有虎耳，下面与长耳帽差不多。

## 喜鹊帽

童帽。巧妙利用喜鹊的造型，鹊头做帽顶，鹊喙做帽檐，两只翅膀做耳朵，尾巴苫脖颈，喜鹊眼睛做了帽上的气孔。

## 耳包（耳套）

妇女冬天为保护耳朵而戴。用布和缎子做里面，絮棉花或绷皮毛，缎面上绣花，形状有鱼、月牙、半圆等，套在耳朵上以后，缀两条线从脖子上拉下来，用一个坠子垂于胸前。轻寒戴耳包，大寒戴护耳。

# 附录：资料提供

**克什克腾部**

尼木哈　赤峰市民委蒙古族文化保护研究中心教授，全程陪同

道日娜　民间服装师，和女儿共同提供上头过程

那仁格日勒　青年牧民

**喀尔喀部**

朝格吉勒玛　喀尔喀服饰专家

**喀喇沁部**

尼木哈　赤峰市民委蒙古族文化保护研究中心教授

吴汉勤　喀喇沁旗王府博物馆原馆长

王玉珍　喀喇沁旗王爷府镇杀虎营子村三组，梳老媪头者

齐玉珍　喀喇沁中旗，梳头妈妈

刘海珍　宁城评剧演员，戴新娘头饰者

**科尔沁部**

斯琴高娃　科左中旗，自治区服饰传承人

白六虎　科左后旗达尔罕店，收藏爱好者

敖特根其其格　科右前旗乌兰毛都苏木，自治区服饰传承人

莲花　科右前旗桃合木苏木照日格图嘎查

王殿和　科尔沁人，收藏家

斯日吉玛　自治区蒙古族服饰艺术传承人。出版蒙古文著作七本，本节参考了以下三本：

《扎鲁特蒙古族缝纫技艺》（蒙古文），民族出版社 2005 年版

《扎鲁特蒙古族习俗》（蒙古文），内蒙古少年儿童出版社 2010 年版

《扎鲁特蒙古族服饰刺绣工艺》（蒙古文），内蒙古少年儿童出版社 2010 年版

呼日乐巴特、乌仁其木格　《科尔沁风俗志》（蒙古文），内蒙古人民出版社 1988 年版

巴图巴根　兴安盟民委语文科长，科尔沁采访全程陪同

## 巴林部

嘎吉德玛　生于阿鲁科尔沁旗，全国首届蒙古族服装比赛优秀奖获得者，有"靴王"之称

斯琴高娃　生于巴林右旗查干淖尔苏木，制作的蒙古袍和长坎肩曾赴日本、韩国参展

热希米德格、娜仁等　巴林右旗宝日勿苏苏木苏吉嘎查牧民

乌力吉　巴林右旗民间艺术联谊会会长，民间艺人，全程陪同采访

纳·宝音贺希格　《巴林风俗志》（蒙古文）服饰部分

苏勒丰嘎　《巴林风俗民情录》（蒙古文）服饰部分

穆松　《巴林风俗》（蒙古文）服饰部分

## 阿鲁科尔沁部

青春　阿鲁科尔沁旗扎嘎斯台苏木，善绘图案、制民族服装，非遗传承人

巴拉嘎日玛　查干淖尔人，自开服装店，培养徒弟百余人，非遗传承人

曹德木扎木苏　天山镇银匠，发明有蒙医五疗器具，提供了三代人用过的衣袍和头饰

宝音乌力吉、达·布和巴特尔、德木其格扎布　当地文化名人，全程陪同采访

## 翁牛特部

乌仁其其格　额热芒哈嘎查牧民

斯琴高娃　翁牛特旗民委工作人员

尼木哈　赤峰市民委蒙古族文化保护研究中心教授，全程陪同

那木太苏荣　《翁牛特蒙古族服饰》（蒙古文），内蒙古文化出版社 2011 年版

## 敖汉部

跟小　敖汉旗敖润苏莫苏木乌兰章古嘎查

蔡亚荣　评剧演员

尼木哈　赤峰市民委蒙古族文化保护研究中心教授

阿荣宝力高　《敖汉部族文化纪实》（蒙古文），内蒙古教育出版社 2012 年版

## 奈曼部

吴高娃　奈曼旗民族服装店

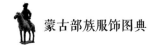 

春英　奈曼旗民族服装设计师

吉木森高娃　奈曼旗民族服饰传承人

包·满都拉　通辽市民委社会发展科科长，全程陪同

## 扎鲁特部

斯日吉玛　扎鲁特旗统战部退休干部，自治区蒙古族服饰艺术传承人。出版蒙古文著作七本，其中四本都以服饰和当地风俗为主，是本节主要参考资料：

《扎鲁特蒙古族缝纫技艺》（蒙古文），民族出版社 2005 年版

《扎鲁特蒙古族习俗》（蒙古文），内蒙古少年儿童出版社 2010 年版

《扎鲁特蒙古族服饰刺绣工艺》（蒙古文），内蒙古少年儿童出版社 2010 年版

《扎鲁特蒙古族刺绣工艺花纹图案集》（蒙古文），内蒙古科学技术出版社 2011 年版

吴英嘎　扎赉特旗阿拉坦哈纳民族用品有限责任公司经理，服饰传承人

斯琴高娃　自治区科尔沁服饰传承人

## 蒙古贞部

以那木汗讲述为主整理，参考了萨格德尔扎布等二人的部分记录

## 郭尔罗斯部

巴彦都楞　时任前郭县民委副主任

## 杜尔伯特部

包诚（仁钦扎木苏）　祖籍杜尔伯特

董凤荣（媳）、何黄氏（婆）　敖林西伯乡崩布格村

达赖夫妇　烟筒屯镇土城子村

波少布　黑龙江省民族研究所